JN233851

都市の防犯

工学・心理学からのアプローチ

小出　治　監修
樋村恭一　編集

北大路書房

◆ 監修のことば

　犯罪発生状況の悪化にともない，昨今マスコミをはじめとし一般市民の「防犯」への関心は高く，その対策が希求されている。ピッキング，サムターンなどという新しい手口が示されるとともに新しい鍵や防犯グッズが賑々しく紹介されている。しかし，その「防犯」への視点は狭く，個人のできる範囲での即効的な効果を狙ったものが過半であり，日々進化する手口と凶暴化の一途をたどる犯罪に対しては，一時の安らぎを保障するものでしかない。

　本書は「都市」や「地域」，「まち」という観点から，犯罪の実態を分析し，「防犯」に役立てようという特徴をもっている。そのねらいは昨今の対策とは対比的にむしろ迂遠ではあるが，根本から「防犯」を考えようとする人にとって役に立つことを目的にしている。さらに，「防犯」に関する幅広い英知を集約し，今後も防犯研究の発展の端緒となることを願って刊行しようとするものである。

　犯罪が，与えられた機会や状況に応じて発生するものとし，その機会，状況を「環境」ということばで分析し対策を講じようという考え方は，アメリカ合衆国において生まれ，「防犯環境設計」理論として紹介され，その実施においては英国に多くの先例を見ることができる。物的環境，すなわち建物から建物相互の関係，地域，まちと空間的な広がりの中で，その「環境」と「犯罪発生状況」の関係を見出そうとするものである。その中で強い関連性をもつ要因を制御することにより犯罪を抑止しできるものと考えているのである。この考え方に基づきわが国においても平成12年以降，安全・安心まちづくりの推進要綱や共同住宅の設計指針がつくられ，現在，戸建住宅の設計指針，住宅部材の防犯基準作りも進行中である。

　他方，これら物的環境が防犯性能を発揮し，維持できるためには，住民の「目」「監視」が必須となっていることも忘れてはならない。これは，「防犯」に限らず，現在の都市化した生活に安住している現代人にはプライバシーや匿名性の享受といったものと背反性に悩みながら，新しい地域社会での「市民」へと脱

皮する機会かもしれない。

　現在の犯罪への不安感の急増は，第1の特徴としては犯罪の国際化による新しい手口と組織犯罪化による凶悪化があげられる。従来の伝統的個人家業としての「泥棒」はこれら組織的犯罪者によって淘汰され，相当高いリスクを犯しても実行するという傾向があり，今後もいっそう凶悪化することは明白である。したがって，防犯性能の基準は柔軟で高いレベルを維持できるものでなければならない。第2の特徴は，ひったくりに代表されるように，加害者が低年齢化し，その対象者が一般の主婦にまで拡大し，生活実感としての不安が増加していることである。また，これに関連し生活者の「不安」は狭義の犯罪にのみ起因するものではなく，青少年やホームレス，落書きやまちの暗がりなど多岐に及んでいる。これら生活実感としての「不安」を除去することも重要な防犯対策となってきている。しかし，警察やその関係者だけではこれらの問題は解決できず，一般行政や市民を巻き込んで総合的に立ち向かう必要がでてくる。すなわち「安全・安心まちづくり」が必要となってくるのである。安全は狭義の防犯であり，安心は不安の除去などを意味する広義の防犯である。これらを住民，行政と一体となり「まちづくり」という運動のなかで展開しようとするものである。

　この2つの犯罪状況の特徴は，防犯対策に2つの方向性を示唆しているように思われる。1つは凶暴化する犯罪に対しての高度な防犯性能をもつハードな対策。2つ目は，犯罪の大衆化と生活実感としての不安の拡大に対して，狭義の犯罪からより広義の不安の除去をめざした総合的対策である。この2つの対策は両立するようでもあり，背反するものでもある。アメリカ合衆国は多民族国家という性格から，防犯効果が高い，1つ目の特徴をもつ都市が多く出現している。「ゲーテッドシティ」とか「フォートレスシティ」とよばれるもので，住宅や地域を他から完全隔離をし，安全性を確保しようとするものである。2つ目の対策を強調すれば，犯罪実態とは無関係であっても，生活実感としての不安がなくなるような地域を市民の活動により支えようとする，「オープンソサイエティ」の考え方である。

　現在，警察や関係者の努力により，次つぎと防犯対策が講じられ，効果が発

揮されてきている。この意味でわが国の防犯対策は第 2 段階に入ろうとしており，大きな岐路に立っているとも考えられる。

　本書がこのような防犯対策の現状の中で，将来像を打ち立てていく一助となることを期待している。

2003 年 8 月

監修者　小出　治

◆ はじめに

　本書は，工学的・心理学的見地から日本の研究者による「犯罪の分析」「犯罪の予防」に関する最先端の研究成果等をまとめた学術書です。ここでいう「犯罪」とは，侵入犯罪，街頭犯罪の中で，犯行空間の選択が機会的である犯罪を前提とするものです。「犯行空間の選択が機会的」であるならば，その「機会」を減らす（あるいはなくす）「工夫」をすることで犯罪の予防ができると考えられます。その「工夫」の仕方と，それに至る「分析手法」が本書の中心的内容です。犯罪は人が行なう行為である以上，人の英知と技術と努力によって，犯罪を未然に防ぐ対策ができるはずです。

　日本は他の諸外国からみれば，相対的にはまだ安全であると考えられます。しかし犯罪の多発化が顕著になってきており，絶対的には非常に危険性が増してきていると考えられます。日本は犯罪に対する安全性を欠いたまま都市形成が行なわれてきたため，その都市構造は犯罪に対するもろさを内包しています。そうした都市空間の死角を突いた身近な犯罪が多発し，国民の脅威になってきています。都市の安全性の確保は，都市や建築の計画・設計の段階から検討をし，犯罪に対して抵抗力のあるまちづくりを進めていかなければならないと考えます。街の中に，あるいは建築物の中に前もって「犯罪からの安全性＝防犯性能」を埋め込んでおくことは，都市計画や建築の分野ではたいへん重要なことであります。

　これまで心理学において防犯という視点はありませんでした。警察関係においては，犯罪捜査の支援に寄与する心理学が中心でした。しかしここ数年，犯罪の急増にともない，犯罪に遭うかもしれないという不安感が増してきていることから，防犯に対しての心理学的アプローチが重要となってきています。本書では一般人の犯罪に遭うかもしれないという不安感の分析と同時に，犯罪捜査支援のための心理学も，犯罪者の心理を知るという意味では防犯に寄与するという考えから取り扱っています。

　本書のおもな読者は，現在防犯の実務に携わっている人，建築や都市計画の

専門家で防犯的視点を勉強したい人，また防犯をこれから勉強しようとする学生を想定しています。それらの人々に基礎的な教科書として，防犯の入門書として使われることを念頭において編集しました。

最後に，監修を快く引き受けて下さった東京大学工学部都市工学科の小出治教授に感謝します。また，当初の締め切りをはるかに遅れたにもかかわらず，終始あたたかく見守っていてくださった北大路書房の奥野浩之氏にも感謝の意を表します。本書の執筆陣は日本における防犯の最先端の研究を行なっている研究者たちであり，現在も将来も日本の防犯研究の中心となる人々です。編者の思いが十分に反映された内容となったのは，ひとえに優秀な執筆陣のおかげであると信じています。

本書が少しでも犯罪抑止などに関する研究の概要を知るうえでの指針となり，日本の治安回復の一助となれば幸いです。

2003年8月
編者　樋村恭一

Contents

監修のことば
はじめに

第1部　犯罪を科学する

第1章　防犯のための工学の役割 ── 3
1節　都市計画・建築計画の役割　3
1．都市計画・建築計画と防犯のかかわり　3
2．都市計画・建築計画の防犯課題　4
3．都市計画・建築計画の対象とする犯罪　5
4．安心感と不安感　6
5．社会的コストの低減と犯罪リスクの減少　7
6．工学としてめざすもの　8
7．社会工学的手法による「防犯まちづくり」の推進　9
8．めざすべき社会は開放化か，城塞化か　10

2節　防犯設備の役割　11
1．防犯設備の歴史と品目の体系　11
2．防犯設備と役割　12
3．防犯設備の市場規模　16
4．バイオメトリックス技術について　18
5．防犯設備士の役割　19

第2章　防犯のための心理学の役割 ── 21
1節　犯罪抑止への心理学的アプローチ　21
2節　犯罪抑止の心理学的研究－考えられる研究課題　23
1．犯罪行動に抑止的に作用する加害者の心理要因の検討　23
2．加害者の環境認知の研究　24
3．加害者の環境評価に関する研究　25
4．被害者の次元での犯罪抑止　25
5．防犯，犯罪抑止理論における心理学的視点の意義　26

3節　犯罪情報分析のための社会心理学　29
1．犯罪情報分析　29
2．社会心理学の視点を生かした犯罪情報分析　33

TOPICS①　現代社会と犯罪　42
TOPICS②　犯罪被害者をとりまく環境　44
TOPICS③　統計からみた近年の犯罪情勢　47
TOPICS④　街路照明と防犯について　49

Contents

TOPICS⑤　街頭緊急通報システム『スーパー防犯灯』　51

第2部　犯罪を分析する

第3章　犯罪を空間的に分析する ——————————— 55
1節　犯罪発生空間の分析－放火　55
 1．放火されやすい空間の特徴　56
 2．地域・地区レベルの分析　57
 3．街区・街路レベルの分析　60
 4．放火発生場所の事例　63
 5．カーネル密度推定法を用いた放火多発地区の抽出　65
 6．連続放火の事例分析　66

2節　犯罪発生空間の分析－侵入窃盗　68
 1．侵入窃盗の発生状況　68
 2．侵入窃盗の類型　72
 3．侵入窃盗犯の意思決定　75
 4．防犯対策　81
 5．まとめ　83

第4章　犯罪を地理的に分析する ——————————— 85
1節　地理的分析の系譜　85
 1．衰退の歴史　85
 2．最近の地理的分析の動向　89
 3．今後の展望　94

2節　犯罪集中地区の抽出　96
 1．犯罪多発地区を抽出する意義　96
 2．犯罪地図から空間統計分析へ　97
 3．カーネル密度推定法による犯罪密度地図の作成　101
 4．空間的自己相関分析　103

第5章　犯罪を心理的に分析する ——————————— 109
1節　犯罪心理学の歴史と理論　109
 1．犯罪心理学とは　109
 2．犯罪心理学の推移　111
 3．犯罪心理学における人格要因　115
 4．犯罪心理学への実験室研究　118
 5．まとめ　121

Contents

2節　環境心理学における都市の防犯　121
　　1．犯罪環境論的視点からの犯罪抑止研究の意義　122
　　2．犯罪環境論的研究におけるおもな環境要因　123
　　3．今後の課題　129
TOPICS ⑥　犯罪者プロファイリング　132
TOPICS ⑦　地理的プロファイリング―犯罪捜査への地理的情報の利用　134
TOPICS ⑧　地理的プロファイリング支援システム　136

第3部　犯罪を予防する

第6章　防犯環境設計の発展の系譜 ——— 141
1節　欧米における防犯環境設計の系譜　141
2節　日本における防犯環境設計の系譜　142
　　1．コミュニティの強化　142
　　2．個体の強化　142
　　3．防犯環境設計の始まり　143
　　4．防犯環境設計の近年の動向　144
3節　防犯環境設計の今後の課題　146

第7章　防犯環境設計の実際 ——— 149
1節　防犯環境設計の実際　149
　　1．防犯環境設計の基礎理論　149
　　2．犯罪者の視点と一般人の視点　152
　　3．防犯まちづくりの考え方　156
　　4．防犯まちづくりの進め方　157
2節　住環境と防犯　163
　　1．荒廃した高層団地　163
　　2．日本の高層住宅は安全か　165
　　3．領域の概念と防犯性能　168
3節　防犯まちづくりにおけるコミュニティの役割　174
　　1．コミュニティの死角　174
　　2．まちの防犯対策　178
　　3．防犯におけるコミュニティの役割　183

第8章　都市空間と犯罪不安 ——— 187
1節　犯罪不安とは　187
　　1．犯罪不安という用語　187

Contents

  2．犯罪被害と犯罪不安の関連　188
  3．環境要因的視点　189
 2節　犯罪不安を喚起する空間要因　191
  1．アンケート調査結果の分析　191
  2．ヒアリング調査結果の分析　192
  3．調査のまとめ　194
  4．犯罪不安空間の評価指標　194
 3節　街頭犯罪と犯罪不安　195
  1．安全な空間と安心な空間　195
  2．調査の概要　196
  3．犯罪不安集中エリアの抽出　197
  4．不安感喚起場所の評価　198
  5．居住地域別犯罪不安分布特性　200
  6．犯罪不安喚起空間とひったくり発生空間　204
  7．街頭犯罪と犯罪不安　208
 TOPICS ⑨　環境設計による安全・安心まちづくりの取り組み　209
 TOPICS ⑩　街頭防犯カメラ　211
 TOPICS ⑪　防犯まちづくり事例『画像110番』　213
 TOPICS ⑫　犯罪不安感の既存研究　214

資料1　安全・安心まちづくり推進要綱　218
資料2　道路，公園，駐車・駐輪場及び公衆便所に係る防犯基準　221
資料3　共同住宅に係る防犯上の留意事項　223
資料4　防犯に配慮した共同住宅に係る設計指針　226

文献　241
事項索引　256
人名索引　258

第1部　犯罪を科学する

第1章
防犯のための工学の役割

1節　都市計画・建築計画の役割

1．都市計画・建築計画と防犯のかかわり

　従来，都市計画・建築計画は，防犯とは関係ないものとして考えられがちであった。本来の機能からすれば，住環境，都市環境にかかわる根本的要素として，防犯の問題も重要な対象である。かつて衛生，軍事，治安の問題は都市の立地やそのデザイン上，きわめて大きな影響を与えてきた。しかし，都市計画・建築計画など実践的工学は歴史の発展に応じて，その時代，その国の重大な課題に対応するよう常に変化をしてきたといってよい。都市計画・建築計画は，即応的工学技術という側面のほかに，制度・規制・法規として社会システムの一環として機能する側面ももっており，新しい問題に対して即応できない面ももっている。したがって現在，「防犯」を都市計画・建築計画の課題とするには，

　・防犯が現在，解決すべき重大な社会的課題であること
　・都市計画・建築計画が防犯上の有効な手段であること

を示すことが必要である。

　都市計画・建築計画はややもするとあるデザイナーの恣意的な思いでなされる芸術的なものと思われがちであるが，対象とする現象に対しての基準，規範をつくり，社会的システムとして根づかせることが基本である。

したがって，防犯上の都市計画・建築計画の役割を明瞭にする必要がある。とくに，
- 都市計画・建築計画上の行為と防犯性能の因果関係を定量的に明確にすること
- その上で，基準や制度として社会に定着させること

が必要である。

都市計画・建築計画は物的環境を整備することを任務としているが，社会全体としては，その他の社会システムと密接に連動して機能しており，有効に機能しようとすれば，単に物的環境整備の範囲にとどまることができない。また，当然ながら，それぞれの方法には限界があり，相補的に考えなければならず，他の分野との密接な連携をとり，社会全体として有効な手段としなければならない。

逆に考えれば，社会システム全体のバランスの中で，防犯に果たす都市計画・建築計画の役割も考えなくてはならない。また，都市計画・建築計画上の解決すべき課題は，利便性，快適性，経済性などほかにも多くあり，これら課題の中でのバランスも十分考慮しなければならない。とくに重要な問題は，できあがる物的環境はひとつであり，しかもいったんできると数十年から数百年は変えることができないということである。

2．都市計画・建築計画の防犯課題

詳細は防犯環境設計の章（第7章）に譲るとして，ここでは基本的な考え方を述べる。

都市計画・建築計画では防犯に効果のある住宅，都市環境をつくることが目標であるが，効果を発揮するためには以下のことを考慮すべきである。

① 個々の部分（パーツ）での防犯性能の向上を図る。
② 住宅，まち全体として防犯性能の向上を図る。
③ 社会全体で防犯性能を向上させる。

個々の部分（パーツ）での防犯性能の向上を図ることは，工学技術としての

基本であり，そのためには，各部分（パーツ）と防犯性との因果関係を明瞭にしなければならない。鍵や窓ガラスといった部材の強度を向上させることは言うまでもなく，住宅全体としてバランス（防犯性能の強弱）を十分考慮すべきである。玄関の鍵を厳重にしても，扉が弱ければ効果はないし，居住部分のガラスが弱ければ，そこから侵入される。また1階が厳重であっても，2階や弱点を探して犯罪は発生する。家，全体がバランスよく防犯性能を有するよう設計すべきである。個々の住宅の防犯への配慮は住民個人の判断で実施することが可能であるが，住宅からその外部との関係になってくると，個人では決定できず，公共の場で検討しなければならなくなり，問題がより複雑，困難になってくる。実は，防犯対策のうえからは住宅から公共の場へ出た所でどのような配慮をするかが重要である。個々の設備や住宅の防犯性能には絶対安全という保障はなく，犯罪者が抱くリスク意識（逮捕されるという恐れ）と，得られるもの（金品）との比較でなされるものであり，制約（地域，社会全体によってもたらされる圧力）がなければ，無制限に道具や時間が利用可能となり，通常の設備では防御不可能となるのである。犯行はしばしば連続的になされるものであり，隣家とのかかわりも深い。また，逃走路の確保は重要であり，周辺環境の整備は住宅の整備に併せて行なう必要がある。したがって，まち全体の住宅の防犯性能を同時に向上させるとともに，道路や公園など都市施設へも配慮が必要となる。さらに，まちの用途，繁華街や駐車場，空地などにも目を配らなければならない。住宅や道路公園など物的環境整備は，それだけでは防犯に対しては不十分であり，地域住民の監視を前提になされるものであり，両者が揃うことによって初めて効果を発揮するものである。したがって，警察力の強化はいうまでもなく，住民意識の向上も図らなければならない。

3．都市計画・建築計画の対象とする犯罪

　今まで，漠然と犯罪や防犯ということばを使用してきたが，都市計画・建築計画の対象とすべき犯罪を明確にし，その対応を効果的にしなければならない。対象となる犯罪は，故意をもって行なわれるものを除き，やりやすい場所，対

象を選んで行なう犯罪が対象となる（防犯環境設計の考え方による）。住宅にあっては，侵入窃盗がおもな対象であるし，街頭ではひったくり，公園では幼児へのいたずらが対象となる。したがって，犯罪の違いにより，詳細な対応は個々異なってくるが，住民監視による防犯性能の向上という面では共通している。住民による地域の監視力が向上することにより，結果的には器物破損や自転車泥棒など他の犯罪の抑止にもつながる。

しかし，都市計画・建築計画的対応は
・総合的，概念的な側面が強く，防犯に対しての即応的，かつ完璧な対応はできない
・即効的，対症療法的対応ではなく，遅効的で漢方療法的性格をもっている
ともいえる。

4．安心感と不安感

都市計画・建築計画が生活空間の快適性を重要な目標としていることから，住民の感じる不安感，安心感といった，抽象的で漠然とした空間のもたらすはたらきに関しても十分考慮すべきである。暗がりや乗るのもはばかられるエレベーターなどは，犯罪被害実態とは必ずしも一致しないが，日常的に不安感をもたらすものである。毎日の通勤・通学の途上での不安な場所，繁華街での青少年の囲集，自転車や自動車の不法駐車など枚挙にきりがない。他方，整備された公園，ゴミのない路上，隣人との語らいの場は日常生活に喜びをもたらすとともに，安心感を享受できる。また，住民の感じる安心感や不安感は個人により異なるし，時間帯によっても異なってくる。それに加えて，住民の生活圏は比較的狭く，地域全体から見れば偏りがあることも承知しておく必要がある。

① 都市計画・建築計画は犯罪（刑法に触れるもの）を直接，対象とするだけでなく，安心感を増し不安感を減少させることを目標とするものである。
② 犯罪ではなくても不安感をもたらすものは減少させる対象とすべきである。
③ とくに，犯罪発生実態とは必ずしも一致しない場合でも，生活実感とし

て不安感をもたらすものは，排除，改善すべき重要な対象とすべきである。
④　住民の意識（安心感や不安感）は漠然とし，個人差が大きく，地域的に狭い範囲に偏る傾向がある。

5．社会的コストの低減と犯罪リスクの減少

　都市計画的，建築計画的対応が犯罪を未然に防ぐ万全の手法でないことは，他の手法がそうであるのと全く同じである。工学的に想定すべき防犯基準，安全基準は，外部条件によって可変なものであり，現在安全だと思われているものも，外部条件が変われば，さらに高度の基準が必要になるし，あるいはより低い基準でも対応可能となるかもしれない。また，当然，基準は費用とも大きな相関関係を有しており，より高い基準を満たそうとすればそれなりの対価を必要とする。この安全基準を左右する外部条件として，犯罪者の側には，経済的不況による潜在的犯罪者の増加，外国人犯罪者の増加，組織犯罪化，少年犯罪の増加などが考えられる。

　他方，被害者側の要因としては，警察力，犯罪への意識（犯罪の容認，同情，無関心），防犯対策の有無などに加え，地域社会の力などが考えられる。従来，犯罪は住民個人で対応すべき社会現象として考えられてきており，防犯対策には社会的責務は問われなかった。これと対照的に火災は個人的問題ではなく，いったん出火すると他者へ被害を及ぼすことから，社会的責務が厳しく定められている。しかし，犯罪もこのような社会全体の枠組みの中で規定されていると考えるならば，防犯対策も一定程度の社会的責務が問われてもよいのではないか。個人負担の費用の大きさに比して防犯効果が低いものとすれば社会的防犯投資を行ない，個人投資を抑えしかも防犯効果がより高いものが得られるとすれば，より望ましいものになるのではなかろうか。

① 個人的対応だけでは犯罪に対する完全な安全基準は得られず，過度な投資を強いられる。
② 適切な防犯対策は，社会全体の防犯環境を改善する中で見出す必要がある。

③ 防犯への社会的責務を認め，社会的防犯投資の推進は適切な防犯効果をもたらし，個人の防犯投資を抑え，結果的に社会全体の防犯への投資を抑制することにつながる。

このことから，建築計画，とくに都市計画の防犯上の役割は，工学的に，現在の外部条件の下で安全な基準を求め，それにより建物，まちを整備することに加え，社会工学的に犯罪の外部条件を改善することが重要となる。

6．工学としてめざすもの

犯罪を対象とする学問分野は犯罪者の側に立ったものが多く，犯罪に至る人間的要素，心理的要素，社会的要素を分析するものなどが主流となっている。被害者の側から対策を考えるものは少なく，とくに，犯罪を実践的に防止するためのアプローチは皆無であった。しかし，工学的アプローチの可能性は十分あるし，社会的要請も強いものとなっている。工学的アプローチは，物的要素と犯罪発生との因果関係の分析であった。さらに，近年のGIS（地理情報システム）の発展は，犯罪を地域的観点から分析することを可能とし，従来の犯罪者個人の情報から地域集計情報として利用可能とさせる状況となってきている。その結果，①防犯対策を地域的に実施する場合の有用な情報を公開することによる防犯対策の推進，②犯罪情報の地域的観点からの分析と地域防犯の推進，が工学的アプローチの有用な分野となっている。

(1) **物的要素**と**犯罪**との**因果関係**の**分析**

物的要素と犯罪との因果関係は，地域的観点からの分析と密接に関連しており，単独の要素を独立に犯罪との関係を分析しようとしても無意味である。このことは，単独の対策が無意味と同等であることはいうまでもない。したがって，物的要素も，①単体レベル，②街区レベル，③地域レベルに分け，重層的に犯罪との関係を分析する必要がある。

(2) **犯罪**の**地域的観点**からの**分析**

この分野はGISの発展にともない，今後の進展が望まれるものであるが，物的要素との因果関係の分析と同様，その空間的スケールにより，因果関係を整

理しておく必要がある。また，社会現象との相関関係は，犯罪との因果関係を必ずしも表わしていないことは，とくに注意すべきである。したがって，分析にあたっては，この分析レベルに対応して問題点を整理し，仮説を立てて検証する必要がある。

　また，地域住民にとっては，地域情報として犯罪の問題が公表されることは，地域の理解につながり，きわめて有益である。刑事部署での利用とは異なった観点から，今後有用な警察の公開情報となることが期待される。

7．社会工学的手法による「防犯まちづくり」の推進

　建築や都市計画が工学的側面だけではなく，実践的な社会工学的側面も有しており，その具体的方法として有用なものが，「防犯まちづくり」の推進である。物的環境整備だけでは十分な防犯性能が保障されず，車の両輪のように，地域住民の監視性を向上させなくてはならないという環境設計理論の論理的帰結でもある。防犯まちづくりの目標は，地域住民が地域管理の主体であることを理解し，地域に関心をもつことが，防犯性能を向上させることにつながることをわかってもらうことにある。しかし，自発的に住民が活動を開始することは期待が薄く，行政，警察の指導に依存することを顧慮すれば，住民と行政・警察の連携を強めることが重要な課題となる。また，建築業者・都市施設の管理者・計画者など多様な人々との連携が必要となる。地域の視点からの総合的対応が可能なネットワークづくりも必須となる。とくに，地域の視点からみることは重要であり，地域の問題を解決するためには，従来の縦割り的役割分担ではなく，連携的横型ネットワークが必要である。

　地域において防犯は重要な課題であり，まちづくりの大きな動機となるが，唯一の課題でも，最大の課題でもないことは明記すべきであろう。防犯をまちづくりのきっかけにし，解決をさぐる過程において「まちづくり」がなされていくのであり，その中で地域住民が主体となり，行政や警察と連携し地域管理に権利と責任をもつことが最終的な目標となる。地域の監視力が地域コミュニティの力だといわれるが，旧来のコミュニティはその存在基盤を失っており，

そのままで復活を期待することは無意味である。旧来とは異なる地域住民の意識，新しい市民理念の構築と実現が望まれ，その理念を提示することも都市計画の役割であると考えられる。

8．めざすべき社会は開放化か，城塞化か

　環境設計手法による防犯対策が，具体的には，物的環境を整備することにより，住宅や街の防犯性能を向上させることにあり，建築計画や都市計画はその学術的根拠と推進方法を提示することが役割となっている。しかし，究極的には地域住民の監視力による裏づけがあって効果が発揮され，物的環境整備だけでは不十分である。したがって，必然的に防犯まちづくりのような地域住民の意識を啓発し，地域監視性を高める運動を起こす必要がある。しかし，犯罪者のリスク意識に基づくこの方法は，即効的ではなく，絶対的でもない。また，個人だけでは不十分で，地域全体で行なう必要がある。

　逆に，個人レベルで，即効的に高いレベルの防犯性を上げようと思えば，経費をぜいたくにかければ可能である。地域からの孤立化を図り，空間を密閉していく方法である。住宅，住宅群の城塞化である。米国ではこの方法が顕著であり，住宅団地は塀により周囲から完全に隔離し，ゲートを設けてアクセスの完全なコントロールを行なうものである。地域によっては，地域へのアクセス（一般車の進入）の禁止を行なっているものもある。人種や経済的階層により特殊な社会を構成する方法である。

　しかし，日本は開かれた社会を前提にし，個人（集団）による方法ではなく，社会全体で経費を抑えた手法をとることを選ぶのか，またどちらの道がわが国の将来の姿としてよいのかの岐路ともなっているのである。これに答える情報を提示することも建築計画や都市計画の役割かもしれない。

2節　防犯設備の役割

1．防犯設備の歴史と品目の体系

　1936（昭和11）年ごろ，信号器具としての「鉄ベル」や「小型サイレン」「押しボタン」などが開発され，これらが国内では防犯機器のルーツとして発売が始まった。その後，「防犯スイッチ」類，技術の進歩とともに赤外線や音波など「センサー」類の技術を応用した機器が開発された。

　これら防犯設備は，どちらかといえば住宅や工場・事務所などの侵入者検知がおもな目的であった。

　経済の発展と雇用の拡大，国際化，人口増加と高齢化社会など社会構造の変化と，犯罪の増加や凶悪化の中で，防犯設備はハイテク技術を使ったセキュリティシステムへと進歩してきた。しかも，建物の中だけではなく，道路や公園などの公共場所での犯罪防止に対応したシステムが要求されるようになっている。現在は，「安全をお金で買う時代」といわれている。それほど，日本の治安の悪化が憂慮されるようになったのである。

　一方，警察庁は「安全・安心まちづくり推進要綱」（2000年2月；巻末資料1）を制定し道路や公園など公共施設での防犯基準を策定，都道府県警察に対して通達を発出するとともに関係団体に対して協力を要請した。また，国土交通省では「共同住宅に係る防犯上の留意事項と設計指針」（2001年3月；巻末資料3）を策定し，関係団体へ周知，普及などに努めている。

　これらの指針が策定されたこともあり，改めて防犯設備の整備が注目されている。しかしながら，犯罪被害に遭いにくいまちづくりのためには，まず地域住民がみずから安全に対する意識を高め，地域ぐるみのコミュニティを確保することなどが先決である。防犯設備はそれらで充足できない部分を補完するという考え方で整備されるべきである。防犯設備は，犯罪者が月日とともにシステムを乗り越えてしまうものであり，次から次へと新たなシステムが求められる。当然のことながら，より高度な技術と高額なコスト負担が求められる。

　㈳日本防犯設備協会の業務部会統計調査委員会では，毎年「防犯設備機器に

関する統計調査」を行ない調査報告書としてまとめている。当報告書（平成14年度版）を参考にして，以下を紹介する。

2．防犯設備と役割

表1-1で防犯設備の品目の体系を示したが，具体的にどのような機器がどのような役割を果たしているか紹介する。

①侵入者検知器

住宅・事務所や店舗などで，外部からの侵入者を検知して警報を発するなどの機能を有する。

　磁気近接スイッチ：最も一般的に使われている防犯スイッチで，ドアや窓に設置して開閉とともに信号を発し，ベルやブザーを鳴らす。

　赤外線遮断探知器：事務所や工場の外構の塀などに設置（投光部と受光部で1セット）し，侵入者により赤外線が遮断されると，防犯受信機などへ異常を知らせる。

　赤外線検知器：検知エリア内の温度変化（遠赤外線）を検知して侵入者を検知するもので，検知エリアは立体・広域・スポット・面警戒など検知器用途により各種ある。センサーからの信号は防犯受信機へ異常を知らせる。

　その他の点警戒検知器：ガラス破壊時の振動を検知する「ガラス破壊」，ガラス以外の他の素材の破壊を検出する「振動検知器」などがある。

②監視装置

事務所・店舗など大規模な施設を集中的に監視し，各種センサーからの信号を監視，制御，操作，記録などを行なう。

　遠隔監視装置：複数の施設を遠隔監視する「機械警備用センター装置」，複数施設のビル設備全般を監視する「ビル設備用センター装置」や，CDコーナーを無人で運用する「CD無人運用システム」などがある。

　ローカル監視装置：セキュリティ用に使用する監視システムの「警備用集中監視盤」，単独ビル施設内の設備を監視，制御，操作，記録などを行なうための「ビル用中央監視盤」や店舗用の小規模防犯設備（来店報知器を含む）

■表1-1　防犯設備の品目の体系（(社) 日本防犯設備協会業務部会統計調査委員会，2002）

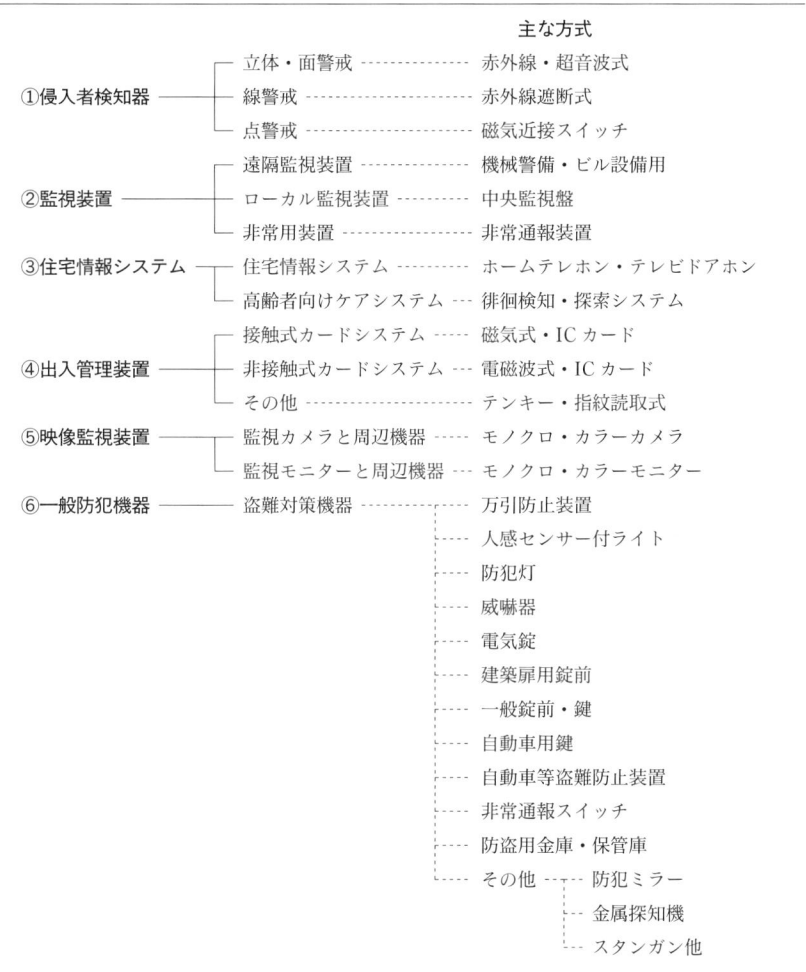

で「店舗用防犯装置」がある。

非常用装置：受信機が電話機（音声）で受ける自動通報装置で，緊急呼出電話，エレベーター内緊急呼出装置を含む。

③住宅情報システム

　最近の戸建て住宅や集合住宅の玄関に設置されているため，なじみのある防犯設備である。火災やガス漏れ検知，電化製品の遠方制御などの複合設備も多くなってきた。

　　住宅情報システム：「インターホン型・ホームテレホン型セキュリティ住宅情報盤」，カメラ・インターホン付きの「テレビドアホン」，ホームセキュリティ用自動通報装置の「防犯用単機能型装置」などがある。

　　高齢者向けケアシステム：センター装置・受信機・ワイヤレスペンダント・押しボタンなどを有する「緊急通報システム」「徘徊検知・探索システム」がある。

④出入管理装置

　事務所や店舗への，空き巣狙い・事務所荒し・金庫破りなどの対策に使われる出入管理装置で，出入り制限・管理レベルに応じてシステムを選ぶ。これらの装置は，出入りの記録を残し，問題が発生した時にはその履歴を調べることができる。

　　接触式カードシステム：クレジットカードと同様の磁気ストライプの入った「磁気カード」，ICチップを封入しセキュリティ度が高く偽造のむずかしい「ICカード」がある。

　　非接触式カードシステム：ICチップとアンテナを埋め込んだ「ICカード」や「電磁波式」「赤外線式」などがある。

　　その他：暗証番号を入力することで認証する「テンキー式」，指紋を読み取って本人を照合する「指紋読取式」などがある。指紋読取や顔型・網膜認証などを総称して「バイオメトリックス」という。これは最近，急速に普及してきたシステムであり詳しくは後述する。

　　なお，電気錠は一般防犯機器に含める。

⑤映像監視装置

　映像監視装置は，監視カメラ・監視モニターとその周辺装置で構成される。

　一般に「防犯カメラ」「CCTV」(closed-circuit television/閉回路・有線テレビ)というが，屋内外の監視用として多種多様のシステムがある。

英国・ロンドンでは，監視カメラ（CCTV）技術を用いたスマート・カメラが作るネットワークが，ロンドン中心部などの犯罪減少に劇的な効果を発揮しているとの報告がある。新宿・歌舞伎町にも2002年2月末から街頭監視カメラの運用が開始された。街頭で凶悪犯罪が増加する中，犯罪抑止や犯人検挙の手段として効果が期待できる。

監視カメラと周辺機器：普通カメラ（モノクロ・カラー），赤外線カメラ，その他（X線カメラ・スチルカメラ）がある。また，明るい場所ではカラーで撮影し，暗くなると自動的に高感度なモノクロ撮影に切り替わる「昼夜兼用型カメラ」もある。

　撮影機能面では，撮影画像の一部の人の動きを検知して自動追尾する「モーションディテクタ内蔵カメラ」，太陽光の入る室内などの明るい所と暗い所を同時に撮影（逆光補正）できる「ワイドダイナミックカメラ」，人にカメラを感じさせないデザインの「ドーム型カメラ」，ズームレンズを内蔵したカメラなどがある。

　映像素子（CCD）は，従来のフィルムカメラ（アナログ）に対して，デジタル技術の向上により高感度な画像を得ることができる。監視の分野では，照明の不足している所や人間の目に見えない近赤外光領域の感度を上げることにより暗い所でも十分撮影ができるようになった。

　周辺装置（カメラアクセサリー）としては，カメラを周辺の環境から守る「ハウジング」「旋回台」，カメラを遠方から制御する「カメラコントローラ」などがある。

監視モニターと周辺機器：「監視用モニター」（モノクロ・カラー用），一般公衆回線（PSTN）・ISDN（デジタル）回線使用の「画像伝送装置」（モデムを含む）がある。

　映像制御装置（コントローラー）としては，1台のモニターに4台のカメラ映像を分割して表示する「画面分割表示装置」，1台のモニターに複数のカメラ映像を自動的に切り替えて表示する「カメラスイッチャー」「自動追尾装置」，カメラ映像の変化を検知して信号を出す「ビデオセンサー」などがある。

記録装置としては，標準120分ビデオテープを使って間欠的に記録する「タイムラプスレコーダー」，記録メディアにハードディスクを使用した「HDDレコーダー」，DVDなど光ディスクを使用した「AVディスクレコーダー」，HDDとデジタルテープを併用した「デジタルテープ（ハイブリッド）レコーダー」「半導体メモリーカード」などがある。

デジタル技術の開発により，高画質の記録を長時間記録，高速再生，必要な時だけ録画するなど，用途別に対応が可能になっている。

⑥一般防犯機器

表1-1で，盗難対策機器として12品目を紹介した。

なかでも，戸建て住宅の玄関や店舗の周辺などに「人感センサー付ライト」がよく見受けられるようになった。

ピッキング対策として，ピッキングに強いCP錠や新しいタイプのCP-C(シリンダー)錠が急速に普及してきた。CPあるいはCP-Cとは，(財)全国防犯協会連合会の設けた制度で，1980年に制定された「優良住宅開きとびら鍵等の型式認定制度」のCP認定制度（crime prevention 犯罪防止）と2000年に制定された「交換シリンダー部分だけを対象」にしたCP-C認定制度（crime prevention-cylinder 犯罪防止シリンダー）のことである。

防犯灯については，高効率の蛍光ランプ「インバータ防犯灯」が開発され，従来の蛍光ランプ防犯灯や水銀灯に替わり普及しつつある。

なお，これらの防犯設備については，(社)日本防犯設備協会が発行している各種「セキュリティガイド」にわかりやすく紹介している。

3．防犯設備の市場規模

2002（平成14）年版「警察白書」（警察庁）によると，2001年の刑法犯認知件数は，273万5,612件（前年比111.2%）と，戦後最高の件数となった。2002年も285万3,739件（前年比104.3%）と増加の一途をたどっている。このうち窃盗犯は両年とも80%を超え，とりわけ非侵入盗は過去10年間で2.1倍となっており，増加が著しい。こうした情勢により，「安全をお金で買う」という

風潮が浸透する中，防犯設備の市場規模が拡大してきた。

2001（平成 13）年度の防犯設備機器の国内推定市場規模は，5,248 億円（前年比 101%），中でも一般防犯機器の伸び（113.6%）が大きい。2002 年度は，5,587 億円（前年比 106.5%）と予測をしており，引き続き拡大の傾向は変わらない。1999（平成 11）年度からの「防犯設備機器の国内推定市場規模および指数（平成 10 年度を 100 とした伸び率）」を図 1-1 に示す。

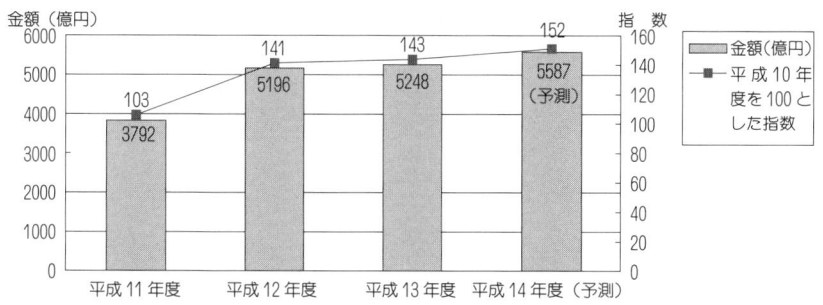

■図 1-1　防犯設備の国内推定市場規模と指数　((社) 日本防犯設備協会業務部会統計調査委員会, 2002)

きびしい経済情勢のなかで堅調に防犯設備機器が市場拡大している要因として，ピッキングによる侵入盗の激増，自動車盗などといった窃盗犯の増加などを，新聞・テレビなど多くのメディアが取り上げ，防犯の重要性を訴求，啓発したこともあげられる。その結果，自治体，事業者，個人などあらゆる分野での防犯意識が高まり，防犯性を重視した住宅や事業所（おもに金融関係・店舗など）が普及してきた。

品目別構成比では，全体の 43.2% が「一般防犯機器」で，次の 26.7% が「映像監視装置」，続いて「住宅情報システム」「監視装置」……の順である。

「一般防犯機器」の中では，「建築扉用錠前」が 40.0%，「自動車用鍵」が 15.6% を占めている。「映像監視装置」の中では，「普通カメラ（カラー）」が 49.7% を占めている。今後，街頭緊急通報システム「スーパー防犯灯」など街頭監視用のカメラの需要増加が見込まれる。

2001（平成 13）年度における「品目別構成比」を図 1-2 に示す。

第1部　犯罪を科学する

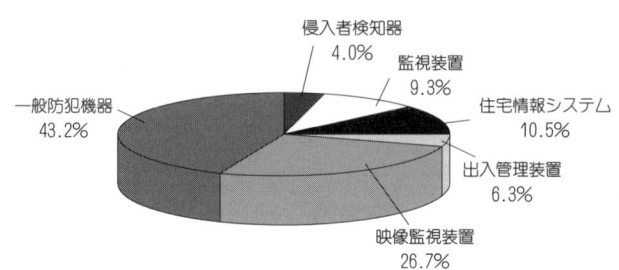

■図1-2　2001(平成13年)度防犯設備機器品目別構成比((社)日本防犯設備協会業務部会統計調査委員会, 2002)

　防犯設備を市場に整備するためには，防犯設備機器を製造する「防犯設備機器製造業」の他に，防犯設備の設計・施工および保守・管理などを行なう「防犯システム施工業」，全国に約900社あるといわれている事務所・金融機関・住宅などの総合警備を行なう「機械警備業」がある。これら3つの分野を合わせると，2002年度もセキュリティ産業は総額で1兆円の大台に乗る予測である。

4．バイオメトリックス技術について

　出入管理装置のシステムの中で，「バイオメトリックス」がセキュリティの信頼性を高める最新技術として開発がさかんに行なわれている。
　バイオメトリックス（biometrics）の語源は，biology（生物学）とmetrics（測定）の合成語で，生物測定学などと直訳される。セキュリティとしての定義は，「行動的あるいは身体的な特徴を用い，個人を自動的に特定する技術」と訳されている。簡単には「生体認証」で，人間は，一般に万人不同・終生不変の特徴をもっている。
　最も早くから開発され，最近急速に普及している方式が「指紋認証」である。指紋は警察などが犯罪捜査に利用しているため実績があり，また年齢によって変化がないことが経験的に知られている。
　最近では，虹彩・声紋・人相（顔型）認証などを用いた方式も注目されている。

(1) 生体認証技術一覧

身体的特徴と行動的特徴について，生体情報を区分すると以下のようになる。

　　身体的特徴：指紋，顔・顔の赤外画像，虹彩・網膜，静脈，掌形，耳，匂い，DNA

　　行動的特徴：声紋，動的署名，キーストローク，歩行

(2) 実用性

最も広く利用されているパスワード認証方式は，登録パスワードが不正利用者に知られてしまえば，簡単に侵入されたり不正利用を許してしまう。

指紋認証に加えて，顔（人相）・声紋があるが，年齢や体調によって変化があり，人相が似た人物も少なくない。目の虹彩認識の技術を利用したシステムも開発されているが，これらは，低価格化が進めば普及に弾みがつくと期待される。今後は，これらの認証方式が一般化するものと考えられている。

(3) 課題

バイオメトリックス技術は，メーカーそれぞれが独自で開発している。現在，業界団体でシステムの「モデル・精度・運用」について標準化が検討され，一部JIS化も行なわれている。信頼性を高め，コストダウンが普及に拍車をかけるものと考えられる。

5．防犯設備士の役割

防犯設備は，機器さえ取り付ければ機能を発揮するというものではなく，設置場所とセキュリティのレベルに応じて機器の選択を行なわなければならない。適切な設計・施工と運用管理を行なうためには，それなりの経験と専門知識が必要である。そのための資格制度を紹介する。

（社）日本防犯設備協会では，1992（平成4）年2月から「防犯設備士」の資格認定試験と養成の事業を行なってきた。当初，国家公安委員会の事業認定を受けてスタートしたが，2001（平成13）年4月からは協会の自主事業として推進している。あわせて，「防犯設備士」で3年以上の実務経験を有する，または同等以上の能力があると協会が認め，資格認定試験に合格した人に「総合

防犯設備士」という資格もある。全国で7,000有余の「防犯設備士」「総合防犯設備士」が防犯設備の設計・施工などに活躍している。主要都市には防犯設備士の協会も設立されている。

第2章
防犯のための心理学の役割

1節 犯罪抑止への心理学的アプローチ

　心理学は基本的に「ヒトの心理・行動のメカニズムの解明とその応用としての行動の制御を目的とし，行動は個人の主体的要因と行動が行なわれる環境条件の相互作用の結果として理解できる」という立場に立っている。したがって概略的にみれば次のような要因が犯罪者の心理過程に影響する要因として考えられよう。すなわち，犯罪行為への動機づけ，そして，動機づけに促進的あるいは抑制的影響を及ぼす主体的要因（個人の価値観，性格，過去経験など），周囲の環境（行動的環境）からの促進的あるいは抑制的な情報（監視者の有無など）である。さらに最終的に行動を遂行・継続するか中止するかを決定するところの，それらの情報の総合的評価である認知的評価が考えられよう（図2-1）。しかも，犯罪行為は一定の時間経過の中で進行する連続的な過程であるため，この総合的評価は犯罪遂行の各段階で行なわれていると考えることができる。

　他方，犯罪という現象を考える場合，法律，加害者（行為主体），標的（被害者や財物など），そして環境（時間的—空間的そして位置的要因）の4つの次元から成り立つと考えられている (Brantingham & Brantingham, 1991)。そして，犯罪行動の成立条件に関する研究では，若干の強調点の相違はあるものの，潜在的加害者，標的ないしは潜在的被害者，環境の3要素が不可欠であるというのが近年の共通認識であろう (西村, 1986; Felson, 1997)。つまり，潜在的加害者と標的あるいは被害者がある特定の条件（たとえば監視性の低下など）を備えた場所（状況的環境）

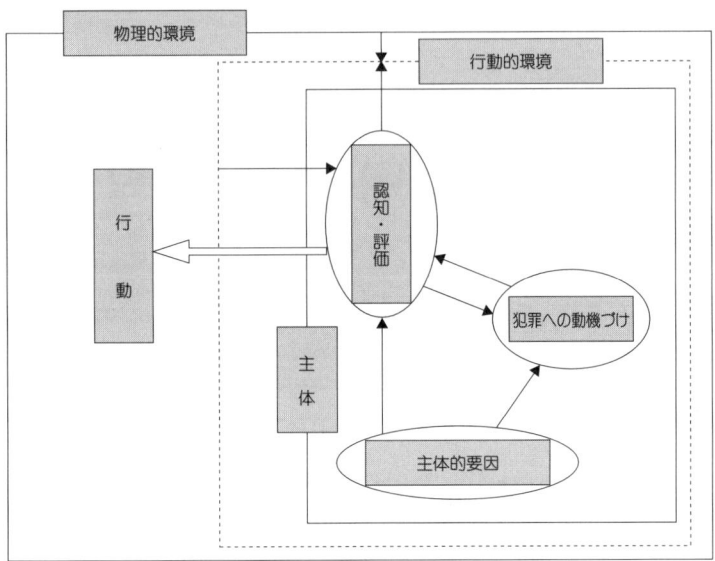

図 2-1　行動と環境の関係

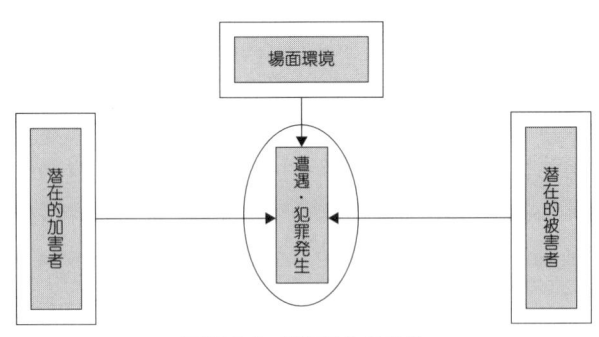

図 2-2　犯罪発生の条件

で出会うことによって，犯罪は発生すると考える（図 2-2）。

したがって，防犯あるいは犯罪抑止の分野での心理学の役割を考える場合，犯罪行動の主体である加害者，犯罪行動が行なわれる環境，そして被害者の各次元で検討するのが妥当と思われる。

2 節 犯罪抑止の心理学的研究——考えられる研究課題

1．犯罪行動に抑止的に作用する加害者の心理要因の検討

　まず考えられるのが，加害者の心理的要因の中で犯罪に対し抑止的に作用する要因を検討することがあげられよう。

　そのひとつとしてこれまでもしばしばあげられてきたのが自律性の確立や道徳性の確立である。たとえば麦島(1990)は，1950年生まれの中学生を対象としたコーホート調査[注1]を行ない，非行に対し抑止的に作用する要因として「挑戦的態度」が重要であることを主張した。ここでいう挑戦的態度とは子どもの内面に形成される，「体制と個人との相克となるような事態に際し，既存の体制や知識に対し，個人の側から挑戦していく態度」であるとされる。具体的には①知的好奇心が高く，②社会的責任が問われるような事態では既存の組織や権威に責任を求め，③犯罪に対しては自分の価値観でそれを行なわないような態度，である。また，この調査で無回答の子どもの態度は，みずから判断せず，みずから問題を解決することを回避する態度と解釈することができ，これも非行と関連するとしている。その意味では，非行の抑止条件は自律性の形成と自律的な価値観の形成であるといえよう。

▶▶▶▶▶
注1　出生時期など人生の大きな出来事を共通にする集団を追跡調査し，その集団に関するある事象の時系列的変化を調べる手法

　同じように，犯罪行動を抑止する条件について言及しているのは社会的統制理論である。中でもハーシー（Harschi, T.）のボンド理論では，親や友人などとのアタッチメント（愛着）の形成，コミットメント（犯罪によって生じる利害得失の計算），インボルブメント（合法的な活動への没入），ビリーフ（社会的規範やルールへの信頼と遵法意識）など，潜在的加害者が社会と心理的な結びつきをもつことが犯罪抑止条件となることを主張している。ハーシーはさらにその後，犯罪の原因として自己統制の弱さを主張するようになったが(瀬川, 1998)，これは逆にいえば，自己統制力の強化が犯罪抑止につながるということに

なる。最近，河野と岡本 (2001) はゴットフレッドソン（Gottfredson, M. R.）の低自己統制尺度を用いて犯罪深度との関連を検討し，自己統制力の低い受刑者ほど受刑回数などが多い，という理論に対する支持的な報告を行なっている。

犯罪や非行が増加し，その内容も変化しつつある現在 (清永, 1999；村松, 2002)，犯罪者の次元における抑止条件についても，「犯罪行動の原因の除去」という消極的な位置づけから，今後は犯罪を積極的に「抑止する」条件の解明が必要となるであろう。

2．加害者の環境認知の研究

次に考えられるのは，加害者の環境認知の問題である。図2-1ですでに示したように，心理学では個人の行動は環境の影響を受けることを基本的な視点としているが，そこでいう環境は主体によって認知された環境，すなわちコフカ (Koffka, 1935) のいう行動的環境である。したがって，心理学ではこれまで環境認知，すなわち認知地図が主要テーマの1つとして研究されてきた (入谷, 1974；Holahan, 1986；Bonnes & Secchiaroli, 1995；Bell et al., 2001)。これは主体が空間をどのように認知するか，あるいは認知する際の手がかりとしてどのような対象を用いるかなどを研究するものである。したがって，その基礎的所見は犯罪者の土地鑑や逃走経路の分析，犯行場所の選定メカニズムの解明などに寄与すると思われる (Brantingham & Brantingham, 1981；Brantingham & Brantingham, 1993)。さらにこの認知地図の視点からの対象選択過程の分析は，近年その必要性が議論されている地理的プロファイリングに有効な視点を提供するかもしれない。たとえば，犯罪者—とくに連続犯が形成しているその地域の認知地図と犯行場所の関連についての分析は，一連の犯行場所の空間的特徴から犯人の空間行動の特徴を推測する，地理的プロファイリングに有効なデータを提供すると思われる。これについては三本 (2000) も指摘し，実際にそうした視点からの連続放火犯の分析も行なっている (三本・深田, 1999)。ただ，認知地図と対象選択との関連を検討する場合，ランドマーク的建築物や路地の構造など，よりミクロな水準での環境の検討が有効と思われる。

とはいえ，こうした所見は現時点では犯罪者の行動理解には有効であるが，

犯罪抑止との直接的な関連はまだ不明確である。環境認知の問題からいかに犯罪抑止に結びつけるかは今後の研究成果を待つことになろう。

3．加害者の環境評価に関する研究

　犯罪抑止を加害者の環境認知の面から検討する研究としてもう1つ考えられるのが，環境評価の面からの犯罪抑止条件の検討である。すなわち，加害者に「この地域では犯行を行ないがたい」あるいは「ここでの犯罪行為は危険である」という認知を形成させる環境条件を明らかにするための研究である。そして，この分野の研究は，先に述べた認知地図の研究よりも犯罪抑止との関連がはるかに明確であるといえよう。
　この種の研究は領域性の研究からすでにいくつか行なわれている(小俣,1997；羽生,2000)。たとえばショウとギフォードは，犯罪者を対象に，住まいの写真を見せ，入りやすさを評定させるという調査を行ない，家の価値や象徴的バリヤーの存在，居住者の低い監視性，道路からの見えにくさが「被害に遭いやすい」という評価と相関することを見出し，さらに興味深いことに，評価に関連する要因が犯罪者と一般人で異なることを明らかにした(Shaw & Gifford, 1994)。同じような研究はブラウンとベントレイによっても行なわれている(Brown & Bentley, 1993)。こうした研究は犯罪者自身を対象にしなければ効果がないため，わが国ではかなりむずかしいと思われるが，犯罪者自身の地域，住居に対する認知研究が環境次元での抑止条件に直接関連することを考えるなら，その意義は大きいといえよう。
　また，犯罪不安を喚起する環境条件の研究も，今後重要性を増すと思われる。たとえば羽生(Hanyu, 1997)はその環境評価の研究の中で，場所の安全性に関する評価が可視性や明るさと関連することを報告しているが，地域の安全という点ではこうした研究も必要であろう。

4．被害者の次元での犯罪抑止

　犯罪現象が，被害者と加害者が出会うことで生じるならば，どのような行動

特性をもった個人がそのような機会に遭遇するのであろうか。犯罪統計書（平成11年）によれば，発生場所の多くが路上である暴行では，午後10時から午前2時までの時間帯での発生が全体の4分の1以上（26.5％）を占めている。これは，犯罪者と被害者が出会って初めて生じる対人事件では，そこに出かけて行くという被害者の生活行動パターンがそうした機会を増大させている可能性を示している。だとすれば，そうした行動を避けることで被害者となる可能性を低減させること，すなわち犯罪を抑止することができることも意味している。

このような視点はすでにルーティン・アクティビティ理論 (Cohen & Felson, 1979; Felson, 1997) やライフスタイル理論 (Lauristen et al., 1991; 増本, 1998) として理論化されている。たとえばケネディとフォルド (Kennedy & Forde, 1990) はカナダにおける犯罪被害の調査で，「若く，独身で，バーやレストラン，映画などへの外出が多く，夜間の仕事をもつなどの生活行動パターンをもつ個人が家宅侵入に遭いやすい」「似たような行動パターンでも暴行に遭いやすいのは男性である」など，ルーティン・アクティビティ理論を支持する結果を報告している。わが国でも，福祉犯被害者の行動特性を調べた内山の研究 (1994) は，夜遊びや無断外泊，水商売関連の仕事への従事などといった，少年の日常的な生活行動が，暴力団などの反社会的集団との遭遇を促進していることを示しているが，これもまたこうした研究の流れに位置づけることができよう。

他方，ライフスタイルのような生活行動やその背後にある価値観，社会的態度などはこれまで心理学が扱ってきた事柄である。したがって，こうした理論と従来の心理学的研究とを統合することで，犯罪発生と被害者の行動特性の関係についてのより詳細な研究が進展するものと期待される。

5．防犯，犯罪抑止理論における心理学的視点の意義

犯罪現象を構成する3つの次元ごとに心理学的研究の可能性をあげてきたが，犯罪心理学あるいは犯罪学における犯罪抑止としては，これまで，犯罪原因となる社会・経済的要因の除去や犯罪主体への刑罰，矯正などが主たる方策としてとられてきた。このうち社会・経済的要因も犯罪動機の背景として位置

づけられるという意味では，従来の犯罪抑止の理論は犯罪主体のみで構成されているといえよう。他方，近年では，そうした犯罪主体に対する抑止策は時間がかかり，かつ効果の点でも問題があるとの批判から，それに替わる有効な方策として提起されてきたのが環境操作による犯罪抑止である (Brantingham & Faust, 1976 ; Brantingham & Brantingham, 1991 ; Clarke, 1980 ; 1995 ; Crowe, 1991 ; 細井ら，1997 ; 守山，1998 ; 1999 ; 西村，1999)。これについては第2部で詳しく述べるが，ここでは，こうした研究に心理学からどのような貢献ができるかを検討する。

まず1つは，図2-2で示したように，犯罪現象の成立条件として潜在的加害者，潜在的被害者，場面環境の3次元が必要であるという立場からすると，環境条件がもつ抑止効果のメカニズムに関する従来の議論は，加害者重視という従来の研究に対する批判を強調するあまり，逆に環境条件のみで犯罪発生や抑止を論じるという，従来の犯罪理論と同じ罠に陥る危険性を含んでいるように思われる。

一例をあげれば，環境研究でしばしば重要な要因としてあげられる地域の荒廃度（無作法性）も (Taylor & Hale, 1986 ; Perkins et al., 1992)，暴行や性的犯罪などでは犯罪誘発的な条件となるかもしれないが，侵入窃盗などでは「低所得者層の居住地＝魅力的な標的の不在」という形で犯罪とは関連しない可能性もある (Perkins et al., 1993)。すなわち，犯罪の動機によって環境条件の犯罪へのかかわり方は異なる可能性が考えられる (Clarke, 1995)。こうしたことは，行動に影響を及ぼす環境が心理学のいう行動的環境であり，それは主体の内的条件によって規定されるという，心理学の基本的視点からは当然のことである。にもかかわらず，こうした議論はあまりなされていないように思われる。その意味では，心理学者が参加することで，より緻密な理論の提起が期待できよう。

あるいは，犯罪行動のメカニズムに占める環境条件の役割は加害者と標的の存在を前提にしたものであり，抑止効果が期待される環境条件が存在しても加害者や被害者の存在がなければ犯罪は起こらないことは言うまでもないことである。したがって，ある環境条件が犯罪に対して抑止ないし誘発効果をもつか否かを検討し，解釈する際においても，加害者，標的（被害者）要因も考慮に入れた総合的な議論が必要であろう。たとえば小俣 (2000) はその予備的な研究の

中で，ひったくりの発生は地域の荒廃度（無作法性）などの地域環境条件に加えて地域の高齢者率や 14 歳以下の人口や比率とも相関することを報告している(小俣, 2000)。この所見はまだ検討すべき問題があるが，少なくとも，ある罪種では被害者や加害者に関する環境条件も組み入れる必要があることを示唆している。

また，犯罪行動を，その遂行過程における一連の決定の過程であるとみなすならば，それぞれの段階ごとに関与する環境条件を検討すべきであろう。たとえば，ブラウンとアルトマン (Brown & Altman, 1991) は侵入窃盗を例に，行動の遂行過程ごとに関与する環境条件をあげている（図 2-3）。あるいはテイラーとゴットフレッドスン (Taylor & Gottfredson, 1986) もまた，犯罪の遂行過程では住区，街区，地点の各段階で選択が行なわれ，それぞれの段階ではさまざまな条件が関与することを主張している。すなわち，住区段階では住民の社会人口学的地位や侵入の容易さ，逃走経路の確保にかかわる物理的環境などが関与するが，街区段階では現実的あるいは象徴的障壁，主要道路からの距離，袋小路などが関与す

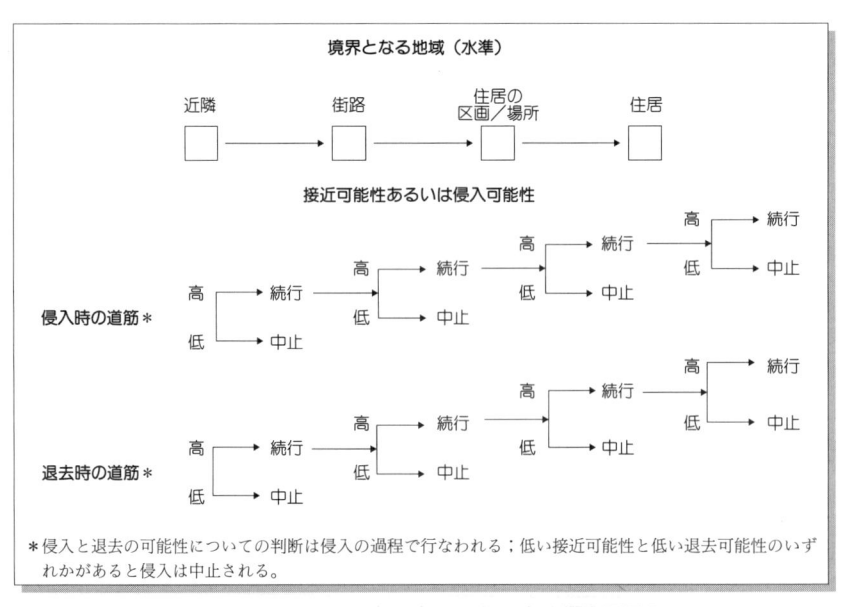

図 2-3　領域への侵入／住居への侵入強盗（burglary）の概念モデル (Brown & Altman, 1991)

るとしている。これらのことは，行動の遂行過程を無視して環境条件の抑止効果を検討した場合，先行段階での抑止効果によって後の段階での環境条件の効果が隠蔽される可能性があることを意味する。その意味では，ある環境条件の抑止効果の評価が一致しない場合，こうした分析の方法に原因がある可能性もある。こうした犯罪の遂行段階に沿った分析はまだほとんどなく，例外的に心理学者によって行なわれつつあるのが現状である(長澤・細江, 1999)。

　以上，ここで述べた問題は，基本的には環境論的研究においても犯罪行動の3つの次元を組み入れた統合的視点からの議論が不可欠であるということである。ブランティンガム夫妻(Brantingham & Brantingham, 1993)が述べているように，犯罪は事象であり行動である。心理学が環境論的研究に貢献できるとすれば，この点を再度強調し，環境要因の作用機序の中に主体的要因を組み込んだ理論・モデルへと議論を方向づけることであろう。この点については第2部で詳述する。

3節 犯罪情報分析のための社会心理学

1．犯罪情報分析

　効果的な犯罪対策を考える際には，犯罪の実態－どのような犯罪者が，どのような時間帯に，どのような場所で，どのような人や物を対象として，どのように犯罪行動を行なっているのか－をできるだけ正確に把握する必要がある。犯罪の実態を正確に把握のためには，発生した犯罪に関する情報を収集し，分析を行ない，その結果見出された全体像あるいはグループ別の特徴に関する情報について検討する。このように，施策や活動プランなどの実施を目的として，発生事件に関連する情報を収集し，分析・検討することによって，意味のある情報を見出す作業を，犯罪情報分析（Crime Intelligence Analysis）とよぶ。あらゆる情報源から入手した単なる情報（Information）を収集・分析することによって，その中から有意味な情報(Intelligence)を見出すことから，Informationではなく Intelligence ということばが用いられる。

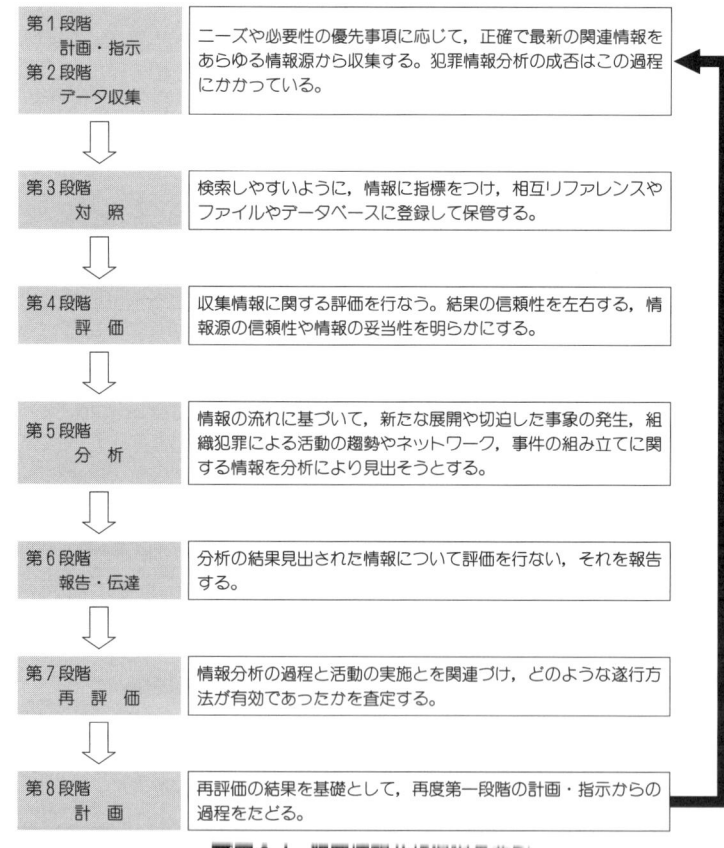

（1）犯罪情報分析の流れ

犯罪情報分析過程の要旨を図2-4に示す。アトキン(Atkin, 2000)によれば，法執行機関の中で犯罪情報分析過程を初めて定義したのはハリスとゴドフリーであり，彼らは1971年に情報分析過程として，7段階の循環過程を示した。その後に提唱された犯罪分析過程は彼らの提唱したモデルを基に一部改変を加えたものである。ここではインターポール(2000)による犯罪情報分析の基本的な流れを紹介しよう。まず，①計画・指示，②収集，③対照，④評価，⑤分析，⑥報告・伝達の6段階をたどる。この後，施策の実施や捜査活動への活用が行なわれる。

第1段階 計画・指示 第2段階 データ収集	ニーズや必要性の優先事項に応じて，正確で最新の関連情報をあらゆる情報源から収集する。犯罪情報分析の成否はこの過程にかかっている。
第3段階 対照	検索しやすいように，情報に指標をつけ，相互リファレンスやファイルやデータベースに登録して保管する。
第4段階 評価	収集情報に関する評価を行なう。結果の信頼性を左右する，情報源の信頼性や情報の妥当性を明らかにする。
第5段階 分析	情報の流れに基づいて，新たな展開や切迫した事象の発生，組織犯罪による活動の趨勢やネットワーク，事件の組み立てに関する情報を分析により見出そうとする。
第6段階 報告・伝達	分析の結果見出された情報について評価を行ない，それを報告する。
第7段階 再評価	情報分析の過程と活動の実施とを関連づけ，どのような遂行方法が有効であったかを査定する。
第8段階 計画	再評価の結果を基礎として，再度第一段階の計画・指示からの過程をたどる。

図2-4 犯罪情報分析過程の要旨

そして結果を実践に活用した後に，その結果を⑦評価し，再び⑧計画・指示を行ない，犯罪情報分析の流れをたどる。彼らが強調したのは，犯罪情報分析は1回の分析で終了するのではなく，分析結果の活用の効果を評価し，新たに適切な分析計画を立て，再び分析に着手するという作業をくり返す点である。以下にその流れを述べる。

①計画・指示

活用目的に適合した分析を行なうために，どのような分析が必要となるかを明確にする。分析課題を設定する段階である。

②収集

入手可能なあらゆる情報源から，分析のためのデータを収集する。収集するデータは，人口統計や犯罪統計などの公表されている統計情報，既存のデータベースに蓄積されている情報，学術誌などで示されている情報，新聞や雑誌に掲載されている情報などのほか，被疑者の取り調べや面接結果に関する情報や押収した通信記録など多様である。目的に添った情報をどのように収集するかに関する決定は，分析結果の内容や質に多大な影響を与えるため，慎重に行なう必要がある。

③対照

複数の情報源から収集した複数の情報を互いに参照・検索できるようにデータの形式を整え，データセットとして蓄積する。

④評価

分析に着手する前に，情報源の信頼性と情報の妥当性について評価を行なう。

⑤分析

収集したデータの統合と解釈を行なう。結果は図やグラフ，表などの形式で示す。結果の解釈が犯罪情報分析の過程の中で最も重要な部分である。帰納的論理による結果の解釈により，仮説構築，予測，推論を行なう。解釈の結果立てられた仮説は，仮説の検定によってのみ肯定あるいは否定できるため，さらに関連情報を収集することが必要となる場合もある。

⑥報告・伝達

分析結果を分析の依頼者に報告・伝達する。分析の依頼者は，この報告・伝達を参照して，施策立案，活動の設定を行なう。

⑦再評価

情報分析の過程と活動の実施とを関連づけ，遂行課題について再評価を行なう。どのような遂行方法が有効であったかを明らかにすることは，組織の資源となる。

⑧計画

再評価の結果を基礎として，再度第一段階の計画・指示からの過程をたどる。

（2）犯罪情報分析の枠組み

犯罪情報分析は，大別すると①戦略的分析（Strategic Analysis：犯罪情勢分析ともよばれる）と②戦術的分析（Operational Analysis）とに区分される。いずれも同じ犯罪関連情報を分析対象とするが，①の戦略的分析の場合には犯罪発生状況を把握することに主眼が置かれ，戦術的分析の場合には個別発生事件の捜査を支援することに主眼が置かれている。これらは分析結果の活用目的に違いがあるものの，採用する分析手法や分析の流れはほぼ同様といってよい。

①の戦略的分析は，対策を講じることを目的とした，長期的な視点に立つマネージメントのための分析である。個々の犯罪行動への対応ではなく，全体的な状況の把握の際に行なう。具体的には，有効な街頭犯罪対策や，地域の防犯活動などの施策や活動を実施する前に分析を行ない，どの事象を対象に活動を行なうことが有効かを見極める。また，具体的施策や活動の実施後にも，施策実施前後での犯罪発生実態の比較分析を行ない，その施策の有効性を明らかにし，次の施策の課題を明らかにする。このように，戦略的分析は1回のみで終了するものではなく，くり返し行ない，最新の情報を提供することが求められる。

②の戦術的分析は，捜査が進行中の個々の事件解決をめざした支援という短期的な目標に基づいて行なう分析である。分析結果を進行中の捜査に活用することによって，捜査対象者の絞り込み，張り込み，よう撃，逮捕，押収などを行なう目的で実施される。必要とされる分析は依頼当初の1回だけではなく，

新たに事件が発生したり，捜査の進展により新たな情報を入手した際には，それらを含めて再度分析を行なうという作業をくり返す。戦術的分析は，個々の事件における効果的な警察活動や捜査資源の有効活用を実現させるために行なう分析であり，発生事件に対する犯罪者プロファイリングや地理的プロファイリング，事件のリンク分析などがここに該当する。捜査活動で収集される情報は膨大な量となり，それらを整理し，相互の関連性など意味のある情報を見出すことは有効な捜査支援となる。こうした捜査支援手法は，先進国の各国で実践されている(田村, 2000；小林ら, 2000；加門, 2000)。

戦略的分析と戦術的分析には重複する部分もあり，完全に区別することはできない。分析を行なう際には，相互補完しながら用いるのがよいとされている。つまり，個々の事件の分析で見出された情報は，全体分析の際，あるいは分析結果を解釈する際に活用することが有効であり，逆に全体分析で見出された情報は，新規発生事件の早期解決を目的とした分析を行なう際に活用することが有効となるのである。

2．社会心理学の視点を生かした犯罪情報分析

心理学事典(1990)によれば，社会心理学は，「社会環境によって影響を受ける個人ないし諸個人の行動や経験の性質およびメカニズムを，心理学的観点から理解し，説明しようとする試みである」と定義される。その研究対象は，社会環境の影響下にある個人現象から，集団現象，集合現象にまで至る。個人現象として，社会的認知，対人知覚，社会的態度，社会的動機づけ，社会的学習，対人行動などの問題が扱われてきた。また，集団現象として，集団成員間の相互作用と集団の形成と発達，集団凝集性，集団構造，集団規範，リーダーシップなどの問題が，また集合現象としては，群衆行動，パニック，流言，流行などの問題が扱われてきた。

犯罪も，社会環境の影響を受ける社会的行動の一つである。犯罪自体，社会が定義するものであり，文化圏によって犯罪とされるものが異なっている。また，犯罪者が行なう行動の全てが犯罪行動というわけではなく，犯罪者によっ

て日常行なわれる行動の多くは非犯罪者と変わらない社会適応的な行動である。そのため，犯罪者の犯罪行動には犯罪者が行なう非犯罪行動において示される傾向が反映されると考えられる。社会における個人あるいは集団の行動について焦点をあてる社会心理学の多くの知見は犯罪現象にも適用可能であり，すでにこれら社会心理学的な観点を応用することによって，犯罪事象を説明しようとする研究が多く蓄積されている。犯罪や逸脱行動を社会環境と個人との相互作用のもとで説明しようとする社会心理学的な理論には，分化的接触理論，社会的絆理論，ラベリング理論などがある。

犯罪情報分析の分析対象は，社会の中で生活する個人が行なう犯罪行動である。そのため，社会的行動を扱う社会心理学の観点が犯罪情報分析には有用である。また，多変量解析など，社会心理学で用いる分析手法は，犯罪情報分析においても有用である。田村(2000)は，犯罪情報分析における行動科学の視点の重要性を強調し，「行動科学等を応用して，犯罪に関連する情報を分析し，犯罪捜査や犯罪予防等の警察活動に寄与する知見を得る技術」を犯罪情報分析として定義している。

次に犯罪情報分析の具体例を示すが，これら全てに社会心理学を始めとする行動科学の知見を活用することが有用である。具体例は，インターポールの犯罪情報分析課マリオ・ドゥーコックが提唱した枠組み（表2-1参照）に沿って示す。この犯罪情報分析の枠組みでは，分析対象を事件，犯人，犯罪統制手法に分類し，戦略的分析と戦術的分析のそれぞれにおける分析手法を分類している。戦略的分析には，事件発生情報を分析対象とする「犯罪パターン分析」，犯人を分析対象とする「一般プロファイル分析」，犯罪統制手法を分析対象とする「犯罪統制手法分析」とに区分される。また，戦術的分析には，個別事件を分析対象とする「ケース分析」「ケース比較分析」，犯人を分析対象とする「特定された加害者に対する犯人グループ分析」「未特定の加害者に対する特定プロファイル分析」，犯罪統制手法を分析対象とする「捜査分析」とに区分される。

(1) 犯罪パターン分析

ある地域のある期間における犯罪発生状況を示すものである。時間帯別，罪種別，犯罪手口別，被害類型別など，さまざまな分析軸を用いて図表やレポ

第2章　防犯のための心理学の役割

■表2-1　マリオ・ドゥーコックが提唱する犯罪情報分析の枠組み

	戦略的 (Strategic)	戦術的 (Tactical)
犯罪（事件）	犯罪パターン分析 Crime Pattern Analysis	ケース分析 Case Analysis ◆ 連続事件 ケース比較分析 Comparative Case Analysis
加害者	一般プロファイル分析 General Profile Analysis	◆ 既知の加害者 加害者グループ分析 Offender Group Analysis ◆ 未知の加害者 特定プロファイル分析 Specific Profile Analysis
被害者	犯罪統制手法分析 Crime Control Methods Analysis	捜査分析 Investigations Analysis

トによって示す。図2-5のように，地理情報システムを用いて犯罪マップを視覚的に示すと，状況を理解しやすい。分析軸とする変数の選択には，犯罪者の行動に関する社会心理学的視点が有用である。

たとえば，犯罪パターン分析の結果は，地域を巡回する警察官がパトロールの時間帯別に，遭遇する可能性の高い罪種についての認識に有効である。時間

■図2-5　犯罪マップの例

帯別に罪種別発生状況を把握することによって，その罪種に関連する情報により注意をはらうことができる。また，時間帯別に集中的にパトロールする地域を選定し，犯罪抑止として効率的にパトロールを行なうことができる。同時に，地域住民にとっても，時間帯別の罪種別発生状況を把握することは，個々人が適切な犯罪への対処行動をとることを可能とするため，効果的な防犯対策につながる。

(2) 一般プロファイル分析

　一般プロファイル分析では，特定のタイプの犯罪を行なう犯罪者たちに特有の特徴（発生頻度や犯行行動，地理的行動など）を見出そうとする。つまり，この分析は現場での活用を可能とするための基礎的な分析であり，社会心理学的視点をもった統計的プロファイリングや地理的プロファイリングの手法開発がここに該当する。また，過去に発生した人質立てこもり事件に関する情報を収集し，「死傷者を出さない犯人の投降」という変数に影響を与える要因を明らかにすることによって，新規人質立てこもり事件発生時の対応に役立てることができる。新しい学問領域である捜査心理学では，こうした分析によって捜査に貢献するためのさまざまな知見を提出している (カンター, 2000 ; 横田, 2000)。

　図2-6には，年少者を対象とした連続強姦犯と連続放火犯のそれぞれにおけ

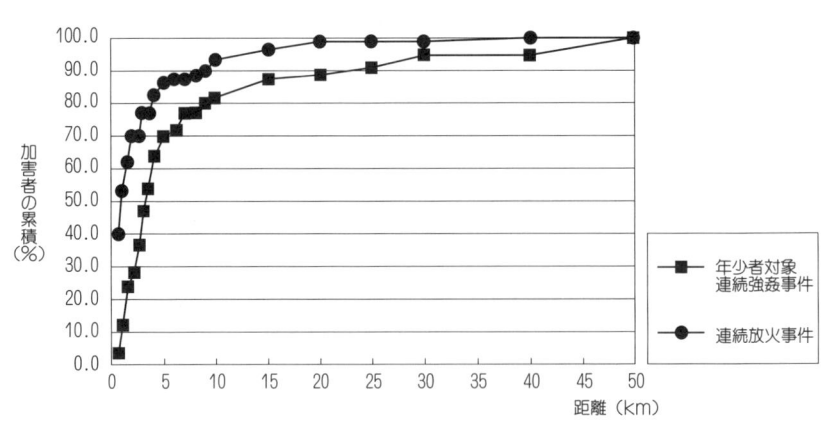

■図2-6　一般プロファイル分析の例——年少者強姦事件および連続放火における居住地——犯行地間の距離——(Watanabe et al., 2000より作成)

る居住地(犯行地間の距離の中央値をとった犯行に出かける距離の累積分布)を示した。一般プロファイル分析では,個別の事件がこの分布のどのあたりに位置するかを示すことはできないが,参考となる指標を示すことができる。こうした空間行動に関する分析においても,社会環境の中で人がどのように行動する傾向があるのかという社会心理学的な知見が有用となる。

(3) 犯罪統制手法分析

犯罪統制手法分析では,今後行なう犯罪対策として有効な手法を見出すために,過去に行なった犯罪統制手法に関する情報を収集して,その評価を行なう。

たとえば,割れ窓理論に基づくゼロ・トレランス政策の具体的施策と関連情報,その導入前後の情報を分析することによってその手法の有効性や利点・欠点などについての評価を行なうことで,現状への対策として活用可能かを判断に役立てることができる。

(4) ケース分析とケース比較分析

ケース分析では,個別の事件における犯行行動や情報,関係者,関連物品の時系列的な流れをチャートとして再構成し,捜査に役立つ情報を見出そうとする。たとえば,共犯者フローチャートや,関連事象チャート,活動チャート,事件分析チャートなどの形で示される。図2-7は,事件分析チャートの例であり,事件の流れを時系列で示したものである。この例は極端に単純化したものであり,実際の分析では詳細な記述が要求される。

発生した事件に関する情報を可能な限り収集し,事件を再構成するという点で,アメリカ連邦警察の提唱する心理学的プロファイリングやドイツ国家警察の提唱するケース・アナリシスと共通する。犯罪者のプロファイリングという手法は,このケース分析に含まれる。

連続事件の場合に行なわれるケース比較分析は,表2-2に示すように個々の事件特徴や被害者特徴,犯人の言動に関する一覧表を作成し,共通性や署名的行動によって同じ犯人による事件を特定しようとするものである。

この手法は,事件リンク分析ともよばれており,解決した事件と関連する未解決事件の掘り起こしや,複数の未解決事件の関連づけとして活用されている。連続事件のリンク分析のためのソフトウエアが各国で開発されている。アメリ

第1部　犯罪を科学する

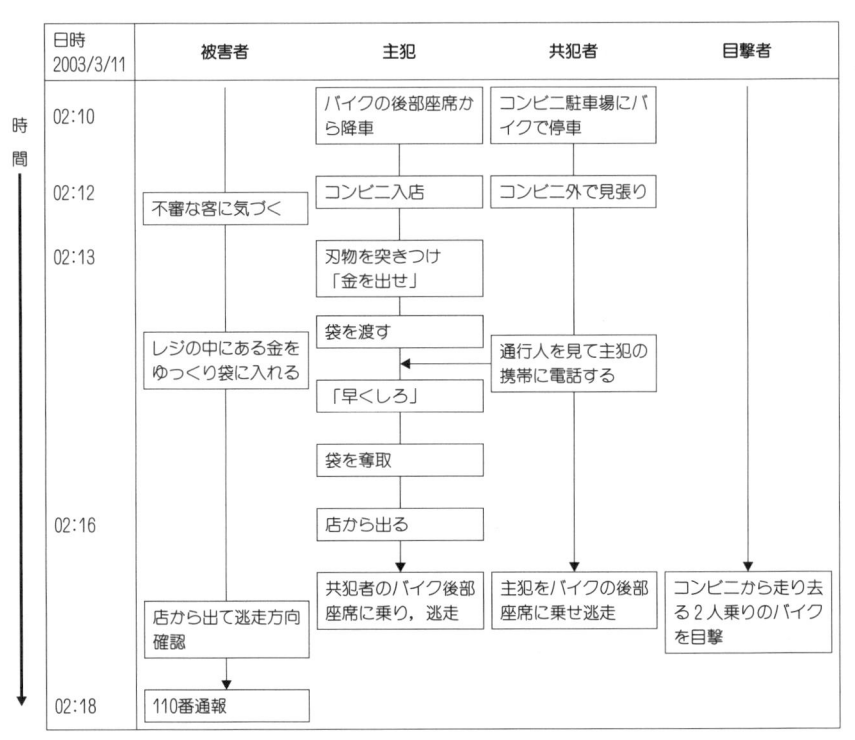

日時 2003/3/11	被害者	主犯	共犯者	目撃者
02:10		バイクの後部座席から降車	コンビニ駐車場にバイクで停車	
02:12	不審な客に気づく	コンビニ入店	コンビニ外で見張り	
02:13		刃物を突きつけ「金を出せ」		
	レジの中にある金をゆっくり袋に入れる	袋を渡す	通行人を見て主犯の携帯に電話する	
		「早くしろ」		
		袋を奪取		
02:16		店から出る		
	店から出て逃走方向確認	共犯者のバイク後部座席に乗り，逃走	主犯をバイクの後部座席に乗せ逃走	コンビニから走り去る2人乗りのバイクを目撃
02:18	110番通報			

■図2-7　事件分析チャートの例（ケース分析で行なう時間軸にそった情報）

■表2-2　ケース比較分析の例図

事件番号	発生日時	発生時間帯	発生場所	被害者	凶器使用	犯行供用物	接近方法
NO.1	200X/A/B	深夜－未明	被害者宅	女23歳	ナイフ	なし	急襲
NO.2	200X/A/C	深夜－未明	被害者宅	女18歳	なし	なし	急襲
NO.3	200X/A/D	夕方－夜間	被害者宅	女26歳	ナイフ	なし	騙す
NO.4	200X/B/E	夜間－深夜	被害者宅	女32歳	ナイフ	ガムテープ・さるぐつわ	急襲
NO.5	200X/B/F	深夜－未明	被害者宅	女22歳	ナイフ	さるぐつわ	急襲
NO.6	200X/C/G	深夜－未明	被害者宅	女19歳	ナイフ	ガムテープ・さるぐつわ	急襲
NO.7	200X/D/H	夜間－夕方	被害者宅	女20歳	ナイフ	ガムテープ・さるぐつわ	急襲

カ連邦警察局ではVICAP（凶悪犯罪者逮捕プログラム）が開発され，多くの州警察で活用されている。また，カナダ国家警察ではViCLAS（凶悪犯罪リンク分析システム）が開発され，このシステムはイギリス，オーストラリア，オランダなど各国で導入され活用されている。VICAPやViCLASの分析担当者の養成には，犯罪者の行動に関する教養の受講が必須であり，社会心理学や臨床心理学の重要性が強く認識されている。

(5) 特定された加害者に対する犯人グループ分析／未特定の加害者に対する特定プロファイル分析

特定された加害者に対する犯人グループ分析では，犯罪者集団における集団の構造や，各集団成員の集団内での役割や人間関係を明らかにしようとする。犯罪者集団における連関チャート，共犯者フローチャート，関連事象チャート，活動チャートなどの形で示される。図2-8は，社長殺害事件に関連する複数の人間の連関を示したものである。社会心理学では，こうした集団構造は，役割と地位やコミュニケーションのネットワーク，ソシオメトリック・テストで測

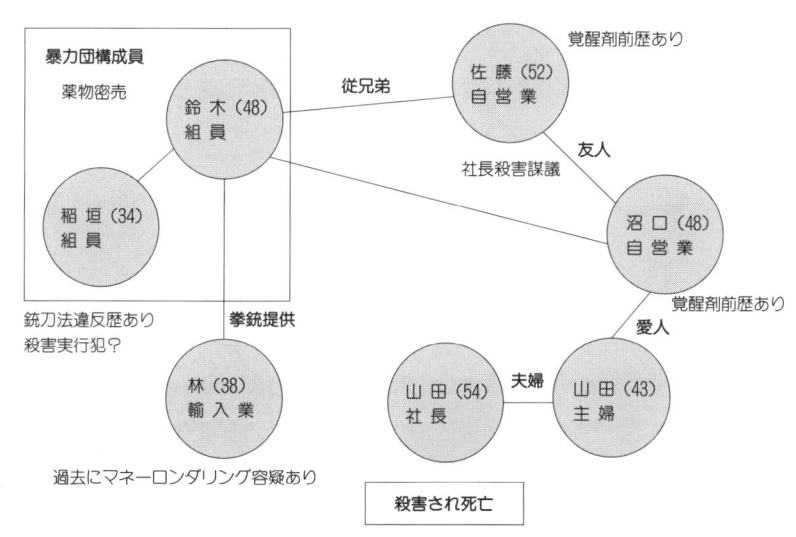

■図2-8 特定された犯人に対する犯人グループ分析の例

定される相互の好悪感情などによって記述される。

　複数人が関与する事件の捜査においては，とくに，犯罪者集団の集団成員間におけるコミュニケーション分析（電話などの通信記録分析を含む）が有用であり，事件前後の集団成員間のやりとりを明確にし，犯罪者集団の人間関係を浮き彫りにする。とくに，組織犯罪では，集団内での地位と役割の分化は明確であり，コミュニケーションのネットワークから，組織内での地位を推定するのに有用である。

　未特定の加害者に対する特定プロファイル分析は，事件特徴や関連情報に基づき，犯人のプロファイリングを行なうものである。未特定の犯人の属性や居住エリアに関する情報を提供するものであるが，取り調べ助言のために検挙された犯人の人格を評価する作業もここに含まれる。

　前述したVICAPやViCLASなどのデータベースを活用して，過去の類似事件を敢行した犯人の特徴から，新規発生事件の犯人の特徴を推論しようとする作業もここに該当する。そうした手法は統計的プロファイリングとよばれるものであり，我が国でも科学警察研究所や，いくつかの都道府県警察の心理担当者が取り組んでいる。

　犯人の動機や行動面を重視した未特定の加害者に対するプロファイリングでは，社会心理学をはじめ，臨床心理学，精神医学など行動科学の範疇にある専門的な知見が有用である。

（6）捜査分析

　捜査分析は，今後行なわれる捜査活動をより効果的にするために，過去の事例や捜査活動が進行中の事例から教訓を得ることを目的として行なわれるものである。重大事件の捜査活動について，成否にかかわらずその捜査過程で行なわれた捜査手法や捜査活動，捜査に影響を与えた事象について明らかにする。捜査活動に従事した捜査員，捜査活動に協力した専門家などに対して面接調査を行なったり，過去の書類調査を行なってデータを収集し分析することにより，改善すべき点を指摘する。

　集団で行なわれる捜査活動の分析には，リーダシップや意志決定，グループ・ダイナミクス，志気の問題など人間関係や集団内での個人の行動に関する社会

心理学的な視点は有用である。

　犯罪発生を説明する理論構築に社会心理学が貢献していることはいうまでもないが，ここで示したように犯罪関連情報の分析においても社会心理学の視点は重要である。
　現代社会の特徴（たとえば，人間行動のグローバル化や，コミュニケーションシステムの能力の増大など）は，一般市民だけでなく犯罪者たちにも有益な側面をもっている。犯罪対策を講じるためには，社会の中で行なわれる犯罪，社会的存在としての個人，組織・集団やネットワークといった社会的な過程を扱う社会心理学の視点が重要となってくる。カンター—(Canter, 2000)は，こうした社会心理学的な視点が，犯罪を減少させるための新たな可能性を提供すると指摘している。

TOPICS ①

現代社会と犯罪

　時代の経過とともに，私たちを取り巻く社会は変化している。車の普及台数は増加し，鉄道網が発達したことにより，短時間での遠距離の移動が可能になった。国際化社会が進展し，海外との人・物・金の移動も増大した。また情報社会が進展し，インターネット上にはあらゆる情報が氾濫し，好きなときに必要な情報を探し出すことが容易になった。都市部に人口が集中し，その結果経済活動が効率化し，生活の利便性がもたらされた。

　しかしそれと同時に都市部では匿名化が生じ，他者に対する無関心さが強くなった。これが高齢化の進展等とあいまって，これまで地域社会がはぐくんできた自主防犯機能や相互扶助機能の弱体化が進行し，「コミュニティの崩壊」が指摘されている。価値観は多様化し，個人主義が浸透したことから，個々のライフスタイルが多様化し，他者からは見えにくくなってきた。携帯電話や携帯端末を用いることによって，互いに匿名性の高い状態でコミュニケーションを行なうことができるようになった。

　現在社会における社会・経済構造の変化はここで指摘したものにとどまらないが，こうした社会・経済構造の変化は，私たちのさまざまな行動に影響を与えている。犯罪行動もその例外ではない。社会・経済構造の変化と犯罪との関連は，シカゴ学派が1920年代から都市化と社会病理との関係として取り組んでいる古くからの研究課題である。近代化，都市化は，社会病理の1つである犯罪行動や逸脱行動にも新たな形態を生み出すのである。板倉(2000)は，「現代の社会経済構造と密接不可分で，そのような社会構造が生み出す反社会現象としてクローズアップされている今日的犯罪」を現在型犯罪と定義し，例として企業犯罪やビジネス犯罪，情報犯罪などをあげている。しかし，こうした新しいタイプの犯罪類型に限らず，全ての犯罪行動が社会・経済構造の変化の影響を受けている。

　車の普及や鉄道網の発達により，犯罪者の活動空間は拡大し，広域での犯行もたやすくなり，犯行後には短時間で遠くまで逃走することが可能になった。情報化社会の進展により，犯罪関連情報への接触や学習，匿名性を保った状態での被害対象の探索，接近が容易になった。たとえ犯行に使用した物が発見されたとしても，安価で大量に同様の物が流通しているため，物からの捜査には多大な時間を要し，困難さが増している。また価値観の多様化やライフスタイルの多様化・潜在化によって，逸脱したライフスタイルを選択する抵抗感は弱まっており，犯罪者につけ込むすきを与えている。都市部では，匿名化により隣人でさえお互い何をしている人かをよく知らない場合も多く，自分に関心・関係のない情報や他者には無関心になっていることから，個人のライフスタイルに関する情報収集は困難であり，犯罪の目撃や認知の情報が迅速に捜査側に伝わらない場合も生じている。

　このように，社会・経済構造の変化がもたらした生活の利便性は，犯罪者，被害者候補となる一般の人々，取り締まる警察のそれぞれの行動に影響を与えている。近年，刑法犯の認知件数は増加を続けており，2002（平成14）年には2,853,739件と戦後最悪の数値を

TOPICS①

更新している(図1)。検挙率も20%まで低下しており(図2),「安全神話」は崩壊したといってよいだろう。こうした現状にともない市民の犯罪に対する意識も変化してきており,防犯に高い関心を示すようになってきている。生活における利便性の追求という方向性は,防犯という観点と一致しない場合も多いという認識を踏まえ,現在の犯罪発生の実態を正確に把握したうえで,効果のある防犯対策を策定していく必要があるであろう。

注)図は警察庁の犯罪統計書に基づいて筆者が作成。

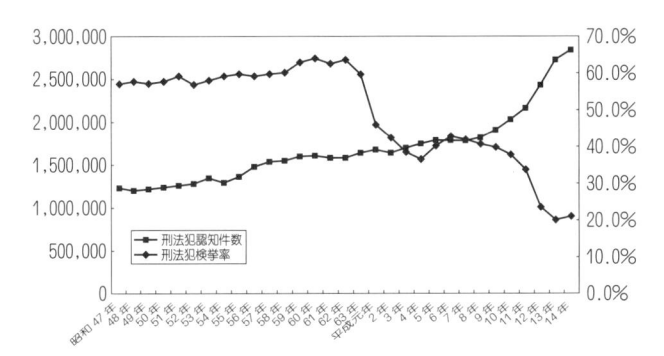

■図1 刑法犯認知件数と検挙率の推移

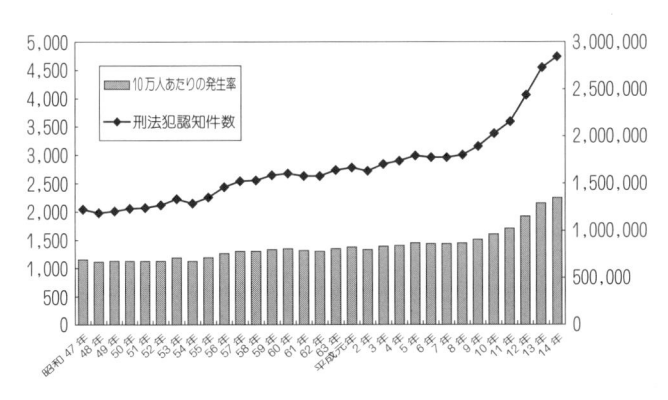

■図2 刑法犯認知件数と10万人あたりの発生率の推移

TOPICS ❷

犯罪被害者をとりまく環境

　犯罪の対策を考える際には犯罪の実態を正確に把握する必要がある。犯罪の発生には，「犯罪者」の存在，「ターゲット」となる被害者の存在，犯罪が行なわれる「場所」の存在が必要である（図1）。図中に示される「ターゲット」は，犯罪が発生してしまえば被害者となるが，犯罪予防を考える際には被害者候補となる一般市民を示すことになる。つまり，個人の属性や特徴によってリスクの高さは異なるものの，一般市民のだれもがこの範疇に入る可能性をもっている。

　犯罪認知件数の増加にともない，被害者数は1年間で約240万人を示し，戦後最悪の数値を更新している（平成14年警察統計）。犯罪には統計上の数字にのぼらない暗数（dark figure）が必ず存在している。真の被害者数を把握する手法はないが，既存の被害者調査や住民調査の結果は，推定される真の被害者数が統計上の数値よりもずっと大きいことを示している。

■図1　犯罪を構成するもの

　1人の犯罪被害者が受ける被害は，被害を受ける原因となった事件による直接的な被害だけではない。被害を受けたことによって，さらに社会から精神的被害を受ける。それを「二次的被害」という。犯罪被害による二次的被害には，刑事手続きの流れで受ける精神的苦痛，地域の中で受ける精神的苦痛，誇張に満ちたうわさ，マスコミの報道，宗教関係者からの勧誘などがある。時には，同じ家族の成員や被害者援助者さえ，被害者に二次的被害を与えることがある。

　こうした犯罪被害の影響は，直接の犯罪被害者だけにとどまるわけではない。犯罪被害の影響は，家族や親戚，友人，知人など犯罪被害者を取り巻く人々や，直接の犯罪被害者をケアする救急隊員や警察官，援助者，ひいては地域社会全体におよぶことがある。これらを考慮すると，犯罪被害という経験は，全ての人にとってもはや自分とは全く関係のない問題ではなく，身近な問題であることは明らかであろう。社会安全研究財団の調査結果（2000）によれば，実際に体感治安は悪化しており，自分も犯罪に遭うかもしれないという不安は増大する傾向にある。

　しかし，犯罪被害の実態に関しては広く認識されてはいないのが現状である。①犯罪を受ける状況－どのような人が，どのような状況で犯罪被害に遭っているのか－，②犯罪被害者になるという体験－犯罪被害にあった人の心理はどのようなものか，被害後にはどのような体験をするのか－については，意外と知られていない。それには，犯罪について一般に流通する情報に偏りがあること，犯罪被害について人が理解しようとする際にある心理規制がはたらくことが強く関連している。

TOPICS②

　犯罪の報道にふれる際に人は，犯罪被害者にも何らかの落ち度があったに違いない，と考えがちである。これは，「公平な世界」(Lerner, 1976)ということばで説明される心理機制である。人は，努力をすればそれなりの生活ができる，まっとうな生活をしていればひどい目に遭うことはないという信念をもって生きている。しかし，全く落ち度のない人間が突然犯罪被害に遭うかもしれず，それが自分では防ぎようのないものであるという現実は，脅威であり，受け入れがたい。そうした脅威を避け，この世の正義を信じようとするがゆえに，犯罪被害者に何らかの落ち度やすきを見出して，それが原因となって犯罪被害に遭ったと理解しようとするのである。

　こうして人が犯罪について理解しようとしてもつ暗黙の主観的な理論は，「しろうと理論」(Furnham, 1988)とよばれる。「しろうと理論」は俗説であり，状況を過小評価して個人の内的側面に重きをおく傾向がある。単純な仮説を好むため，被害者に何らかの原因を求めやすく，選択的確証を行なうため，科学的根拠では駆逐しがたいという特徴をもっている。したがって，人は犯罪被害についても単純な「因果応報」ともいえる仮説をもち続ける。

　犯罪に関するまちがった俗説の典型例が「強姦神話（rape myth）」である。強姦神話の例として，①絶対に強姦されない女性もいる，②若くてきれいな女性が狙われる，③大半は，深夜に公共の場所で起こる，④たいていは，無関係の犯人によって行なわれる，⑤女性は服装や態度を通じて，強姦してほしいという意志を示すことがある，がよくあげられるが，これらは，全て事実とは異なる誤った考え方である。「強姦神話」のように，事実とは異なるが一般的に信じられている俗説が，犯罪被害全般についても存在している。犯罪被害者であっても被害に遭う前には同様な考え方をもっている場合が多い。それゆえに，犯罪被害に遭った者は強い自罰感を感じ，自分は護られるに値しない人間であるがゆえに被害者となったと感じてしまいがちである。

　犯罪統計書が示す殺人事件の発生状況は，多くの事件が日常生活の行動範囲の中で発生しており，日常生活の中で交流のある相手から被害を受ける場合が多いことを示している。また，何ら関係のない人から被害を受ける場合でも，被害者の日常生活における行動範囲内で被害に遭う場合が大半を占めているのが現実である。こうした実態は，被害経験によって，安心して過ごしていた既知の空間が突然安心できない空間に変わることを意味しており，他者への信頼感が突然失われることを意味している。

　犯罪被害者が受ける被害のうち，①身体的な影響，②経済的な影響，③精神的な影響について，被害者問題研究会(1994)が行なった，殺人・強盗・傷害事件の被害者（遺族を含む）に対する面接調査の結果から例を示そう。実際には，犯罪被害と一言でいっても，その態様は多様である。同じ罪種の被害者であっても一人ひとりの被害者が体験することは実にさまざまであり，全く同じ犯罪被害はない。全ての被害者に共通するのは，ある日突然犯罪被害者になるという点だけかもしれない。個々の被害者に接する際にはその多様性を理

TOPICS②

解することが重要である。

身体的な影響としては，傷害による傷や，その後遺症があげられていた。診断書には加療日数が示されるが，犯罪被害者が実際に痛みや自覚症状に苦しむ期間がその日数を超えることも多い。

経済的な影響のうち直接的なものとしては，盗まれた金品，壊された物，一家の働き手を失うことなどがあげられていた。間接的な影響としては被害者本人およびその家族にかかる医療費の負担などがあげられていた。これは被害者が加入する保険でカバーされる場合も多いが，差額ベッド代や付添婦の費用，介護や通院のための交通費等は負担しなければならない。また，被害の影響による仕事上の不都合によって収入が減少する場合もある。

精神的な影響としては，事件の衝撃によるショックやパニック，再被害への恐怖，不安，不信，閉鎖性，空虚感，喪失感・悲哀感，行動の変化などがあげられる。精神的な影響が深刻で，一定の基準を満たす場合には，「心的外傷後ストレス障害（PTSD；Post Traumatic Stress Disorder）」と診断される。アメリカ精神医学会による「精神障害の診断と統計マニュアル第4版：DSM-Ⅳ」では，①外傷体験，②侵入，③回避・麻痺，④過覚醒の症状が定義され，それぞれに該当する症状数が基準を満たし，症状の持続期間が1か月を超える場合にPTSDと診断される。PTSDの発症は，被害経験の程度や質，被害者の脆弱性や被害者のおかれた環境によって異なることが明らかとなっている。また，PTSDは被害の心的後遺症を示す人たちの，ごく一部を切り出すものにすぎないことが指摘されており，PTSDの診断基準に該当しないからといって精神的な影響が軽度であるとはいえない点に注意すべきである。

オクバーグ（Ochberg, 1988）は，PTSD症状にともなう症状として犯罪被害者に特徴的なものに，恥，自責，服従（無力になり卑小になってしまった感覚），加害者に対する病的な憎悪，逆説的な感謝（加害者に向けられる愛情，同一化（ストックホルム症候群）），汚れてしまった感じ，性的抑制，あきらめ，二次受傷，社会経済状況の低下をあげている。ここに示される症状の多くに，前述した心理機制が関与していると考えられる。

近年には，犯罪被害の実態調査が行なわれ，その結果を踏まえて，警察，検察，裁判所など公的機関が被害者対応の改善を目的とした施策を実施するようになった。いまだ課題が多く残されているものの，犯罪被害者を取り巻く環境は改善の方向へと向かっている。犯罪被害者給付金支給法の改正（2000年）では，公安委員会が指定する民間の早期援助団体が，被害者を被害直後から援助することも可能となった。現在，被害者を援助する民間団体数は増加しており，被害者が支援を求める先や相談窓口も増えてきている。

こうした被害後のケアを充実させるとともに，犯罪被害を未然に防ぐという努力を並行して行なっていく必要がある。市民の一人ひとりが，犯罪被害の実態について認識をもち，二次的被害やさらなる犯罪被害の発生を防ぐための努力をしていく必要があるだろう。

TOPICS ❸

統計からみた近年の犯罪情勢

　全国の刑法犯の認知件数は2002年で285万件を超え，10年前の認知件数の約1.6倍，数にして約100万件増加した。過去10年間の認知件数の推移をみると，1993年から1997年にかけて，ほぼ横ばいであったものが，1998年以降増加の傾向に転じている（図1）。

▶図1　全刑法犯認知件数の推移（1993～2002，全国）

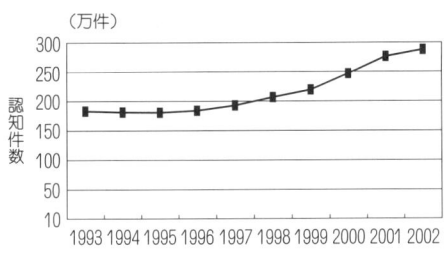

▶表1　都道府県別刑法犯認知件数
（2002，単位：件）

東京都	301,913
大阪府	300,429
愛知県	196,117
神奈川県	190,173
埼玉県	177,762
全国総数	2,853,739

　都道府県別でみると，2002年においては東京都が最も多く，次いで大阪府，愛知県，神奈川県，埼玉県と続く。とくに東京都と大阪府では3万件を超え，他府県に比べ圧倒的に件数が多く，全国の認知件数の約2割を占めている（表1）。

　では一体どのような犯罪が増加したのだろうか。図2に各包括罪種（※1）の全刑法犯に占める割合を示す。窃盗犯（表2）が全体の約8割を占めており，窃盗犯の認知件数が刑法犯全体の認知件数に影響を及ぼしているといえる。つまり近年の認知件数の増加は，窃盗犯の大幅な増加によるものといえる。

　窃盗犯は3つに大別される。2002年においては，非侵入盗の認知件数が窃盗犯全体の5割強を占め，次いで乗物盗が約3割，侵入盗が1割強となっている。

　窃盗犯は，ほかの罪種に比べ日常生活の中でだれもが被害に遭う可能性の高い犯罪である。窃盗犯のうち，住宅対象侵入盗，事業所対象侵入盗，乗物盗，ひったくり，車上ねらい，自動販売機荒しといった，身近な犯罪における過去10年間の推移を図3～6に示す。

　10年前の1993年における認知件数を1としてその増減をみてみると，侵入盗，乗物盗に比べ，車上狙い，自動販売機荒し，ひったくりといった路上での犯罪が増加の傾向にあることがわかる。とくにひったくりにおける増加の傾向は著しい。侵入盗，乗物盗は，全体的に横ばいの傾向であるなか，ここ2，3年での，金庫破りと自動車盗の増加がめだつ。ピッキングをはじめ新しい手口の横行から昨今関心を集めている空き巣狙いは，10年前と比べ1.5倍の増加となっている。

　近年の体感治安の悪化，犯罪に対する高い不安感は，このような身近な犯罪の増加に由来していると考えられる。安全で安心な生活を営むためには，このような犯罪を未然に防ぐことが望まれる。

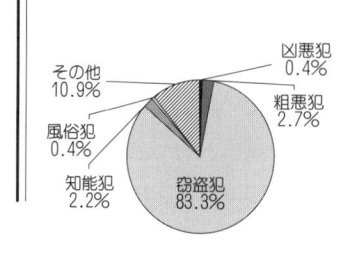

TOPICS③

※1 包括罪種

凶悪犯：殺人，強盗，放火，強姦
粗暴犯：暴行，傷害，脅迫，恐喝，凶器準備集合
窃盗犯：窃盗
知能犯：詐欺，横領，偽造，汚職，背任
風俗犯：賭博，わいせつ
その他：その他の刑法犯

（円グラフ：凶悪犯 0.4%，粗暴犯 2.7%，窃盗犯 83.3%，知能犯 2.2%，風俗犯 0.4%，その他 10.9%）

■図2　各包括罪種の全刑法犯に占める割合（2002，全国）

■表2　窃盗犯

侵入盗	住宅対象	空き巣，居空き，忍込み
	事業所対象	事務所荒らし，金庫破り，出店荒らし
乗物盗		自動車盗，オートバイ盗，自転車盗
非侵入盗		ひったくり，すり，自動販売機荒らし，車上狙いなど

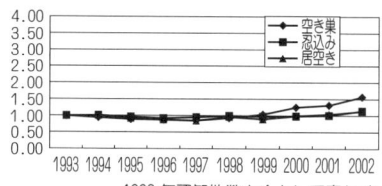

■図3　住宅対象侵入盗の推移（1993〜2002，全国）
1993年認知件数を1として表わす

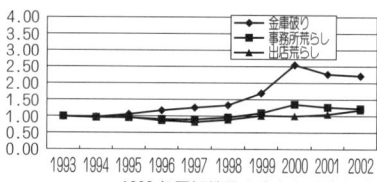

■図4　事業所対象侵入盗の推移（1993〜2002，全国）
1993年認知件数を1として表わす

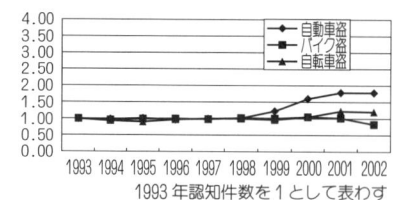

■図5　乗物盗の推移（1993〜2002，全国）
1993年認知件数を1として表わす

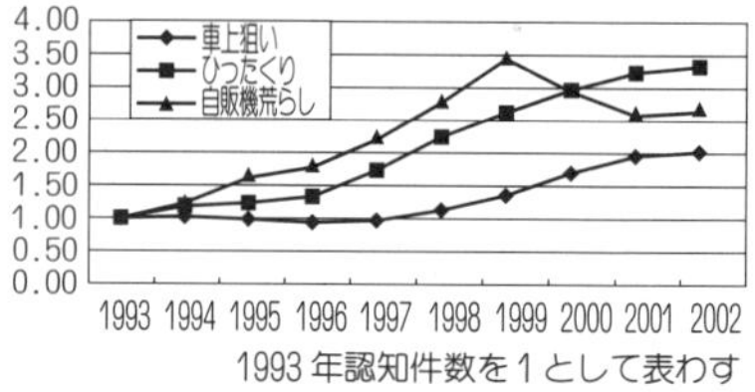

■図6　車上狙い，ひったくり，自動販売機荒らしの推移（1993〜2002，全国）
1993年認知件数を1として表わす

TOPICS ❹

街路照明と防犯について

街路照明と視認性・不安感やひったくりなど路上犯罪との関係については，これまで（社）日本防犯設備協会防犯照明委員会で調査研究を行なってきた。ひったくりの調査の結果，実際に発生した場所というのはいくつかの要因が重なり起きているわけだが，照明とのかかわりが深いと思われる現場もあった。これは，人間の目（構造とはたらき）と見え方（視認性）が心理的に影響しているものである。

1. 明るさと視認性

人間の感覚器官には，視覚・聴覚・嗅覚など五感があるが，外界の情報の約85％が視覚により得られている。照明とのかかわりが重要であることはいうまでもない。

一般に，明るさと見え方の関係は，

0.1ルクス程度 …… 物の存在がようやくわかる
1.0ルクス程度 …… 物の色を認めることができる（青や紫は生彩に見えるが，赤や黄赤はくすんだ色にしか見えない）
20ルクスに達すると …… 物の形や色が正常に見える

ちなみに，国道など主要道路の明るさは7～15ルクス，住宅地などの街路は1～5ルクス程度である。実は，これらが視認性と交通安全対策や防犯などに大いに関係がある。

2. 防犯上必要な明るさとは

これまでの調査で，街路において明るさ感・安心感などを得るためには3ルクスの明るさが必要といわれてきた。3ルクスあれば4m先の歩行者の挙動・姿勢がわかる。道路の形や家並みにも関係するが，最低限3ルクスあれば安心感が得られ，防犯上の効果も期待できる。しかし，照度が高くても明るさのむらが大きいと見え方が低下して防犯効果が期待できないことがある。

路上犯罪が暗いところで起きているという事例を図1で示す。これは神奈川県某市JR駅前商店街付近の路地で，ひったくりが多発している場所での調査結果で，明るさとひっ

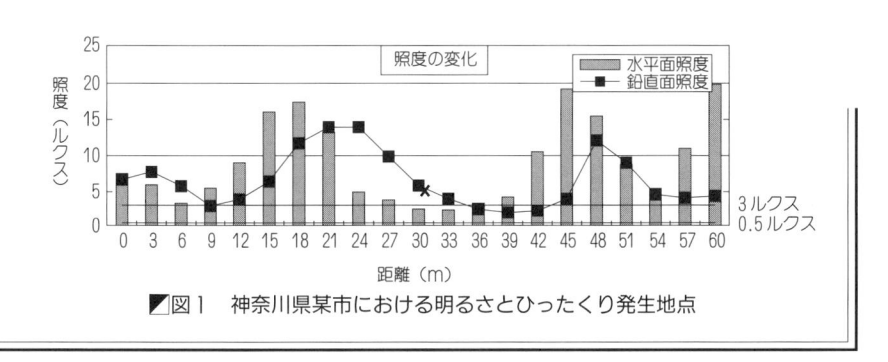

■図1　神奈川県某市における明るさとひったくり発生地点

たくり発生地点を表わしている。図中の明るさの谷間にあたる 30 m 付近で（×印の位置）ひったくりが発生している。街灯の間隔が広かったり，店舗の看板や自動販売機などの明かるさのむらが影響している場合が多い。

3．大阪・寝屋川市萱島東地区「防犯照明モデル地区」事例紹介

寝屋川市は，国内でも「安全・安心まちづくり」事業に早くから取り組み，防災・防犯のモデル地区に指定されている。今回，これまで取り組まれていなかった防犯照明について，2002（平成 14）年 4 月，モデル計画を地元自治会の協力を得て実施した。

（1）対象地区の概要

もともと住宅密集地区や工場跡地であったが，再開発が行なわれ道路幅を拡張したり住宅の建て替えをするなど豊かな街並に変わっている。しかし，街灯は従来どおりの蛍光ランプ 20 ワット防犯灯で，明るさが不足している。地元住民からも明るくしてほしいとの要望があるが財政面が許さなかった。

（2）防犯照明改修の内容

現在の蛍光ランプ 20 ワット防犯灯を，コンパクト形蛍光ランプ 32 ワットインバータ防犯灯に取替えを行なった。3 自治会で計 26 基（全て，電柱共架）設置した。

（3）照度測定と住民アンケート調査結果

4 箇所で照度測定を行なったが，いずれも明るさが改修前の約 2 倍の 3 ルクス以上になった。アンケート調査には，67 名の住民から回答を得た。

質問内容は次のとおりである。

・夜間街路の印象について（街路の明るさ，安心感，街路の見通し，歩きやすさ，街路の明るさのむら，の 5 問）
・通行している歩行者について（挙動・姿勢など，顔の概要がわかる，の 2 問）

その結果，改修前と後ではいずれの質問に対しても，暗い・不安などから明るい・安心などへ回答が反転し，ほぼ予想どおりの評価を得ることができた。

（4）ひったくり発生状況の推移

防犯照明改修後 1 年が経過し，対象地区におけるひったくり発生件数は，改修前（2001.10 月～2002. 3 月の 6 か月間）に 8 件であったものが，改修後（2002.10 月～2003. 3 月の 6 か月間）は 2 件となった。しかも夜間の発生はなくなった。地域の防犯活動に加え，防犯照明改修が，ひったくり発生抑止効果にはたらいたものと考えられる。

（5）問題点

維持管理費の中で，電気料金が自治体や自治会の大きな負担になっている。今回の場合は，20 ワットから 32 ワットに取替えても同一料金が適用された。

また，20 ワット防犯灯を回収（8 台）して配光測定をした結果，明るさが初期のおおむね 30％しかなかった。きめ細かな保守管理が必要である。

TOPICS ⑤

街頭緊急通報システム『スーパー防犯灯』

　経済対策閣僚会議の経済新生政策（1999年11月）において位置づけられた「歩いて暮らせる街づくり」構想について，モデルプロジェクトを実施する地区の募集を行なったところ，全国から68地区の応募があった。これらの応募地区の中から20地区を関係省庁連絡会議で選定した。この中から警察庁は，2001（平成13）年度に北海道岩見沢市・東京都墨田区・大阪府豊中市・沖縄県沖縄市など10地区で「スーパー防犯灯」を設置した。また，警視庁・大阪府警察でも独自に設置した。

1.「スーパー防犯灯」の基本機能
（1）照明装置
　防犯照明として路上等の明るさを確保するもので，水銀灯100ワット程度とする。
（2）カメラおよびインターホン
　インターホンの非常通報ボタンを押すと非常ベルを鳴らすとともに，発信者およびその周辺の映像（押す以前の映像を含む）を所轄の警察本部または警察署に伝送し，本部員（署員）と相互に通話ができる。
（3）非常用赤色灯
　インターホンの非常通報ボタンを押すと同時に点灯し，犯人を威嚇するとともに非常事態の発生を周辺に知らせる。
（4）表示板（地区により装備されてない場合がある）
　装置を設置している旨を表示する。
（5）制御装置
　所轄の警察本部または警察署への映像の伝送，通話の制御を行なう。
　スーパー防犯灯と警察本部または警察署内の「受付装置」とはISDN回線などでネットワークされ，音声と映像がやりとりされる。

2.設置場所の概要
　道路：1地区1路線を設定し（距離は約1.5km），スーパー防犯灯を18基設置する。設置間隔はおおむね80mとする（スーパー防犯灯までの距離は最大40mとなり，これは小学1年生女子が約10秒で到達可能な距離である）。
　公園：1地区の公園にスーパー防犯灯を1基設置する。

3.効果など
　ひったくりなどの街頭犯罪の場所が特定されることから，警察官をより早く現場に急行させ，いち早く対応させることができる。また，防犯カメラの映像から逃亡する被疑者を確認することができ，早期検挙につながるとともに，街頭犯罪の抑止効果が期待できる。設置の事例を図1に示す（東京都江戸川区清新町地区：警視庁担当）。

TOPICS⑤

■図1　スーパー防犯灯（東京都江戸川区）

4.今後の課題

　計画実施に際して，設置場所の決定や住民のプライバシー保護などの問題を解決し，当初の計画どおり設置された。

　その効果については，設置後間もないことから明らかにされていないが，街頭犯罪の抑止効果は認められている。また大阪府下では犯人検挙の成果も出始めている。

　現在，各自治体から設置の要望があるが，大阪府警察では，子どもが通学や公園で犯罪に遭うことを防ぐため，2002（平成14）年度大阪教育大学附属池田小学校の通学路に「子ども緊急通報装置」（国費）が設置された。その他，大阪府下をはじめ全国各地の小学校を中心に同システムが設置されている。

　今後は，当システムのコスト低減により，より多くの地区に設置され「安全・安心まちづくり」に貢献することが望まれる。

第2部　犯罪を分析する

第3章
犯罪を空間的に分析する

1節　犯罪発生空間の分析―放火

　放火は都市で生活するうえでは残念ながら身近な犯罪となっており，生命や財産にかかわる問題である。他の犯罪と比較して，放火は犯行形態の単純さという点で特徴的である。事前の計画や準備に長い時間を必要とせず，犯行はきわめて容易である。

　放火犯罪の一般的な定義として下記の3点があげられる (中田, 1977)。

① 財産の燃焼：放火犯罪が発生するためには，その燃焼がただ焦げるのではなく，少なくとも一部分は，火をつけられた標的が事実として「破壊」されたことを示さねばならない。

② 故意：この要素がみたされるためには，火災現場に，いかに単純なものでも放火のために有効な「しかけ」が使用された証拠が残されていれば十分である。これは，他に代わるべき原因が認められないことによって補強される。

③ 悪意：放火が発生するためには，発火と同時にその意図に悪意があらねばならない。つまり「放火犯には財産を破壊する特別な意図があった」ということである。

　放火の発生空間を考えたとき，従来，田舎型放火と都市型放火に形態が区別されるといわれてきた。放火は農村に多い犯罪と考えられていた。その理由は，農村部は容易に着火物に接近可能な空間環境であること，農村の社会がもつ独

特の社会環境（憎悪，嫉妬，羨望等の発生しやすい環境）が放火を誘発させやすいと考えられる。つまり「恨み，怒り」を動機として生じやすいのが，田舎型の放火である。一方「不満の発散」という動機が多いのが都市型放火である。都市はストレスを蓄積するのには適した空間である。その都市空間で「不満を発散する」という行為は欲求が満たされないことから生ずる行為である。その発散行動の1つが，しばしば，放火という最も卑劣な行為となって噴出する。都市空間での放火問題は，都市が都市であるための絶えることのない必要悪である。

放火の動機と犯人と被害者との関係をみてみると，「恨み，怒り」が動機となりやすい田舎型放火においては，被害者と犯人との間に関連が顕著にみられる。それに対して，「不満の発散」による動機が多い都市型放火では被害者と犯人とが無関係なことが多い。しかし，田舎といっても近代化が進むにつれて必然的に都市的要素を含まざるを得ない。つまり近年は，動機の地域特性がなくなってきたといえる。このような放火動機の変化により，より都市空間的な観点から放火を抑制する重要性が高まってきたといえる。

1．放火されやすい空間の特徴

ここでは，A市の放火発生データを基に放火されやすい空間の一般的な特徴を述べる。A市は人口約150万人の政令指定都市であり，都市としての機能は十分備えているため，A市での分析はある程度普遍的であると考える。平成元年から平成10年の10年間に発生した放火火災2,644件を分析すると放火されやすい空間は表3-1のように分類される。ここでは空間をパブリックな空間（建物以外（路上，空地，公園等）・複合用途・その他の建物と敷地内）とプライベートな空間（共同住宅とその敷地内・一般住宅とその敷地内）に分けて考える。

表3-1をみると建物以外（路上，空地，公園等）での放火が圧倒的に多い。放火場所の①と②を不特定多数の人々の存在が顕著である空間としパブリックな空間，また③と④を住民等特定の人々の存在が中心となるプライベート空間

と考えると圧倒的にパブリック空間での放火が多くみられる。また②，③，④を建物内部・外壁等建物本体とそれに隣接する敷地内の存在物に対する放火とし，①はそれ以外のパブリックな空間に対する放火と分けても，やはりパブリックな空間における放火が大多数を占めている（表3-2参照）。これら2つの見方から考えると一般的に放火はパブリックな空間で発生していることが顕著である。

■表 3-1　放火場所の分類 1

放火場所	件数
①　建物以外（路上，空地，公園等）	1,575件
②　複合用途・その他の建物と敷地内	685件
パブリック空間の合計	2,260件
③　一般住宅とその敷地内	127件
④　共同住宅とその敷地内	257件
プライベート空間の合計	384件

■表 3-2　放火場所の分類 2

放火場所	件数
建物以外（路上，空地，公園等）	1,575件
建物とその敷地内	1,069件

2．地域・地区レベルの分析

ここでは，放火はどのような用途の空間で何に着火しているのかということを，空間の位置づけと出火時間に着目してマクロな分析を行なう。

（1）用途地域ごとの放火発生状況

A市の用途地域を住専系地域（第1種低層住宅専用地域，第2種低層住宅専用地域，第1種中高層住居専用地域，第2種中高層住居専用地域），住居系地域（第1種住居地域，第2種住居地域，準住居地域），商業系地域（商業地域，近隣商業地域），工業系地域（工業地域，準工業地域）にまとめ用途系ごとの集計

をする。住専系地域における放火が全体の35％を占め，次に商業系地域が26％，住居系地域が22％となっている。次に単一放火，連続放火の割合をみる。同様に住専系地域，商業系地域の割合が多い。（図3-1）連続放火か否かは伊藤(1999)の定義を用い，①同日，同地帯に一定間隔で発生している放火，②同地域，同時間帯に同様な着火物に対して一定間隔で発生している放火，③消防局が把握している範囲で容疑者の自供がある放火の3つの状況で判定した。

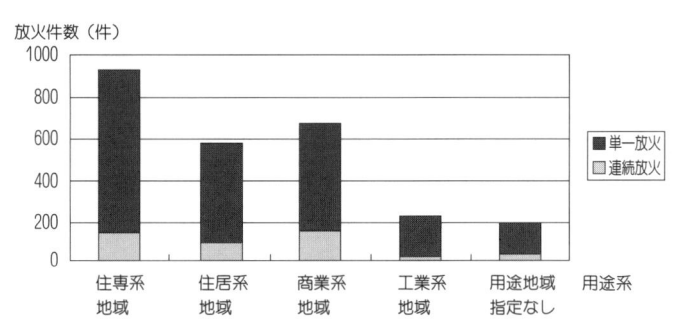

図3-1　用途系ごとの単一放火，連続放火の割合(樋村, 1999)

（2）放火発生場所の位置

放火火災の発生場所の幹線道路からの距離をみる（図3-2）。40～60mを最大

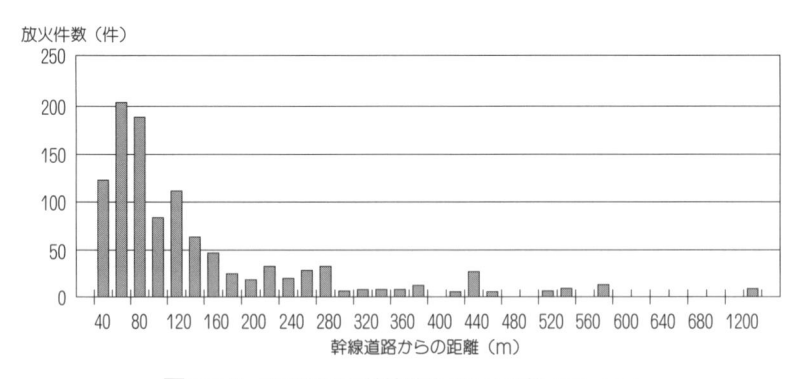

図3-2　放火場所の幹線道路からの距離(樋村, 1999)

として，距離が遠いほど放火発生件数は減少している。これは，犯行後，幹線道路という匿名性の高い空間に短時間で到達できる距離（犯罪者が安心して犯行を実行できる要因の1つ）と考えられる。しかし，商業系地域などではもともと幹線道路への距離が短いこともあり，詳細な分析は必要である。

（3）出火箇所の用途

出火箇所の用途については図3-3のように，①建物以外（公園・路上などの公共空間）が最も多く，次いで②複合用途建物（複合用途建物とその敷地内），③共同住宅（共同住宅とその敷地内），④一般住宅の順になっている。この上位4用途で全体の85.5%を占めている。このことから，以後この4用途を中心に考察を進める。

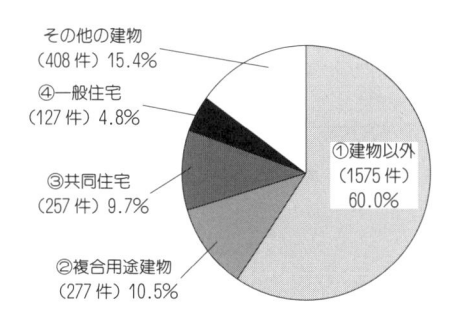

図3-3　出火箇所の用途 (樋村，1999)

時間帯別の放火発生状況（図3-4）をみると，建物以外の空間は圧倒的に夜間で放火が発生している。建物以外の空間は，路上・公園などの公共空間であることから，自然監視性が放火発生に関係していると考える。また，一般住宅，共同住宅，複合用途建物も夜間の放火は多いものの建物以外の空間に比べれば夜間の発生割合は低い。これは，それらの空間は昼間でも自然監視が届かない死角があるためと考える。次項では4つのおのおのの空間を出火箇所，着火物，放火時間に着目して分析をする。

第2部　犯罪を分析する

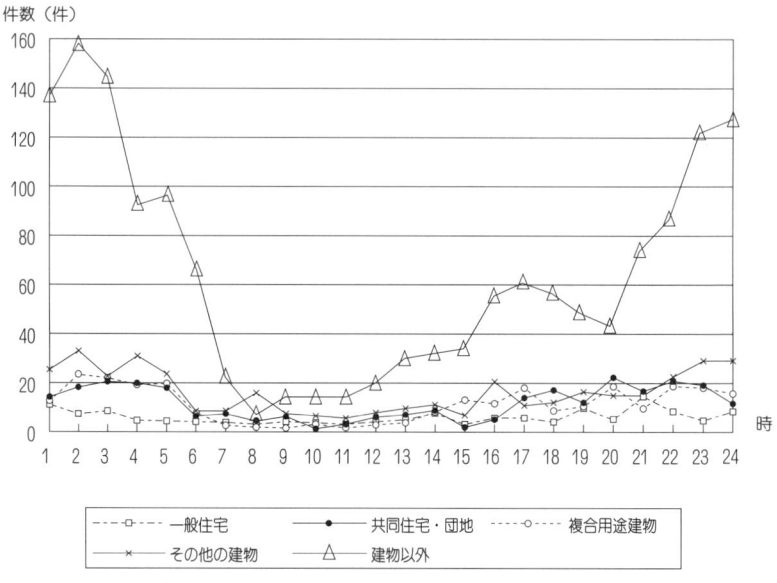

▌図3-4　時間帯別の放火発生状況 (樋村，1999)

3．街区・街路レベルの分析

　ここでは，前項で分類した4つの空間において，詳細な分析を行なうとともに，放火抑制のための空間要素の着目点を考察する。

（1）建物以外

　表3-3は建物以外の空間における放火火災の出火箇所と着火物である。出火箇所における着火物の内訳はごみ類，車両等，その他の順であり，出火箇所別

▌表3-3　出火箇所と着火物（建物以外）

出火箇所	全体	敷地内	ごみ集積場	道路上
件数(うち延焼件数)	1575 (26)	284 (4)	149 (1)	119 (1)
(％)	100	18.03	9.46	7.56

着火物	全体	ごみ類	車両等	その他
件数(うち延焼件数)	1575 (26)	374 (3)	250 (5)	146 (1)
(％)	100	23.75	15.87	9.27

の内訳は，敷地内においては車両等が最も多く，次いでごみ類となっている。ごみ集積場においてはごみ類がほぼすべてであり，道路上においてはごみ類と車両等が大半である。

放火は瞬間的な犯罪であるから駐車場やゴミ集積場などにおいては人の直接的な監視の間隙に犯行を行なうことが容易である。公共空間において着火物の除去は困難な場合が多いので，空間制御の対策としては夜間照明や自然監視性の強化をすることがあげられる。

(2) 共同住宅とその敷地内

表3-4は共同住宅とその敷地内における出火箇所と着火物である。共用部分である階段，廊下が多いが，居室からも出火している。また延焼した火災は約10%(23件)であるが，その内の半数以上(13件)は居室に放火され延焼に至っている。このことから，住宅内共用部分へのアクセスの管理，共用部分から着火物を除去することが重要である。

■表3-4 出火箇所と着火物（共同住宅とその敷地内）

出火箇所	全体	階段	廊下等の共用部分	居室
件数(うち延焼件数) (％)	257 (23) 100	37 (0) 14.40	34 (1) 13.23	24 (13) 9.34
着火物	全体	ごみ類	合成樹脂成形品	紙製品類
件数(うち延焼件数) (％)	257 (23) 100	31 (1) 12.06	25 (0) 9.73	25 (1) 9.73

(3) 複合用途建物とその敷地内

表3-5は複合用途建物とその敷地内における出火箇所と着火物である。複合用途建物ということで，怪しまれずに進入が容易な廊下，死角の多い階段，トイレが出火箇所としては多い。複合用途建物はその使用目的から人の出入りが自由な構造が多く，そのため建物内の放火防止対策は着火物の除去のほか，当該建物の勤務者・居住者の監視性が重要である。

■表 3-5　出火箇所と着火物（複合用途建物とその敷地内）

出火箇所	全体	廊下等の共用部分	階段	トイレ
件数(うち延焼件数)	277 (45)	33 (3)	28 (3)	25 (1)
(％)	100	11.91	10.11	9.03
着火物	全体	紙製品類	ごみ類	合成樹脂製品
件数(うち延焼件数)	277 (45)	56 (7)	38 (8)	19 (2)
(％)	100	20.22	13.72	6.86

（4）一般住宅とその敷地内

　表 3-6 は一般住宅とその敷地内における出火箇所と着火物である。居室，玄関，外周部である。全体の約 44％が延焼火災となり，居室に放火された約 68％が延焼火災となっている。外周部における着火物の除去やゴミの管理はもとより，第一に敷地内へ侵入されないことが大切である。これは住宅に対する侵入盗の対策にも有効な手法である。

■表 3-6　出火箇所と着火物（一般住宅とその敷地内）

出火箇所	全体	居室	外周部	玄関
件数(うち延焼件数)	127 (48)	31 (21)	14 (3)	12 (1)
(％)	100	24.41	11.02	9.45
着火物	全体	可燃性液体類	紙製品類	新聞紙
件数(うち延焼件数)	127 (48)	17 (9)	13 (5)	9 (3)
(％)	100	13.39	10.24	7.09

（5）まとめ

　A市内で過去 10 年間に発生した放火火災 2,644 件を分析した。建物以外の空間は圧倒的に夜間で放火が発生している。建物以外の空間は，路上・公園などの公共空間であることから，人の自然監視性が放火発生に関係していると考える。また，一般住宅，共同住宅，複合用途建物は夜間，昼間の差が建物以外の空間よりきわめて少なく，これは建物構造上，死角が多く昼間でも自然監視が届かない空間があるためと考える。

　従来からいわれている公共空間等におけるゴミの管理の問題は放火抑制の重要な要素の 1 つであるが，さらに共同住宅・複合用途建物・一般住宅とそれら

の敷地内においては昼間でも放火が発生していることから，不審者のアクセスの制御や監視性の強化も重要な要素である。とくに一般住宅においては延焼火災の割合が多く，出火箇所としても居室内に放火している割合が高いことから，放火対象物（着火物）の排除は当然として不審者の侵入を防ぐこともたいへん重要である。放火防止対策のおもな項目として，着火物のコントロール，アクセスのコントロール，放火行為自体のコントロールがある。これらの放火防止対策を上手に組み合わせることが重要であり，街区，街路レベルの放火防止の対策は，都市空間で起こり得るほかの犯罪を防ぐことにも有用である。アクセスのコントロールは侵入窃盗に対して，また放火行為のコントロールは自然監視性の強化であるから，侵入窃盗犯罪や性犯罪といった犯罪に対する空間の制御手法（防犯手法）として役に立つ。

4．放火発生場所の事例

ここでは，放火発生場所の現地調査から空間的な問題点を考察する。

● 事例 1　（図 3-5）

　　共同住宅の共用部分（廊下）において，ほうきやゴミに放火。時間は 14 時ごろ。幹線道路から 90 m 入った住宅地で前面道路は 4～5 m。昼間の放火であるが，周辺からの監視性がなく住宅街の死角のような場所である。このような場所では，人々の自然監視性は期待できないため，共同住宅の共用部分では機械監視（監視カメラ）等の防犯設備の活用に効果があると思われる。

● 事例 2　（図 3-6）

　　専用住宅の車庫内に侵入され，収容物（ダンボール等）に放火。時間は 19 時ごろ。幹線道路から 20 m 入った住宅地で前面道路は 2～3 m。周辺は公園や幼稚園があり，昼間は十分な監視性が確保されているが，夜間の放火であるため周辺からの監視性がない。専用住宅においては侵入されないことが重要である。車庫の施錠はもとより，建物の死角部分におけるセンサーや監視カメラ等を活用すべきである。

第2部　犯罪を分析する

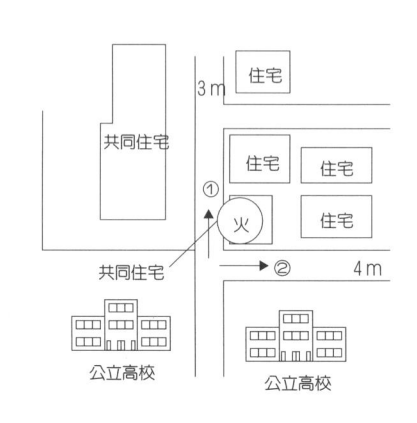

▧図3-5　事例1

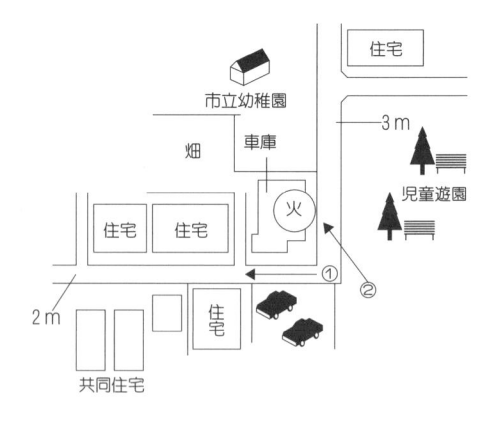

▧図3-6　事例2

5. カーネル密度推定法を用いた放火多発地区の抽出

　これまで述べたような街区，建築レベルでの放火発生空間の特徴とは別に，放火は地理的な分布も特徴があることから，カーネル密度推定法を応用し放火多発地区の検出を行なった。カーネル密度推定法とは，もともとは観察されたサンプルから単変量または多変量の確率密度を平滑化して推定するために考案された統計的手法である。これを空間データに適用すると，対象地区に微細な格子点を被せて各格子点における点の分布密度を，その近傍にある点の集中度が反映されるように推定して，平滑化されたラスター・イメージの分布図を作成できる。そのため，楕円や円といった特定の形状によらずに分布状態を忠実にとらえることが可能となる。

　カーネル密度推定法を放火多発地区の摘出に応用した場合，次のような利点がある。まず，放火発生地点の複雑な分布を平滑化することによって，多発地区を視覚的にとらえることが容易になる。その場合，分布形状を特定の図形（楕円）によることなく自由に表示できる。また，同一の観測地点（格子点）について密度の推定値が得られれば，時系列比較や異なる種類の犯罪についての相関分析も可能になる。図3-7はA市における過去10年間の放火発生場所に基づく放火多発地区抽出の結果である。線状に放火が多発していることがみられる。また区別でみると（図3-8），さらに詳細な放火発生地点が明確になり，放火防

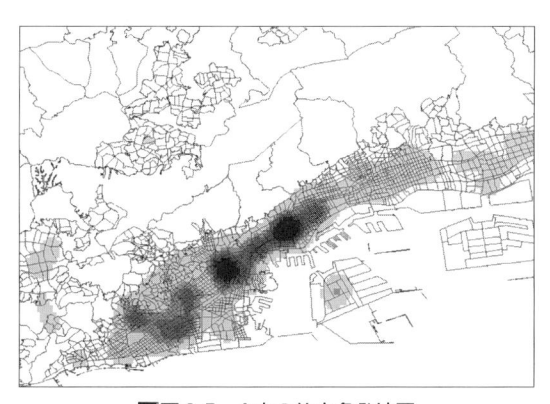

■図3-7　A市の放火多発地区

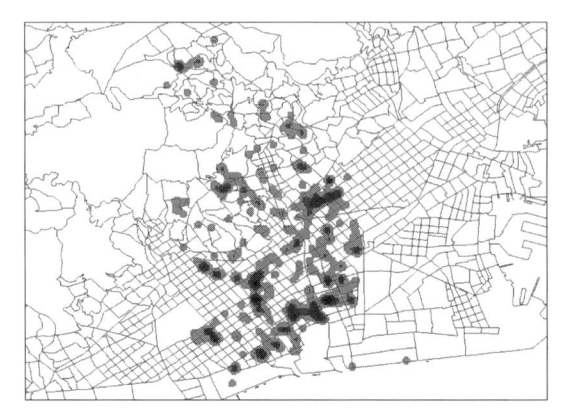

▲図3-8　A区の放火多発地区

止対策を現実的・重点的に行なうことが可能となる。

6．連続放火の事例分析

　A市の分析からは放火されやすい空間の一般的傾向が導かれた。B，C市の分析においては短期間の連続放火を対象とする。連続放火は加害者の特性が表出しやすいが，この特性を類型化することで，放火防止対策の切り口にすることが可能である。ここでは，B市において1998年に発生した連続放火71件と関西地方のC市において1999年に発生した連続放火25件を分析する。

（1）B市の連続放火の概要と特性

　B市における連続放火の特徴を示す。B市で発生した連続放火は約3か月の間に71件発生している。表3-7をみると建物以外（路上，空地，公園等）の放

▲表3-7　B市の連続放火の内訳

放火場所	件数
建物以外（路上，空地，公園等）	7件
複合用途・その他の建物と敷地内	19件
一般住宅とその敷地内	22件
共同住宅とその敷地内	23件

火は 7 件であり，建物および建物敷地内における放火が合計 64 件である。用途地域を踏まえると放火場所の偏りがあることは考えられるが，放火場所を，①建物以外（路上，空地，公園等），②建物本体と建物敷地内に分けて考えると，圧倒的に②の「建物本体と建物敷地内での放火」が大半であることから，当該連続放火は敷地内侵入型の放火の傾向がみられる。

（2）C市の連続放火の概要と特性

C 市における連続放火の特徴を示す。C 市で発生した連続放火は約 1 か月の間に 25 件発生している。放火場所の特性は半数以上が建物以外（路上，空地，公園等）であるが，B 市のような顕著な特徴は表われていない（表 3-8 参照）。そこで，ここでは着火物に焦点をあてて集計すると表 3-9 にあるように，敷地内への侵入の有無にかかわらず屋外放置物品への着火の傾向がみられる。

■表 3-8　C市の連続放火の内訳

放火場所	件数
建物以外（路上，空地，公園等）	14件
複合用途・その他の建物と敷地内	4件
一般住宅とその敷地内	0件
共同住宅とその敷地内	7件

■表 3-9　C市の連続放火の着火物内訳

着火物	件数
屋外放置物品（ゴミ，ダンボール等）	18件
車両および車両関連物品	3件
建物または屋内物品	4件

（3）まとめ

B 市の連続放火は敷地内侵入型，C 市の連続放火は屋外放置物品着火型と位置づけることができる。一般的に放火は建物以外の公共空間で行なわれることが多く空間的側面からみるとC市の連続放火は一般的な放火のパターンを踏襲しているといえる。しかし，見方を変えることで敷地内侵入型放火や屋外放置

物着火型放火のように，特徴を抽出することができる。これは，連続放火の可能性が高い火災について初期段階でこのような分析を行なうことで，ある程度，放火犯の特徴を探り，放火防止，犯人検挙につなげていくことができる可能性があることがいえる。とくに発生空間の特徴を抽出することで事前の予防策をとることができる。たとえば，B市の連続放火の場合は敷地内侵入型なので，通常の放火防止策（着火物制御）よりも敷地内への侵入を防ぐことが重要になる。

さらに連続放火の事例を集め詳細に分析をすることで，連続放火の初期段階の数少ないデータからの次回犯行予測が可能である。分析の切り口をさらに増やし，犯罪心理学的なアプローチを加味して，また空間分析にGIS（地理情報システム）を活用して連続放火の発生予測や潜在的放火発生空間の抽出が可能である。

2節 犯罪発生空間の分析——侵入窃盗

1．侵入窃盗の発生状況

侵入窃盗は，窃盗のうち，屋内に侵入して金品を窃取するものであると定義できる。警察庁の統計では，住居を対象とする空き巣，忍込み，居空きや，店舗や事務所を対象とする出店荒し，事務所荒し，金庫破り等が侵入窃盗に含まれる（これらの定義については，表3-14を参照）。

侵入窃盗をはじめとする財産犯においては，通常，被害者と犯人との接触がなく，発生から警察が認知するまでの時間が長いことから，犯人の検挙率は多罪種と比較すると低い。たとえば，警察庁の統計によれば，平成13年に発生した侵入窃盗事件の検挙率は29.5%（303,698件中89,456件）である（警察庁，2002a）。また，侵入窃盗の特徴として，再犯性の高さが上げられる。表3-10は，平成12年の警察庁統計をもとにして，各罪種における同一罪種の前科がある者の占める割合を算出したものである。表3-10より，侵入窃盗は，他の罪種と比較して，同一罪種における再犯率が高いことがわかる。職業的な常習犯であれば，過去

■表3-10　平成12年における各罪種における同一罪種の前科のある者の割合 (警察庁, 2002b)

罪　　種	総　数(人)	同一罪種の前科あり(人)	(％)
殺　　人	1,311	71	5.4
強　　盗	2,159	161	7.5
放　　火	708	52	7.3
強　　姦	1,190	111	9.3
侵入窃盗	9,955	3,605	36.2
乗り物盗	10,201	1,736	17.0
非侵入窃盗	64,551	10,177	15.8
詐　　欺	7,982	1,765	22.1
わいせつ	3,800	446	11.7

に数百件にわたる侵入窃盗の経験をもつ者も少なくない。

　侵入窃盗事件においては，犯人と被害者の間に面識がなく，被害者の人間関係から犯人を探し出すことが不可能な場合がほとんどであることから，住民による防犯対策が重要である。

　また，犯罪が発生した場合には，指紋，足痕跡等の有形資料が重視されるが，それらがない場合には，犯罪現場より類推される犯罪者の行動パターンより，発生事件の犯人を絞り込んでいくことが必要となる。犯罪者，とくに常習犯罪者の多くは，自己の知識や経験に基づいて，最も得意とし，成功率の高い，しかもリスクの少ない手段や方法で犯罪を行なおうとする。このような犯行の手段，方法等は，種々の要因によって変化することもあるが，いくつかの行動はその犯罪が成功するかぎりは変更されることが少ない。そして，犯行の反復によって1つの型となって固定し，「犯罪手口」として現場に残されるとされる。それらの犯罪手口は，とくに，常習者であるほど，異なる犯罪においても同一の犯罪手口項目を選択する傾向がある (佐野・渡辺, 1998)。これらの「犯罪手口」をはじめとする侵入窃盗犯の行動パターンを知ることは，彼らの犯罪を抑止するための有効な着眼点を見出すうえでも重要であろう。

　全国における平成12年度中の刑法犯認知件数は2,443,470件であり，包括罪種別でみると窃盗犯が全体の90％弱を占めている（表3-11，図3-9参照）。また，住宅対象侵入盗をみると約13.4万件であり，全体の5.5％を占めている。

第 2 部　犯罪を分析する

東京における刑法犯の認知件数は 291,371 件であり，全国の 1 割以上を占めている。また，住宅対象侵入盗は約 2.3 万件であり，東京都全体の刑法犯認知件数の 7.8％を占めている（図 3-9 参照）。

■表3-11　刑法犯罪種別認知件数（件）（全国・東京・12年）

罪種			全国	東京都
凶悪犯			10,567	1,610
粗暴犯			64,418	8,564
窃盗犯	（小計）		2,131,164	241,583
	侵入盗	住宅対象	134,492	22,836
		事業所対象	108,038	14,688
		その他	34,374	1,978
	乗り物盗		754,939	94,511
	非侵入盗		1,079,739	107,570
知能犯			55,184	5,174
風俗犯			9,801	1,561
その他刑法犯			172,336	32,879
計			2,443,470	291,371

全国

- その他刑法犯 7.0%
- 凶悪犯 0.4%
- 粗暴犯 2.6%
- 住宅対象侵入盗 5.5%
- 事業所対象侵入盗 4.4%
- 風俗犯 0.4%
- 知能犯 2.2%
- その他侵入盗 1.4%
- 乗り物盗 30.9%
- 非侵入盗 44.2%

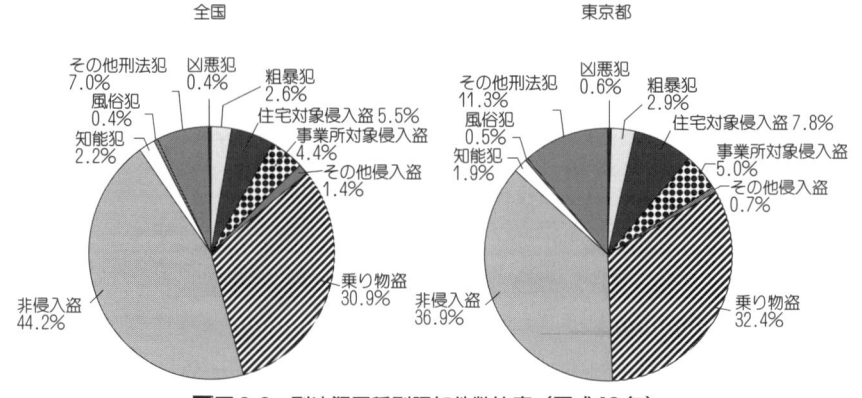

東京都

- その他刑法犯 11.3%
- 凶悪犯 0.6%
- 粗暴犯 2.9%
- 住宅対象侵入盗 7.8%
- 事業所対象侵入盗 5.0%
- 風俗犯 0.5%
- 知能犯 1.9%
- その他侵入盗 0.7%
- 乗り物盗 32.4%
- 非侵入盗 36.9%

■図3-9　刑法犯罪種別認知件数比率（平成12年）

▶▶▶▶▶
注1　包括罪種：刑法犯のうち，被害法益，犯罪様態等の観点から類似性の強い罪種を包括した分類名称をいう。なお，包括罪種の名称および内訳罪名は次のとおりである。
　　凶悪犯……殺人，強盗，放火，強姦
　　粗暴犯……凶器準備集合，暴行，傷害，脅迫，恐喝
　　窃盗犯……窃盗
　　知能犯……詐欺，横領，偽造，汚職，背任
　　風俗犯……賭博，わいせつ
　　その他……上記以外の罪種

　全国における平成12年中の住宅対象侵入盗（侵入盗のうち「空き巣狙い」，「忍込み」および「居空き」の3手口のいずれかに該当するものをいう）の認知件数は，154,074件である。手口別でみると「空き巣狙い」が約76％を占め，「忍込み」が約19％とこれに次いでいる（表3-12参照）。また，このうち，東京都における平成12年中の住宅対象侵入盗の認知件数は22,836件であり，手口別でみると「空き巣狙い」が約88％を占めている。

■表3-12　住宅対象侵入盗手口別認知件数（平成12年）

	空き巣狙い	忍込み	居空き	計
全国	117,725 (76.4%)	28,537 (18.5%)	7,812 (5.1%)	154,074 (100.0%)
東京都	20,006 (87.6%)	2,070 (9.1%)	760 (3.3%)	22,836 (100.0%)

　全国および東京都における平成12年中の「空き巣狙い」についての住宅の種類別発生件数は表3-13のとおりである。全国でみると，一戸建住宅が約半数を占め，中高層住宅およびその他の住宅がそれぞれ約25％である。同様に東京都でみると，中高層住宅が約43％と最も多く，次いでその他の住宅が約35％となっている。

▶▶▶▶▶
注2　「犯罪統計書」における発生場所の分類をみると，「一戸建住宅」「中高層住宅」「その他の住宅」別となっている。それぞれの説明は下記のとおりである。
　・「一戸建住宅」とは，もっぱら居住のように供されている住宅で，1つの建物が1つの住宅であるものをいう。

- 「中高層住宅」とは，一棟の中に3戸以上の住宅があり，廊下，階段および外部への出入り口を共同で使用している住宅（以下，「共同住宅」という。）であって，4階建以上の鉄骨造りまたは鉄骨・鉄筋コンクリート造りのものをいう。なお，1階が店舗等で，2階以上がアパート・マンションとなっているような鉄筋コンクリート造り等のアパート・マンションの部分を含む。
- 「その他の住宅」とは，一戸建住宅および中高層住宅以外の住宅をいう。たとえば，3階建以下の共同住宅，2つ以上の住宅を一棟に連ね各住宅が壁を共通にし，それぞれ外部への出入り口を有しているいわゆるテラスハウス等の住宅をいう。

■表3-13　空き巣ねらいの住宅種類別認知件数（平成12年）

	一戸建住宅	中高層住宅	その他の住宅	その他	計
全国	55,999 (47.6%)	31,052 (26.4%)	30,325 (25.8%)	349 (0.3%)	117,725 (100.0%)
東京都	4,455 (22.3%)	8,467 (42.3%)	7,065 (35.3%)	19 (0.1%)	20,006 (100.0%)

2．侵入窃盗の類型

　警察庁の統計では，侵入窃盗は，表3-14に示される15の下位カテゴリーに分類されている。これらは，経験に基づく分類であり，警察においては広く用いられているが，侵入窃盗犯にとってはあまり意味のない分類も含まれていることが推測される。たとえば，「金庫破り」と「事務所荒し」は，警察庁の統計では異なるものとしてとらえられているが，侵入窃盗犯にとってはその意味に大きな違いは存在しないかもしれない。侵入窃盗における警察活動および防犯対策を講じるうえで，その類型について検討することは重要である。仮に，2つのタイプの事件が，犯人にとって異なる意味をもち，それらの違いが犯人にとって重要なものであれば，同じく侵入窃盗であっても，それらは異なるものとして検討されなければならない。逆に，異なるタイプであっても，それらの違いが侵入窃盗犯にとって重要な意味をもたないのであれば，同カテゴリーとして扱ったほうが有効であろう。

　これらのことを踏まえ，横田とカンター (Yokota & Canter, In press) は，250名の侵入窃盗犯のサンプルを用いて，侵入窃盗の類型に関する検討を行なった。分析に用いた変数は，表3-14に示した15種の侵入窃盗の下位カテゴリーである。

表3-14　警察庁の統計で用いられている侵入窃盗の下位カテゴリー

下位カテゴリー	定　義
空き巣狙い Sneak thieving	家人等が不在の住宅の屋内に侵入し，金品を窃取するもの
忍込み Stealing-in late at night	夜間，家人等の就寝時に住宅の屋内に侵入し，金品を窃取するもの
居空き Stealing-in in the daytime	家人等が昼寝，食事等をしているすきに，家人等が在宅している住宅の屋内に侵入し，金品を窃取するもの
旅館荒し Hotel burglary	旅館，ホテル等の建物に侵入し，金品を窃取するもの
金庫破り Safe breaking	事務所等に侵入し，金庫（手提げ金庫を除く）を破って金品を窃取するもの
官公所荒し Public office burglary	官公署の建物に侵入し，金品を窃取するもの
学校荒し School burglary	学校等の建物に侵入し，金品を窃取するもの
病院荒し Hospital burglary	病院，診療所等の建物に侵入し，金品を窃取するもの
給油所荒し Gas station burglary	給油所の建物に侵入し金品を窃取するもの
事務所荒し Office burglary	会社，組合等の事務所に侵入し，金品を窃取するもの
出店荒し Shop burglary	休日または夜間に人の居住しない店舗，出店等に侵入し，金品を窃取するもの
工場荒し Factory burglary	工場等の建物に侵入し，金品を窃取するもの
更衣室荒し Locker room burglary	官公署，会社等の更衣室に侵入し，金品を窃取するもの
倉庫荒し Warehouse burglary	倉庫等に侵入し，金品を窃取するもの
小屋荒し Shed Burglary	小屋に侵入し，金品を窃取するもの

分析に際しては，犯罪者ごとに，1993年から1999年の間に行なった全国の侵入窃盗事件のうち，警察に明らかになっているものに関し，各下位カテゴリー（たとえば，空き巣狙い）に該当する事件を行なった比率を算出した。そして，変数間の類似性を検討するために，SSA-Ⅰを用いて分析を行なった。SSA-Ⅰは，ノンメトリック・多次元尺度解析法の系列に属し，n個の対象相互間の類似度や

親近性などの連関構造を明らかにしようとするものである(林・飽戸, 1976)。SSA-Iの空間においては，類似性の高い変数は近距離に，類似性の低い変数は遠距離に表わされる(Canter, 1983)。この分析では，同一犯人が行なう可能性が高い下位カテゴリーどうしが近距離に，同一犯人が行なう可能性が低いカテゴリーが遠距離に表わされることになる。分析の結果は，図3-10に示すとおりであり，以下の4つに分類可能であることが示された。

① 住居対象（空き巣狙い，忍込み，居空き）
② 商業・事務所関連の建物を対象（事務所荒し，店舗荒し，金庫破り，給油所荒し）
③ 公共の建物を対象（病院荒し，学校荒し，更衣室荒し，旅館荒し）
④ 倉庫・産業関連の建物を対象（工場荒し，小屋荒し，倉庫荒し）

このことは，たとえば，空き巣狙いの犯人は，過去に，忍込みや居空きといった他の住居対象の侵入窃盗事件を行なっている可能性が高いことを意味する。また，この研究では，「住居対象」ならびに「商業・事務所関連の建物を対象」とする事件が全体に占める割合が高い一方で，その他2タイプの侵入窃盗は，

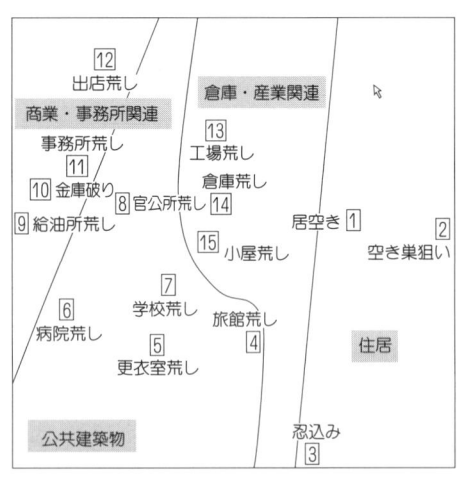

(2 dim., Coefficient of Alienation = .25)

■図3-10 侵入窃盗の15カテゴリーに関するSSA-Iの結果(Yokota & Canter, In press)

発生件数が少なく，かつ，反復されにくいことが示された。さらに，常習性の高い侵入窃盗犯においては，住居対象侵入盗を好む傾向が，より強いことが示された。

以上の結果より，侵入窃盗を検討するうえでは，警察統計における15の下位カテゴリーが必ずしも適切ではないことが示唆された。侵入窃盗の検討にあたっては，公的に用いられている類型に必ずしもこだわることなく，目的に応じて，有効な類型を選択することが求められる。

3．侵入窃盗犯の意思決定

侵入窃盗を理解するうえで，犯罪者がどのように犯行対象を選択するのか，侵入，物色，逃走に際してどのような行動を選択するのか，といった意思決定過程を検討することは重要である。たとえば，ニーとテイラー（Nee & Taylor, 1988）は，常習的な住居対象侵入盗犯が，侵入する家屋の選択にあたり留意する点として，次に示す4カテゴリーをあげている。

① 居住者在宅の有無（例：郵便受けの中に手紙や新聞があるか）
② 裕福さ（例：庭の手入れの状態）
③ 家屋設計（例：家屋への侵入，逃走のしやすさ）
④ 防犯設備（例：防犯システム設置の有無）

侵入窃盗犯は，性的犯罪，殺人，暴行等の対人犯罪と比較すると，比較的，合理的な意思決定に基づいて犯行を行なうと考えられており，そのパターンを把握することは，有効な防犯対策を講じるうえでも参考になるだろう。

侵入窃盗犯の意思決定過程を検討するうえでは，2つの重要な要因が指摘されている。1つは「リスク」であり，警察による逮捕や，それに付随する法的制裁が含まれる。あと1つは「報酬」であり，窃盗により得られる現金等の金品獲得や，犯行を行なうことによって得られるスリルや快感等が指摘されている（たとえば，Blackburn, 1993）。侵入窃盗犯にとっては，①低いリスクで，②最大報酬が得られる対象が，犯行を行なううえで望ましいとされている。

しかしながら，一般に，侵入窃盗犯は，報酬よりもリスクの重要性を大きく

見積もり犯行を行なっていることが、いくつかの研究から示唆されている。たとえば、ベネットとライト (Bennett & Wright, 1986) は、住居対象の侵入窃盗犯に面接調査を行ない、彼らにとって「犯行に適している家」とはどのような家であるのかについて分析を行なっている。その結果、リスクに関連する要因を述べた者が49.7%、報酬に関連する要因を述べた者が24.5%、侵入しやすさに関連する要因を述べた者が25.2%であった。また、彼らの研究では、監視性（たとえば、隣家との近接性）と居住者在宅の有無が、侵入窃盗犯にとって、とくに重要な2側面であることが示されている。その結果にしたがえば、侵入窃盗犯は、大きな報酬が得られそうな侵入対象を見つけても、監視性が高い、もしくは、居住者が在宅していると判断すれば、そこで犯行を行なうことは躊躇する傾向があると推測できる。

それでは、侵入窃盗犯は具体的にどのような方略によってリスクに対処しているのであろうか。このことを検討するために、横田(2002)は、ファセット理論[注3]に基づき、侵入窃盗犯のリスク対処行動について検討を行なった。この研究では、侵入窃盗犯のリスク対処行動において、「技量」はその構造を理解するうえで重要な一つの概念的カテゴリー（ファセット）であり、かつ、「技量」は技量の水準において異なる諸要素から構成されると仮定された。言い換えれば、あるリスク対処行動は、多くの侵入窃盗犯が選択する低技量の行動である一方で、他のリスク対処行動は、熟練した犯罪者のみが選択する高技量の行動であると仮定されたのである。そして、それらの諸要素は、ガットマン・スケール（累積尺度）を構成することが仮定された。仮に、諸要素がガットマン・スケールを構成していれば、高技量のリスク対処行動を選択する侵入窃盗犯は、それより下位の技量に属する行動を同時に選択するであろうことを意味する（表3-15参照）。

▶ ▶ ▶ ▶ ▶
注3　ファセット理論とは、ガットマンにより提唱されたものであり、研究の対象となるさまざまな要素同士の関係がどのような構造になっているかについての理論的な枠組みを提唱しようとするものである（ファセット理論の詳細については、木村・真鍋・安永・横田（2002）を参照）。

この仮説を検証するために、1993年から1999年にわが国で発生した、警察が保有する住居対象侵入盗の事件記録（$n=10,460$）がデータとして用いられた。

■表 3-15　ガットマン・スケールにおいて仮定される諸要素間の関係 (横田, 2002)

	技量 1	技量 2	技量 3	技量 4	技量 5
侵入窃盗犯 A	1	0	0	0	0
侵入窃盗犯 B	1	1	0	0	0
侵入窃盗犯 C	1	1	0	0	0
侵入窃盗犯 D	1	1	1	0	0
侵入窃盗犯 E	1	1	1	1	0
侵入窃盗犯 F	1	1	1	1	1

注：侵入窃盗犯が，該当する行動を選択していれば「1」，していなければ「0」の値が付与される。

ただし，同一人物による事件が複数存在することを回避するため，同一人物による侵入窃盗事件が複数ある場合には，最新事件のみが抽出された。分析に用いた変数は，侵入窃盗犯のリスク対処行動に関連した 15 変数である(表 3-16 参照)。また変数間の関係を検討するために，前述の SSA-I ならびに POSA を用いて分析を行なった。POSA はガットマン・スケールにおける一次元的考え方を多次元分析にまで広げたものであり，多次元尺度解析法の系列に属する。

分析の結果，15 変数は，表 3-16 に示す 5 つのリスク対処行動に分類可能なこ

■表 3-16　侵入窃盗犯のリスク対処行動に関して提示された 5 要素 (横田, 2002)

変数	(%)	要素名	技量の水準
被害者不在	74.8	①ターゲット選択	低
戸建て（犯行場所）	59.7		
夜侵入（日没 1 時間前から日の出まで）	48.6		
履物に関する配慮（足痕跡配慮等）	32.0	②秩序的犯行	↑↓
物色箇所の復元	27.0		
指紋工作	9.5		
現金のみ窃取	20.7	③迅速型物色	
一部箇所のみ物色	18.1		
鍵のかかっていないところのみ物色	6.9		
事前行為（下見をする等）	8.3	④犯行準備	
被害者の不在確認	5.5		
車両利用	2.4		
裏通り	2.1	⑤対人回避	高
犯行現場を遮蔽	2.0		
明かりの消えた家を狙う	1.9		

と，それら5つのリスク対処行動は，ガットマン・スケールにおいて仮定される累積的関係を保持することが示唆された（具体的な分析の詳細については，横田(2002)を参照）。これにしたがえば，「ターゲット選択」は，多くの侵入窃盗犯が選択する低技量のリスク対処行動である一方で，「対人回避」は，少数の犯罪者のみが選択する高技量に属するリスク対処行動であると考えられる。また，「対人回避」のリスク行動を選択している者の多くは，それより低水準に属する4つのリスク対処行動も同時に行なっている可能性が高いことが考えられる。この研究においては，犯人検挙前に，警察に明らかになっている情報のみを用いてデータが構築されているという問題が指摘できるが，得られた結果は，侵入窃盗犯のリスク対処行動を理解するうえで参考になると思われる。

　また，この分析において，15変数中，高頻度で出現した変数は，①被害者不在（74.8％），②戸建て（59.7％），③夜侵入（48.6％）の3変数であった。これらの変数は，全て，犯罪者が侵入前に行なう意思決定に関連した行動であった。このことは，多くの侵入窃盗犯にとって，これらの侵入前の意思決定が重要であったことを意味する。筆者は，横田(2002)の研究で用いられた10,460名の侵入窃盗犯のうち，犯行件数が101件以上あることが明らかになっている常習者（$n=131$）について，これらの3変数の，同一犯罪者内における行動の一貫性について検討を行なった。

　分析手続きであるが，まず，犯罪者ごとに，該当の行動（たとえば，「夜侵入」）を選択した比率（p）を算出した。仮に，過去200回の犯行中，100回において「夜に侵入」していれば，比率（p）は50％となり，その行動選択には一貫性がないことが考えられる。逆に，比率（p）が0％もしくは100％に近づくほど，特定の行動（「夜侵入」もしくは「夜以外に侵入」）を選択する傾向が強いことを示す。ただし，分析に用いたデータは，1993年から1999年に発生した侵入窃盗事件であるため，得られた比率（p）も，該当の7年間におけるものである。

　算出された行動の選択比率（p）にしたがい，度数分布を描いた結果が，図3-11から図3-13である。横軸に，行動の選択比率（10％間隔）が示され，縦軸に，各選択比率（p）に該当する被疑者の比率が示されている。グラフがU字型であれば，多くの犯罪者が特定の行動（たとえば，「夜侵入」もしくは「夜以外に侵

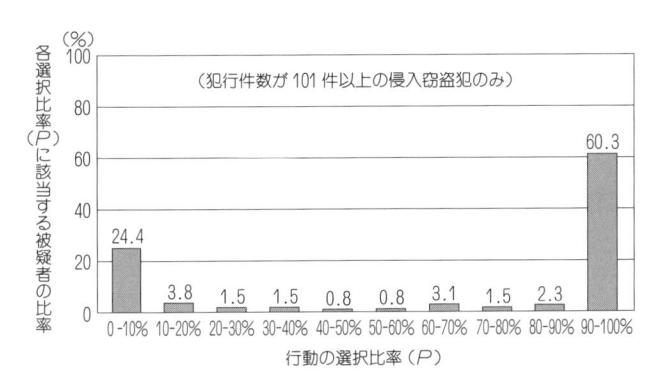

■図 3-11 「被害者不在」の選択比率における頻度分布

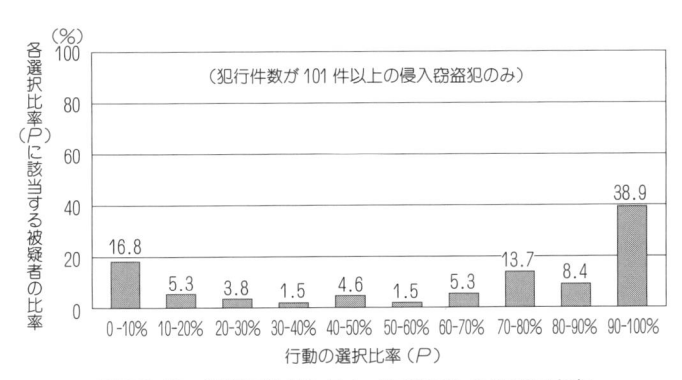

■図 3-12 犯行回数別にみた「戸建て」の選択比率布

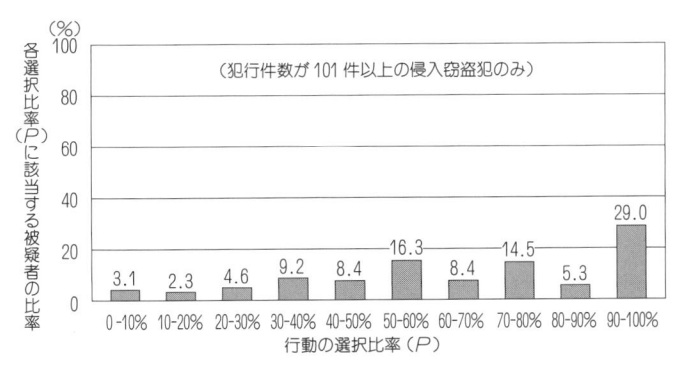

■図 3-13 犯行回数別にみた「夜侵入（日没1時間前から日の出まで）」の選択比率

入」)を選択する傾向が強いことを示す。逆に，グラフが逆U字型であれば，多くの犯罪者において，その行動に一貫性が認められない（行動選択の有無は，半々である）ことを意味する。また，グラフが右肩上がりの傾向があれば，その行動が全般的に選択される傾向があることを示し，右肩下がりであれば，全般的に選択されない傾向があることを示す。

　図3-11および図3-12より，「被害者不在」および「戸建て」の2つのリスク対処行動は，多くの常習的侵入窃盗犯に選択される傾向があることがわかる。しかしながら，同時に，それらの行動を一貫して選択しない者の割合も少なくないことが，図より明らかである。ただし，「夜侵入」に関しては，このような二極化傾向は認められず，緩やかな右肩上がりの傾向が示された（図3-13）。このことは，多くの常習的侵入窃盗犯が，夜侵入することを好む一方で，侵入の時間帯にはこだわらない常習者も少なくないことを意味する。

　これらの結果は，多くの侵入窃盗犯が，一般的に言及されている方向でリスク対処を行なっていることを示す。しかしながら，それらのリスク対処行動を一貫して選択しない者も少なからずおり，「被害者不在」ならびに「戸建て」の2変数においては，その二極化傾向が顕著であった。このことは，犯罪者の中には，一般的に考えられる方向ではリスク対処の技量を高めない者が少なからず存在することを意味する。そして，その場合には，彼らなりのリスク対処方略もしくは嗜好があることが考えられる。たとえば，「戸建て」の家を狙うほうが，隣近所の人々に犯行を露見される可能性が低い一方で，ワンルームマンションであれば，昼間に居住者がおらず，一人暮らしの女性が住んでいる確率が高くなる。色情盗の常習犯であれば，後者に示すようなワンルームマンションのほうが，犯行対象としてはより適切である場合もあろう。このことは，侵入窃盗犯はリスクのみではなく，犯行によって得られる精神的・物質的報酬も加味して犯行行動を選択していることを示す。

　ただし，その場合には，他のリスク対処行動によって，彼ら自身の安全性を補完していることも考えられる。このことは，侵入窃盗犯のリスク対処行動を考えるうえでは，単独の行動を切り離して考えるより，むしろ，複数の行動を包括的にとらえる必要があることを示す。

4．防犯対策

前項では侵入窃盗を理解するうえで，犯罪者がどのように犯行対象を選択するのか，侵入，物色，逃走に際してどのような行動を選択するのか，といった意思決定過程を検討した。その結果，多くの侵入窃盗犯がみずからの犯行発覚のリスク対処を行なっていることが示唆された。

それでは，具体的に，どのような点に留意して防犯対策を検討する必要があるのだろうか。

都市防犯研究センター(1994)では，平成3年1月末から3月末までの間に侵入窃盗被疑者45名について行なったアンケート調査の一部で，「安全な街並みづくり，住まいづくりはどうあるべきだと思うか」という問いに対する回答を集計しているので，それをもとに，具体的な防犯対策について考察する。

まず，安全な街並み作りに関しては，報告書にまとめられた被疑者からの回答を，①監視性，②視認性に分類すると，表3-17のようになる。ここで，監視性とは，犯罪者の犯行に対する監視の度合いを意味する。たとえば，「不審者を見かけたら一声かける」などが含まれる。とくに，街並みにおける監視性においては，住民相互間のコミュニティの強さや，それにともなうであろう，住民どうしの声かけや住民が一体となった防犯活動が，犯罪の抑止効果に大きく影響すると考えられる。

■表3-17　安全な街並みづくりはどうあるべきか，に対する被疑者の回答 (都市防犯研究センター，1994)

監視性	・住民相互間の連帯意識を深める ・住民だれもが不審者を見かけたら（不審な物音を聞いたら）一声かける ・地域ぐるみで防犯センサーなどを設置する ・隣近所どうしがふれあいのある地域にする ・住民の防犯意識が高い地域にする
視認性	・区画整理され整然とした街並みをつくる ・防犯灯を多く設置し明るいまちにする ・街路樹等があまり生い茂らない見通しのよい通り沿いに街並みをつくる ・建物相互に死角が生じないような家並みにする

一方，視認性とは，見通しの度合いを示す。たとえば，視認性が高い空間とは，遮蔽物がなく見通しのよい場所である。逆に，視認性が低い空間は見通しが悪く，犯罪者にとっては他人に自分の犯行現場を目撃される可能性が低いという意味で，非常に好まれる。

次に，「安全な住まいづくりはどうあるべきだと思うか」という問いに対する被疑者からの回答（自由回答）であるが，それらは監視性，視認性，抵抗性，報酬性に大別可能であると考えられる（表3-18）。

■表3-18　安全な家屋づくりはどうあるべきか，に対する被疑者の回答 (都市防犯研究センター，1994)

監視性	・防犯センサーやベルを取り付ける ・家の周囲に砂利を敷き足音を立てさせる ・犬を飼う
視認性	・塀は敷地内が見える程度のものにする ・一般住宅は塀などで囲わない
抵抗性	・ドアや窓に鍵を2つ以上つける ・戸締りを完全にする習慣を身につける ・窓のガラスを割れにくいものにし，面格子や雨戸をつけるなどして，できる限り侵入に時間と手間がかかるようにする
報酬性	・金のありそうな家に見せない

監視性に関しては，街並みづくりにおいて，住民の連帯意識に関連した項目が多かったのに対し，家屋に関しては，より個別的な監視性が求められた。すなわち，防犯センサーやベル，砂利道，犬の存在などである。これまでに犯行をあきらめた理由のトップは，「センサーが作動し，警報音が鳴ったため」であった。警備システムの装備は，侵入窃盗の抑止に有効であることがわかる。

視認性に関しては，街並みづくりと同様に見通しの度合いが重要であるが，とくに，家屋に関しては，塀の設計が重要であることがわかる。塀で囲うことにより住宅が隠れてしまうと見通しが悪くなり，侵入窃盗犯にとっては侵入しやすい対象となる。

抵抗性とは，家屋自体の侵入窃盗に対する頑強性である。抵抗性が高いことは，侵入しにくいことを意味し，たとえばこれは，「雨戸を閉める」などがあげ

られる。したがって侵入のむずかしさは，犯罪抑止に重要であることがわかる。

その他，報酬性としては，「金のありそうな家に見せない」といった項目があげられている。このことは，報酬の大きさも，侵入窃盗犯が侵入対象となる家屋を決定する一要因であることを示す。

5．まとめ

以上，侵入窃盗の発生状況，侵入窃盗犯の意思決定，およびその防犯対策について考察した。侵入窃盗犯の意思決定や発生空間に影響する要因はさまざまであるが，その中で一番影響を及ぼしている犯罪者の認知は，「リスク認知」であると思われる。具体的には，「見られている」「監視されている」という感覚が侵入窃盗犯にとって，みずからの犯行発覚に関するリスク認知を高め，その後の行動選択に影響すると考えられる。すなわち，「見られること」もしくは「監視されること」が侵入窃盗犯にとっては一番怖いのであり，犯行対象を決定する際には，犯行によって得られる報酬の大きさよりも重要であると推測される。

このことは，侵入窃盗をはじめとする財産犯は他の犯罪と比較すると，街の設計や建造物のつくりなどが，犯罪の抑止につながりやすい犯罪であることを意味する。デッカーら(Decker et al., 1993)の研究においても，リスクおよび犯行によって得られる報酬の多寡は，犯罪者の意思決定に大きな影響を与えることが示されている。このことは，犯罪抑止のためには，コミュニティや防犯設備による監視，見通しのよい街・建築物設計，侵入されにくい頑強な建造物の設計を通じて，空間における監視性や視認性を高めることによって，犯罪発生件数を減少させることが可能であることを意味する。実際，国内外においてこの考え方は，状況的犯罪予防に基づく研究および防犯活動の実践に大きな影響を与えている。

また，侵入窃盗事件においては，被疑者と被害者との間には面識がない場合が多い。このことは，被害にあった家屋が侵入窃盗犯の好む条件にたまたま該当していたため，被害対象となったことを意味する。したがって，住民が侵入窃盗を防ぐための手段を積極的に選択することによって，被害を最小限に防ぐ

ことが可能であると思われる。

　ただし，侵入窃盗犯の中にも，窃盗行為にスリルを感じることにより，感情的高揚の体験，自己充実感等を求めるものが少なからずいることが言われている(守山・西村, 1999)。そのような場合，彼らの犯行は，必ずしも合理的な意思決定に基づいていないことも考えられる。今後の課題としては，彼らの行動や意思決定における「合理性」を検討することも求められよう。

第4章
犯罪を地理的に分析する

1節 地理的分析の系譜

　都市における犯罪問題の実態把握や対策立案のために地図を活用しようという考え方は，古くからあったものである。しかし，犯罪の「地理的分析」がコンピュータを用いて本格的に行なわれるようになったのは，ここ10年ばかりのことである。本節では，犯罪の地理的分析の系譜を概観し，それをとおして，近年の地理的犯罪分析の発展が都市の防犯のために果たした貢献と，今後の課題とについて考えてみたい。

1．衰退の歴史

　ワイスバードとマキューエン (Weisburd & McEwen, 1998) によれば，犯罪研究の歴史の中で，地理的な分析への関心がとくに高まった後，急激に退潮した時期が何度かあるという。そのうち主要なものは，1800年代初頭のいわゆる「地図学派 (Cartographic School)」の時代，1920～30年代の「シカゴ学派 (Chicago School)」の時代，および1960年代後半のコンピュータを用いた初期の犯罪地図作成の時代の3つであるという。
（1）地図学派の時代
　犯罪地図が最初にまとまった形で出版されたのは，1800年代初頭のフランスでのことだといわれている (Vold & Bernard, 1985)。1829年に，バルビー（Balbi A.)

とゲリー（Guerry, A. M.）による犯罪地図集が刊行されている。ここでは，1825～1827年の犯罪統計と，当時の最新の国勢調査による人口学的データとを基に，財産犯，対人犯，および教育レベルの分布地図が作られた。

ほぼ同じ時期（1831～1832年）に，ベルギーの天文学者・統計学者であったケトレー（Quetelet, L. A. J.）も，3つの地図を作っている。ケトレーは，これらの地図から，犯罪と種々の変数（交通路，教育レベル，民族・文化的差異など）との間に相関関係がみられること，犯罪や自殺などの分布に長期にわたる安定性があることなどを指摘している。

これらの研究者たちは，犯罪学における「地図学派（Cartographic School）」とよばれ，今日でも「彼らによる初期の社会地図に示された分析レベルの洗練度をみると頭が下がる」(Anselin et al., 2000) と評価されている。

しかし，彼らは当時台頭しつつあった「実証主義」犯罪学からの攻撃を受けた。ロンブローゾ（Lombroso, C.）やフェリ（Ferri, E.）らに代表される初期の実証主義犯罪学者は，「個々の人間がなぜ／どのように犯罪者になるのか」を解明することこそが犯罪研究の目的であるとし，主として生物学・生理学的枠組みによる，個人の犯罪性形成の原因論を提唱した。これらに拮抗し得る強力な理論的枠組みをもたなかったことが，地図学派の影響力を弱める一因であったと思われる。また，より実際的問題として，当時の手描きによる地図の作成に要する膨大な時間と労力も，犯罪の地理的分析にとっての足かせとなった。

ゲリーやケトレーらが直面したこれらの問題は，その後の時代にも，少しずつ形を変えながら，地理的犯罪分析の推進者たちを悩ますことになる。

（2）シカゴ学派の「人間生態学」

犯罪の地理的分析の第二の隆盛期は，1920～30年代の，いわゆる「シカゴ学派（Chicago School）犯罪学」の時代である。当時のシカゴ大学では，パーク（Park, R. E.）やバージェス（Burgess, E. W.）らの社会学者が，急成長するアメリカ大都市を「社会的実験室」に見立て，その様相の記述やさまざまな都市問題の理解をめざす実証的調査研究を精力的に進めていた。とくにバージェスが担当する社会病理学の課程では地図の作成がさかんで「青少年の非行，各種犯罪，ダンスホールや映画館や簡易宿泊所や売春宿の利用の分布図，そして

商業活動や産業活動の所在を示す地点地図（spot maps）」が社会学部の資料棚に積み上がっていたという(フェアリス, 1990)。

シカゴ学派の犯罪研究の中でもとくに有名なものが，ショウ（Shaw, C. R.）らによる少年非行と地区特性との関連の分析である。その始まりとなった1929年の「イリノイ犯罪調査（Illinois Crime Survey）」報告で，9,000人以上の非行少年の居住地点を示す地図が作成され，それらが「物理的荒廃，貧困，社会解体」のめだつ地区に集中していることが指摘されている(Shaw & Myers, 1929)。

これに続く『非行地域』(1929)，『少年非行の社会的要因』(1931)，『少年非行と都市地域』(1942)などの一連の著作で，ショウらは，シカゴ市の少年非行やそれに関連する要因の地理的分布を検討するため，①非行少年の居住地，および廃屋の所在地点，結核患者の発生地点，怠学者の居住地などを「点」で示した地点地図（spot maps），②直前の国勢調査の少年人口を分母とした，非行少年の人口比を「1マイル四方」の区間ごとに示した比率地図（rate maps），③市の中心から同心円状に描いたゾーン別にさまざまな社会問題の分布などを集計したゾーン地図（zone maps）など，多くの地図を作成している。

シカゴ学派の犯罪研究の際立った特徴の1つは，前述の地図学派などと異なり，犯罪や非行の地理的パターンの分析が，「人間生態学（human ecology）」という独特の理論的枠組みのもとで行なわれたことである。人間生態学とは，シカゴ学派都市社会学の主導者であったパークの造語で，動植物の群落などの研究から発展してきた，生物学における生態学の概念やモデルを，人間社会の研究に応用したものである。パーク（Park, R. E.）の人間生態学を基礎づける2つの中心概念は，都市社会が多様な自然地区（natural areas）の相互依存関係からなる一種の生態系をなしているという観点と，生態系における均衡状態の変化をもたらすものは，新たな種（都市社会においては，移民など）の侵入・支配・継承（invasion, dominance, succession）の過程だとする観点だったといわれている(Vold & Bernard, 1985)。

人間生態学の観点に依拠することによって，シカゴ学派の犯罪学者たちは，特定の地区に貧困や病気，犯罪などが集中するという経験的事実を，居住者の属性に由来するものではなく，都市の生態学的な構造の中でそれらの地区が占

める位置に由来するものだと解釈した。すなわち，大都市を構成する種々の特性をもった地域の「はざま」にある「間隙地帯（interstitial areas）」は，住民の多様性や流動性の高さのために慢性的な「社会解体（social disorganization）」の状態にあり，このことが，それらの地域で生まれ育つ少年たちの順調な社会化を阻んでいると考えた。これは，スラム地区などでの犯罪を居住者の遺伝的性格などに起因するものとみなす，当時の俗流優生学的な議論に対する，強烈なアンチテーゼであった。

このように，ショウやマッケイ（Mckey, H.）らによる非行の生態学研究は，単に分析の過程で地図が活用されただけではなく，分析を基礎づける理論的な枠組みや分析結果の解釈の点でも，すぐれて「地理的」なアプローチであったということができる。しかし，その一方，ショウやマッケイらの主要な関心は，非行少年の生育環境としての近隣集団にあった。この意味で，シカゴ学派による少年非行の地理的分析は，本質的に，犯罪・非行「者」（の犯罪性・非行性形成）の説明をめざすものであった。このため，彼らに続く世代の研究者たちは，社会解体などの環境要因がどのように非行性形成に結びつくかを個人レベルで解明する研究への志向を強め，地理的分析から離れていったといわれている (Weisburd & McEwen, 1998)。

（3） コンピュータによる初期の犯罪地図

地理的な犯罪分析のためにコンピュータによる犯罪地図が用いられた最初の例は，1960年代半ばの米国セントルイス市警察局において，パトロール活動の効率化を目的として行なわれたものだといわれている(Weisburd & McEwen, 1998)。当時のコンピュータはまだ文字ベースのもので，個々の犯罪の発生地点などをそのまま表示することができなかったため，これらの地図は，おおよそ国勢調査区に相当する小地域（当時の同警察局の巡査部長パウリー（Pauly, G. A.）にちなんで「パウリー・エリア」とよばれたという）ごとに集計された犯罪データを，文字の種類や重ね打ちなどで濃淡のパターンとして表わしたものであった。それでも，事件の発生地点などを示す住所を上記のパウリー・エリアに対応づける一種のアドレス・ジオコーディングのシステムが，すでにマキューエンによって考案されて用いられていたという (Harries, 1999)。

その後のコンピュータ技術の進歩にともなって、コンピュータで作成できる犯罪地図の種類や精度も向上した。1970年代後半には、ハリーズ(Harries, 1978)らによって、強盗の人口比などの分布を示した3次元のコンピュータ地図が作成されている。コンピュータによる犯罪地図は、とくに犯罪分析の自動化や、それによる警察資源の効果的・効率的な配分への貢献の可能性の点で注目された。

このように、当時、コンピュータを用いた犯罪地図に大きな可能性があることは認められていたが、実際に犯罪研究や警察活動の現場などにそれが浸透し、定着するには至らなかった。その理由として、ワイスバードとマキューエンは、当時のコンピュータの価格性能比や犯罪データの供用手段などの技術的問題点のほか、①地理的な犯罪分析を系統的に進めるよりどころとなる理論・分析視角が確立していなかったこと、②大学などでの研究が実務家の支援となるようなしくみがなかったこと、③犯罪データのみを白黒で表示した（当時の）コンピュータ地図にはピンマップをしのぐ魅力がなかったこと、④当時は警察の「プロ化」が強調された時代で、犯罪分析結果などを関係者と共有する真のニーズが乏しかったこと、などをあげている。

2．最近の地理的分析の動向

犯罪の地理的分析に大きな転機が訪れたのは、1980年代後半ごろからだといわれる(Eck, 1995)。ミネアポリス市の警察への緊急通報全体の50.4%が市内全域のうちわずか3.3%での地点で発生していることを見出したシャーマンらの研究(Sherman et al., 1989)、モールツとシカゴ市警察局との協同による、パーソナルコンピュータによる地図データベースシステムの警察業務への応用をめざした試験研究(Maltz et al., 1991)などが初期の研究例である。また、イリノイ州刑事司法情報局（Illinois Criminal Justice Information Authority）では、1980年代半ばに、"STAC : Spatial and Temporal Analysis of Crime（犯罪の空間的・時間的分析）"とよばれるコンピュータ・プログラムが開発され、犯罪集中地区の検出などのために活用された(Block, 1995)。1990年からは、国立司法研究所（NIJ）の指導のもとに、ジャージーシティ、カンサスシティ、サンディエゴ、ピッツバー

グ，ハートフォードの5都市で，地理情報システムを活用して薬物取り引きの情勢分析を行なおうとする「ドラッグ・マーケット・アナリシス（DMA）」研究が開始され，薬物事犯に関する諸情報を集中的・統合的に地図上に表現して，地区情勢に応じた警察施策の策定などの面で成果をあげている (Maltz, 1995)。

この時期に地理的犯罪分析が急速に隆盛した背景には，①パーソナルコンピュータやインターネット，地理情報システム（GIS：Geographic Information Systems）などの情報技術の急速な発展，②「環境犯罪学」や「状況的犯罪予防」などの新しい犯罪予防論の登場，③国土空間データ基盤などの基盤整備があったとみられる。

（1）地理情報技術の革新

コンピュータによって地図を作成する最初のシステムは，1960年代にハーバード大学で開発された"SYMAP"だといわれている。マキューエンらによる上述のセントルイス市警察局の犯罪地図も，このシステムを用いて作られている。同じころ，カナダのトムリンソンらによって，多様なデータの重ね合わせを可能にするGISの開発が進められている (Tomlinson, 1967)。

これらの初期のシステムは，大型コンピュータ上でしか稼動しないものであった。しかし，1990年ころまでにはパーソナルコンピュータ上で使えるGISソフトウェアも市販されるようになり，地理的分析が一気に身近なものになった。

これと並行して，事件などを記録する情報システムが普及したことも見逃せない。警察が認知した犯罪発生の情報や，市民からの緊急通報の情報などがデータ化され，ネットワーク経由で迅速に配信できるようになったことで，犯罪地図の原資料となる大量の情報が蓄積されるようになった。

（2）新たな理論的視角

犯罪の地理的分析の今日の隆盛をもたらした第2の要因は，「犯行地点」の分析に独自の意義を認める，新たな理論的・分析的視角の登場である。

シカゴ学派以後の犯罪・非行研究では，個人の犯罪性向の形成要因や，犯罪者の社会復帰のための処遇手法など，人（＝加害者）が主たる関心の対象であった。しかし，1970年代ころから，これに対する懐疑論が相次いで提出された。

その代表的なものが，231の犯罪者処遇プログラムの効果を評定し，「何も役に立っていない：Nothing works」と結論づけた，マーチンソンらの研究である (Martinson, 1974)。

非行防止プログラムや社会復帰プログラムに対するこのような悲観論を背景として，ある状況下では犯罪を行なう人が常に「いる」ことを事実上前提としたうえで，結果として犯罪の被害を発生させないための条件は何であるかを探ろうとする，新しいタイプの犯罪予防論が台頭した。これが，「環境設計による犯罪予防 (Crime Prevention through Environmental Design: CPTED)」や「状況的犯罪予防 (situational crime prevention)」とよばれるアプローチである。

被害発生の防止を中心課題とする研究や実践にとって理論的背景をなしているものは，コーニッシュとクラーク (Cornish, D. & Clarke, R.) らによる犯罪行動の「合理的選択理論 (rational choice theory)」や，フェルソンらによる「日常活動理論 (routine activity theory)」(Cohen & Felson, 1979) である。

合理的選択論によれば，犯罪者は，彼らの目的を成し遂げるために多少なりとも合理的に説明可能なプロセスで，犯行の標的や手段を「選択」しているのだとする (Cornish & Clarke, 1986)。また，日常活動理論によれば，犯罪（被害）が発生するには，①犯罪企図者，②標的，③標的と犯罪者との遭遇，④犯行を抑制する監視者などの不在という4つの条件が必要であり，これらの条件のいずれかが欠ければ，犯罪（の被害）は発生しないとする (Cohen & Felson, 1979)。これらの観点に立てば，標的となる可能性のあるものや人，それらが置かれた状況，効果的な監視の手法などを工夫することによって，犯罪被害の未然防止が図れることになる。したがって，犯罪・非行者の生育環境という従来の観点とは異なった，犯行を容易・困難にする「場所」の特性に関する研究に，独自の意義が認められるようになったのである。

（3）基盤整備の進展

1990年代以降の米国における地理的犯罪分析の隆盛を支えた第3の要因は，国家レベルで計画的に進められた基盤整備だと思われる。

米国では，すでに1970年の国勢調査で，所番地を示す文字やコードの情報を

用いて，コンピュータ地図上の適切な位置にデータを自動的に貼り込む「アドレスジオコーディング」とよばれる技術を取り入れた"DIME：Dual Independent Map Encoding"ファイルが作成されている。1990年の国勢調査では，これをさらに発展させた"TIGER：Topographically Integrated Geographic Encoding and Referencing"データベースが作成された。ここから抽出されたデータは TIGER/Lineファイルとして一般に提供され，広い範囲で活用されている。

クリントン大統領・ゴア副大統領の政権下では，彼らのいわゆる情報スーパーハイウェイ構想の一環に「全国空間データ基盤（NSDI：National Spatial Data Infrastructure）」の整備が位置づけられた。これらの取り組みの結果，系統的に整備されたデジタル地図が安価に供給されたことが，1990年代以降の米国における地理的犯罪分析の隆盛を支える礎であったと考えられる。

1996年には，犯罪地図の研究・活用を促進することを使命として，米国の国立司法研究所（National Institute of Justice：NIJ）のもとに犯罪地図研究センター（CMRC：Crime Mapping Research Center, 2002年にMAPS：Mapping and Analysis for Public Safetyと改名）が設置された。また，1999年7月には，ゴア副大統領・リノ司法長官（当時）が連名で序文を書いたタスクフォースレポート『犯罪地図による戦略づくり：安全なコミュニティ形成のための21世紀的ツールの提供』（Mapping Out Crime: Providing 21st Century Tools for Safe Communities）が刊行され，新世紀における安全なコミュニティづくりのために，「犯罪地図の作製（crime mapping）」「データに基づく警察運営（data-driven management）」「関係者との連携（partnership）」の3つの柱が不可欠だと述べられている (The Task Force on Crime Mapping and Data-driven Management, 1999)。

(4)「場所と犯罪」研究

これらの条件に支えられて，1990年代以降，GISを用いた犯罪の地理的分析が急速に進展した。エックとワイスバード (Eck & Weisburd, 1995) は，これらを「場所と犯罪」研究と総称している。

彼らによれば，場所（places）とは，シカゴ学派などが注目した「近隣（neighborhood）」よりもさらに小さい領域であり，たとえば街角，所番地で表わされ

る地点，建物または道路の一角などである。また，シカゴ学派の生態学的分析に対し,「場所と犯罪」研究では，犯罪者の居住地と犯行地とが峻別され，主として後者に焦点を当てた分析が行なわれる。分析の導きの糸となる理論的枠組みは合理的選択論や日常活動理論であり，研究の成果は防犯環境設計や状況的犯罪予防へと結びつくことが期待される。GIS技術の発展と普及とが，このような新しいタイプの地理的分析を可能にしたのである。

エックとワイスバードは，このような「場所と犯罪」の系譜に連なる経験的研究を，①個々の施設に関するもの，②犯罪集中地区に関するもの，③犯罪を誘発／抑制する地区特性に関するもの，④犯罪者の移動性に関するもの，⑤犯罪者の標的選択に関するものの5つにまとめて，それぞれの研究例を紹介している。

1990年代半ば以降，GISを活用した地理的な犯罪分析に関する論文集も多数出版されている。ブロックら (Block et al., 1995) の編集による『コンピュータ地図による犯罪分析』，エックとワイスバード (Eck & Weisburd, 1995) の編集による『場所と犯罪』，ワイスバードとマキューエン (Weisburd & McEwen 1998) の編集による『犯罪地図と犯罪予防』などである。また，上記の犯罪地図研究センターなどから，GISによる犯罪分析の解説書やさまざまな応用事例集が出されている (Harris, 1999)。一方，警察財団からは，1999年以降，『クライム・マッピング・ニュース』というニュースレターが四半期ごとに刊行されている。

地理的犯罪分析を警察などの実務に応用した事例としては，GISによる犯罪情勢分析を警察分署単位での自主的な対策立案と徹底した成果主義とに結びつけたニューヨーク市警察局の"COMPSTAT：Computerized Statistics"，きわめて簡便な操作性をもつGIS応用ソフトウェアを地域指向型警察活動や市民への犯罪情報提供に応用したシカゴ市警察局の"ICAM：Information Collection for Automated Mapping"，犯罪者の移動性モデルを連続事件の犯人の居住地推定に応用したバンクーバー市警察局の「地理的プロファイリング（geographic profiling）」などが有名である (原田, 2003)。

3．今後の展望

犯罪の地理的分析は，犯罪に関する理論的枠組みの拡大と，実地データによる分析の基盤やツールとしての GIS の発展・普及によって，本格的に社会に定着しつつある。以下，今後の GIS による地理的犯罪分析のあり方について，筆者なりの見解を述べる。

(1) 地理的犯罪分析の多様な展開

GIS による地理的犯罪分析は，近年，従来以上に多様な展開をみせている。たとえば，ボーバは (Boba, 2001)，地理的犯罪分析にはその目的やデータの集約度による階層性があるとし，集約度の低い順に「捜査のための犯罪分析 (investigative crime analysis)」「戦術的犯罪分析 (tactical crime analysis)」「戦略的犯罪分析 (strategic crime analysis)」「行政的犯罪分析 (administrative crime analysis)」の 4 段階に区分している。都市防犯との関連でいえば，「戦術的」犯罪分析は，比較的短期間の犯罪発生状況などから，その地理的・時間的なパターンや連続性を迅速に検出することで，的を絞った機動的な防犯対策を図ろうとするものである。ここでは，機動的に犯罪地図を作成したり，被害が集中する地域や加害者の活動範囲などを検出したりする際に，GIS が威力を発揮する。一方，「戦略的」犯罪分析とは，より大局的な観点から警察活動などの計画と効果測定とを支援するための分析である。この種の分析は「環境設計による犯罪予防」の実証的基盤となるものであり，施策の目的や対象地区によって異なるさまざまな情報を多角的に考慮するため，GIS のもつ地理的データの重ね合わせ・空間的関連の分析機能がフルに活用される。さらに，「行政的」犯罪分析では，関係機関や地域住民との連携の基盤として，犯罪情勢を視覚的にわかりやすく表現したり，インターネット経由での情報配信などを可能にする GIS の機能が効果を発揮する。このように，GIS のもつ多様な機能を目的に応じて使い分けることにより，今後の都市防犯に，広範な応用の可能性が生まれると考えられる。

(2) 第 2 世代の防犯環境設計

GIS による地理的犯罪分析の発展は，「環境設計による犯罪予防」にとくに人

きなインパクトをもつと思われる。たとえば，サビル(Saville, G.)は，CPTEDを第1世代と第2世代とに分け，第1世代 CPTED では犯行機会を減らすための「チェックリスト」作成が重視されたが，第2世代の CPTED においては，街並みなどの物理的環境の改善と並行して，そこで生活する人々の行動パターンや犯罪被害の発生動向などを分析し，対象地区を絞り込んだ集中的な防犯施策を実施する必要が強調されると指摘している(サビル, 2000)。

今後，CPTED が公共政策として定着していくためには，犯罪情勢などの客観的分析を踏まえて対象地区を適切に選定し，施策の効果を厳しく評価することが求められるだろう。また，物理的環境改善などが単なる「ハコづくり」に終わらぬよう，地区住民などを巻き込んだ「持続可能性(sustainability)」の確保が課題になろう。これらのため，GIS を活用した犯罪多発地区（crime hot spots）の検出や，犯罪発生の予測的な地図（predictive crime mapping）づくりが，従来以上に大きな役割をもつと考えられる。

(3)「証拠に基づく犯罪予防」に向けて

最近の欧米諸国では，「証拠に基づく社会政策（evidence-based social policy）」という考え方が急速に広まっている。すでに 1997 年には，米国内外で実施された多様な犯罪防止プログラムが実際どれだけの犯罪予防効果をあげたかを広範にレビューしたシャーマンらによる報告書『犯罪の予防：何が有効か，何が無効か，何が有望か』(Sherman et al., 1997) が出されており，2002 年には，これをさらに追補・拡充した『証拠に基づく犯罪予防』(Sherman et al., 2002) が出版されている。また，2001 年には，社会・教育分野における「証拠に基づく」意思決定を支援するための国際的組織「キャンベル共同計画（The Campbell Collaboration）」のもとに，「刑事司法グループ(Crime and Justice Coordinating Group)」が設置され，犯罪・非行の予防と軽減のための介入に関する評価研究のレビューを行なう活動を開始している。これまでに，犯罪多発地区での集中的警察活動 (Braga, 2001)，街灯の改良 (Farrington & Welsh, 2002 a)，街頭モニターカメラ (Farrington & Welsh, 2002 b) に関する系統的レビューの結果が報告されている。

欧米諸国におけるこうした趨勢から見て，わが国でも，「証拠に基づく犯罪予防」の観点が，今後ますます重要な意義をもつようになると思われる。また，

そこで用いられる「証拠」は，さまざまな関係者が納得できるよう，科学的な厳密性と直観的なわかりやすさとを兼ね備えたものでなければなるまい。GISを用いた地理的犯罪分析によって，このような科学的でわかりやすい証拠を，犯罪問題の研究者や実務家，地域の住民などが共有し，それを基に，真に効果的で効率的な都市の防犯対策のありかたをともに考えることが可能になるだろう。

2節　犯罪集中地区の抽出

1．犯罪多発地区を抽出する意義

　犯罪の発生地点を地図上にプロットしていくと，その空間的なパターンはけっしてランダムではなく，特定の地点や地区に集中していることがわかる。スペルマンとエック(Spelman & Eck, 1989)によれば，アメリカの全犯罪のおよそ60％が全発生地点の10％に集中して発生しているという。また，原田と島田(2000)は，東京のある区での侵入窃盗の分析を行ない，面積では14％に過ぎない地区で，区全体の半数の事件が発生していることを明らかにしている。このような犯罪多発地区はホットスポットともよばれ，犯罪に関する研究・実務の両面で興味の対象になっている。

　また，犯罪発生が増加するプロセスで，ホットスポットが出現し，空間的な広がりを見せることは「伝播(Diffusion)」とよばれる。コーエンとティタ(Cohen & Tita, 1999)は，若者による殺人事件の伝播を，コーク(Cork, 1999)は薬物や銃のマーケットの伝播にともなう殺人率の変化をそれぞれ示している。

　犯罪多発地区の抽出など犯罪情勢を分析する目的の一つは，メリハリのある警察活動の実現である。他の公共サービス同様，警察の人員や予算には限りがある。その限られた警察力を犯罪多発地区に集中して投入することでより多くの効果が期待される。たとえば，ブラガ(Braga, 2001)は，犯罪多発地区での集中的な警察活動（ホットスポットポリーシング）の実施地区と，従来型の警察活動の実施地区とを準実験的なデザインで比較し，前者のほうが犯罪率の低下など，

より大きな効果が得られることを示している。

　また，環境設計による犯罪予防や住民が参加する地域防犯活動など，場所に対して防犯目的の介入を行なう際に，その対象を選択する助けになる。たとえば，受け持ち地域全体を漠然とパトロールするよりも，犯罪が起きる可能性が高い地区を重点的にパトロールしたほうが効果は大きいだろう。

　さらに，犯罪情勢に関する情報を適切な形式で公開することにより，各個人が犯罪リスクを適切に認知することが期待される。すなわち，どこをどの時間帯に歩くと危険性が高いのか，正確で詳細な情報を提供することで，いたずらに犯罪不安を喚起することなく，行動の変容（たとえば防犯ベルを携行したり，その場所を避けるなど）をもたらすことができるだろう。米国では多くの警察本部がインターネット上で犯罪地図を配信している。日本ではこれまで，交番ミニコミ紙で用いられることが多かったが，近年，警視庁や大阪府警察本部などが地域の犯罪発生状況をインターネットで公開するなど，情報提供のチャネルが増えてきている。

　もちろん，犯罪多発地区を公開することで，個別の事件が特定されたり，ある地区に悪い風評がラベリングされるということはあってはならない。公開に際して，罪種によっては発生場所の特定を避けたうえで，被害を防ぐための方法とセットで公開すべきだろう。

2．犯罪地図から空間統計分析へ

　犯罪多発地区を抽出する前提には，犯罪情勢の的確な地図表現が必要なのはいうまでもない。そこで，空間統計学を活用した犯罪多発地区の抽出手法に進む前に，既存の犯罪地図の長所と短所を整理しておく。GISの普及により犯罪情勢の地図表現は今後さかんになっていくと思われる。地図は直感的な理解が可能だけに，一歩まちがえると地図の読み手に誤った印象を与える危険がある。また，既存の犯罪地図の限界を理解することで，空間統計分析の必要性をより理解しやすくなる。

（1）点データとピンマップ

犯罪情勢を地図表現する最も単純な方法はピンマップである。ピンマップでは，図 4-1 に示すように，個々の犯罪発生地点が地図上で点として表現される。まさに「紙地図にピン」のイメージである。現在では GIS を用いることで，住所情報から自動的に位置を計算して地図上にプロットすることができる。この機能はアドレス・ジオコーディングとよばれる。

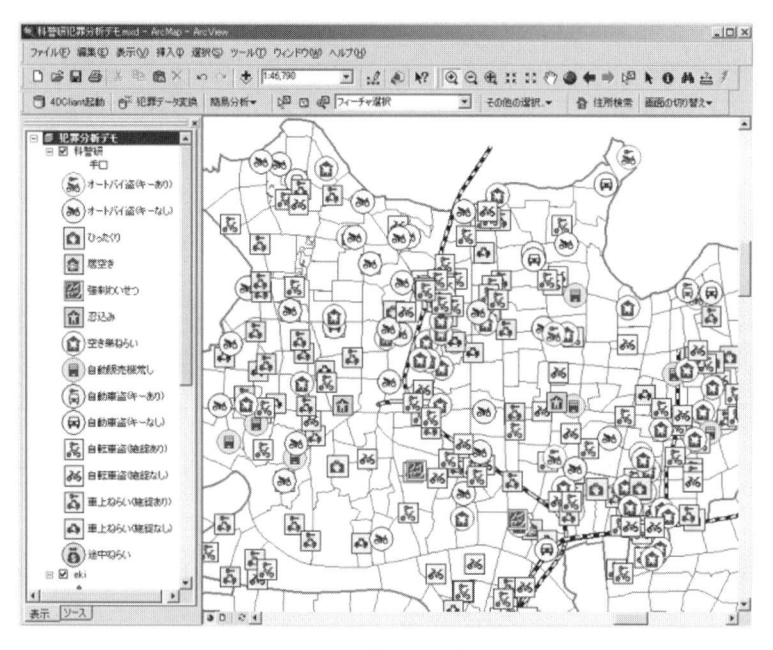

■図 4-1　ピンマップの例

ピンマップの長所は，1 つの点が 1 つの犯罪発生地点に対応するため，犯罪現象を直感的に理解できることであろう。また，GIS を用いると各点に罪種や発生時刻などさまざまなデータを付加して表示することも簡単にできる。

しかし，犯罪多発地区の抽出をピンマップの目視に頼るのは，分析者の恣意性を排除できず危険である。とくに，アドレス・ジオコーディングでピンマップを作成すると，同一住所で起きた複数の犯罪が，地図上では 1 点に重なって

プロットされ，その地点で何件の犯罪が発生したのかわからなくなってしまう。したがって，ピンマップの目視だけで犯罪多発地区を抽出するのはそもそも無理があるといえる。

（2）区域集計データとコロプレス図

犯罪情勢の地図表現でピンマップと並んで用いられる方法に，町丁目や交番管轄区域などの区域ごとに犯罪数を集計したうえで，その数に応じて濃淡で表現する方法がある。この色分け地図は学術的にはコロプレス図（Choropleth Map）とよばれる。図4-2は，ある地域における車上ねらいの発生状況を町丁目集計で示したものである。

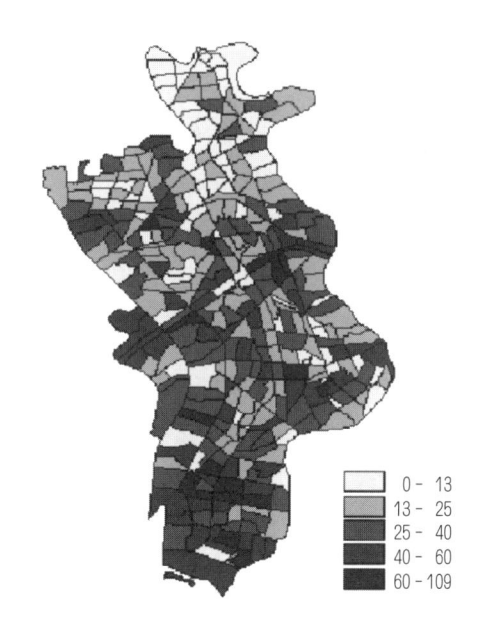

■図4-2 コロプレス図の例

集計データを用いる利点として，①犯罪発生地点個別の位置情報を必要としないため，データの収集が簡便であり，アドレス・ジオコーディングの正確度の問題が回避できる，②交番や警察署，学校区といった警察活動・地域防犯活動に根ざした形式で提供することで分析結果が活用しやすくなる，③地区の人

口・世帯数・面積を母数にした犯罪率を算出することで犯罪に遭う「リスク」を表現できる，といったことがあげられる。

その一方，集計データを地図表現する際にはさまざまな配慮が必要である。

当然のことではあるが，集計単位は分析目的に照らして適当な大きさでなければならない。たとえば，市区町村単位で集計した地図は，都道府県内での大まかな犯罪動向は把握できても，犯罪多発地区に関して得られる情報は皆無であろう。逆に，街区単位で集計した地図はピンマップに近い詳細な犯罪情勢が得られるが，町丁目や交番管轄区域ごとの犯罪動向を比較するには不向きである。

また，これまでごく当たり前に使用されてきた，町丁目や警察署管轄区域ごとに事件数を集計したコロプレス地図には注意を要する。町丁目や警察署の管轄区域の面積や人口には差異がある。このため，せっかく地図を作成しても，実は面積や人口規模が大きい地区でより犯罪が多いという結果を示すのみになり，結局のところ，どこが犯罪多発地区かを知りたい読み手を誤解させることになる。たとえば，図 4-3 は東京 23 区での高層集合住宅対象の侵入事件の発生状況を，実数と 1,000 世帯当たりの被害率との両方で示したものである。必ず

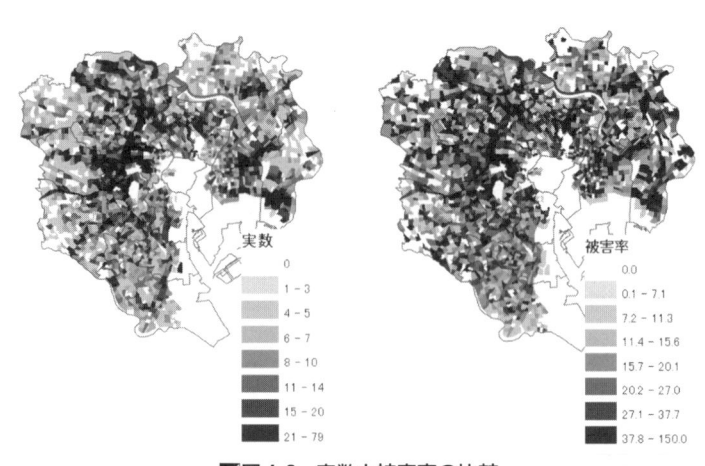

■図 4-3　実数と被害率の比較

しも両者が一致していないことは一目瞭然であろう。

　この問題は，集計結果をコロプレス地図ではなくドット密度で表現する方法や，人口，世帯数，面積を母数にした犯罪発生率で表現する方法で回避できる。

（3）空間統計分析への発展

　これまで述べてきたように，犯罪多発地区を抽出するには既存の犯罪地図では不十分であり，犯罪発生地点の位置情報の統計分析が必要である。もちろん，犯罪の属性情報の統計解析はこれまでも行なわれてきたが，位置情報の分析には従来の統計解析とは異なる別の方法論が必要である。この種の空間情報の統計分析は空間統計学(spatial statistics)と総称され，地理学，地質学，生態学，農学，疫学などで広く使われている。犯罪学研究でも1999年に発刊された"Journal of Quantitative Criminology"の15巻4号で空間統計分析の特集号が組まれるなど一定の普及が見られる。一方，米国でクライムマッピングを導入した警察機関に対する調査では，犯罪多発地区の抽出を空間統計分析を用いて行なっているのは全体の25％にとどまるといった結果も報告されており(Mamalian et al., 1999)実務での今後の普及が期待される。

3．カーネル密度推定法による犯罪密度地図の作成

　カーネル密度推定法（kernel estimation）は点データの空間統計分析のひとつで，点パターンの分布から点の密度を計算する方法である。前述したとおり，ピンマップは地図内の事件数が増えれば増えるほど見かけが煩雑になる。そこで，カーネル密度推定法を用いて「犯罪密度地図」として表現することで犯罪情勢をより的確に表現することができる。

　カーネル密度推定法では図4-4に示すように，点パターンに細かなグリッド（格子）を重ね合わせ，グリッドの中心から一定距離（バンド幅とよばれる）内の事件を検索し，グリッドの中心点からの距離に応じて重みづけを行なう。そして，重みづけの総和をグリッドの中心点での犯罪発生密度（たとえば1平方キロ当たりの発生件数）の推定値とする。この犯罪密度をコロプレス図や等高線図として地図表現すると図4-5のような犯罪密度地図が得られる。ちなみ

第 2 部　犯罪を分析する

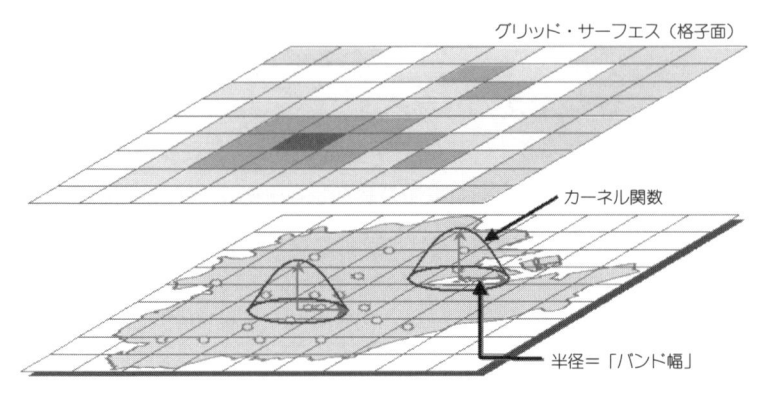

図 4-4　カーネル密度推定法の原理

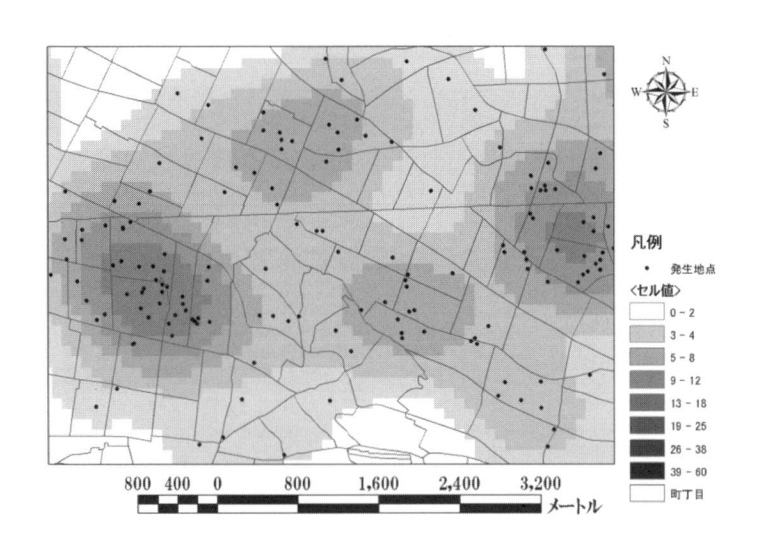

図 4-5　犯罪密度地図の例

に，重みづけに用いられるのがカーネル関数である。

　この手法には，①住所照合により生じた位置情報の誤差を吸収できる，②個

別の犯罪発生地点を表現することなく犯罪情勢を地図化できる，といった大きなメリットがある。一方，グリッドの大きさ，バンド幅，密度地図を表現する際の階級の設定などは分析者の設定に頼るため，一定の熟練が必要である。

4．空間的自己相関分析

（1）グローバルな空間的自己相関

犯罪に限らず空間現象を説明する際には，空間的に近接した事象は，より遠くでの事象よりも密接な関連を有するという解釈が一般的に行なわれる。たとえば，隣接した地区ではヒトやモノの行き来が大きいため社会経済情勢，ひいては犯罪情勢も類似しているというのは自然な解釈だと思われる。

空間的自己相関は，ある単一変量（たとえば犯罪率）の空間的な分布に関して，近接した地区で同じ属性が見られる傾向性であり，Moran's I や Geary's C といった指標により表現される。Moran's I はピアソンの相関係数同様 -1.0 から 1.0 の間を取る。1 に近ければ空間パターンにクラスターが存在し (clustered)，-1 に近ければ散乱している (dispersed) と判断することができる。

空間的自己相関の算出には，地区間の関係を定義する空間重み行列 (spatial weight matrix) を用いる。この行列の要素は，各地区間の距離の逆数や，隣接関係の有無により 1 または 0 を与える方法が取られる。

島田ら[2002]は，町丁目ごとに集計した犯罪発生データについて罪種別に Moran's I を比較したところ，乗物盗，車上荒らし，侵入窃盗等でより強い正の空間的自己相関が現われた。

空間的自己相関を犯罪データの分析に適用する意義は，ピンマップやコロプレス図，犯罪密度地図とは違って，犯罪の空間分布を統計量として把握できることだろう。すなわち，同一地区で複数罪種，複数時点の犯罪の空間パターンの比較ができる。また，チャクラボルティとペルフレイ (Chakravorty & Pelfrey, 2000) は，複数の空間重み行列を比較することで犯罪現象の空間的相互作用の程度を検討している。

その一方で，Moran's I などのグローバルな空間的自己相関測度に対しては，

分析対象地域全体の空間パターンの程度を示すだけでは局所的な犯罪多発地区は検出できないとの批判も根強い (Getis & Ord, 1992)。Moran's I は分析対象全体の空間分布の程度を評価するもので，このためグローバルな空間的自己相関とよばれる。

(2) ローカルな空間的自己相関

この批判に対して，アンセリン (Anselin, 1995) は「ローカルな空間的自己相関測度」(Local Indicator of Spatial Autocorrelation : LISA) を提案している。

グローバルな空間的自己相関測度は対象地域全体でただ1つ算出されるのに対し，LISA は各観測地点で得られた値 (たとえば犯罪率) を周辺の観測地点と比較した特異性を示す指標であり，観測地点ごとに算出される。

また，アンセリンとゲティス (Anselin & Getis, 1992) は，空間パターンの視覚化，空間的外れ値の同定，空間的関連やクラスター，ホットスポットの検出といった一連の分析を，既存の統計学における探索的データ解析になぞらえ，「探索的空間データ解析 (Exploratory Spatial Data Analysis : ESDA)」と命名している。また，メッセンナーら (Messener et al., 1999) は ESDA を郡単位の殺人率データに適用している。

ESDA では，ローカルな空間的自己相関を視覚化するため図 4-6 に示すような Moran 散布図が用いられる。この散布図は一見観測地点を示す地図にも見えるが，実際はある観測地点での値と周辺の観測地点での値との関係を示すものである。たとえば，犯罪率データの場合は，横軸はある地区での犯罪率，縦軸は周辺地区での犯罪率になる。この「周辺」の定義には，グローバルな空間的自己相関同様空間重み行列を用いる。なお，観測値は標準化されているため，図 4-6 に示すように負の側に多数の地区が落ちることになる。また，この点群に引いた回帰直線の傾きが Moran's I と等価である。

Moran 散布図を用いると，地区の犯罪情勢を周辺地区との関係でとらえたうえで，表 4-1 に示すような，よりきめ細かな対策を立案することが可能になる。なお，この分析結果を GIS に書き戻すことで，各群に属する地区の分布状況を把握することができる。

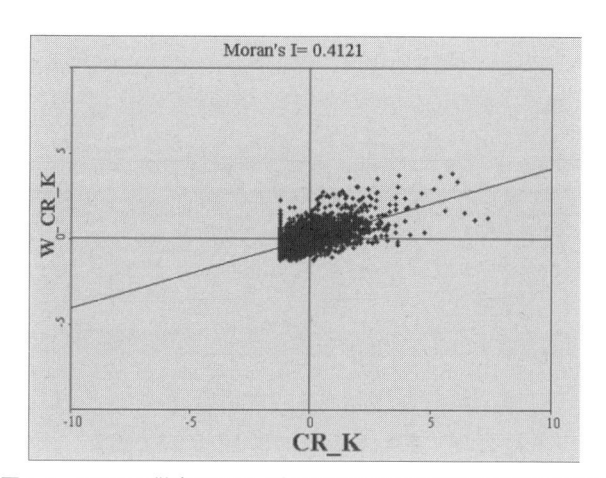

■図 4-6　Moran散布図の例（東京 23 区の戸建て住宅の侵入被害率）

■表 4-1　Moran 散布図の解釈

		当該地区での犯罪率	
		低	高
周辺地区での犯罪率	高	Low-High タイプ 周辺から犯罪を流入させない対策	High-High タイプ 周辺を含めた犯罪対策
	低	Low-Low タイプ 特に問題なし	High-Low タイプ 犯罪を周辺地区に拡散させない対策

（3）東京での高層集合住宅侵入事件の空間的伝播

　図 4-7 に示すように，警察に認知された東京 23 区内での住宅対象の侵入事件（侵入強盗，侵入窃盗，住居侵入）は 1996 年から 2000 年の 5 年間で 10,883 件から 17,973 件と約 1.7 倍に増加し，1,000 世帯あたりの発生率も 3.0 から 4.7 に上昇した。住宅タイプ別にみると，一戸建て・低層集合住宅では被害率に変化がないのに対して，高層集合住宅では 5 年間で被害率が 3 倍以上に増加していた。この被害の増加は，金属片を鍵穴に挿し込み解錠するピッキングによるものである。

　そこで，ESDA を用いて高層住宅対象の侵入事件のホットスポットの伝播を

第 2 部　犯罪を分析する

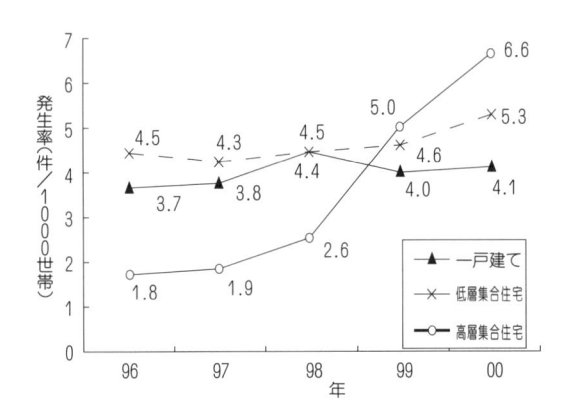

▌図 4-7　東京 23 区における住宅の侵入被害率

　検討した。1996 年から 1998 年までは高被害率（High-High）地区は都心部にめだっていたが，1999 年には板橋区に移り，2000 年には江戸川区・江東区に移動していた（図 4-8）。

　1998 年から 2000 年にかけてピッキングによる被害が拡大する中で，高被害率地区が同一地区から拡大するのではなく，移動していることはたいへん興味深い。このような犯罪多発地区の拡大をともなわない移動は「転移（displacement）」とよばれる。なお，今回の分析では，犯罪発生数ではなく 1,000 世帯あたりの被害率を指標にしたため被害対象の数は統制されている。にもかかわらず，高被害率地区として抽出されたのは，高層団地が立地するなど潜在的な被害対象がもともと多い地区だった。したがって，この分析結果は，単に「高層住宅が住む世帯数が多いから，侵入犯罪も多い」ではなく，「高層住宅に住む世帯数が多い地区ではその世帯数以上に侵入犯罪が起きている」と解釈すべきである。なぜ，このような現象が起きたのだろうか。高層集合住宅が多く立地する地区の方が，犯行対象を探すコストがかからない，地域社会の匿名性が強く犯行時に誰何されるリスクが小さい，など複数の仮説を立てることができる。

第4章　犯罪を地理的に分析する

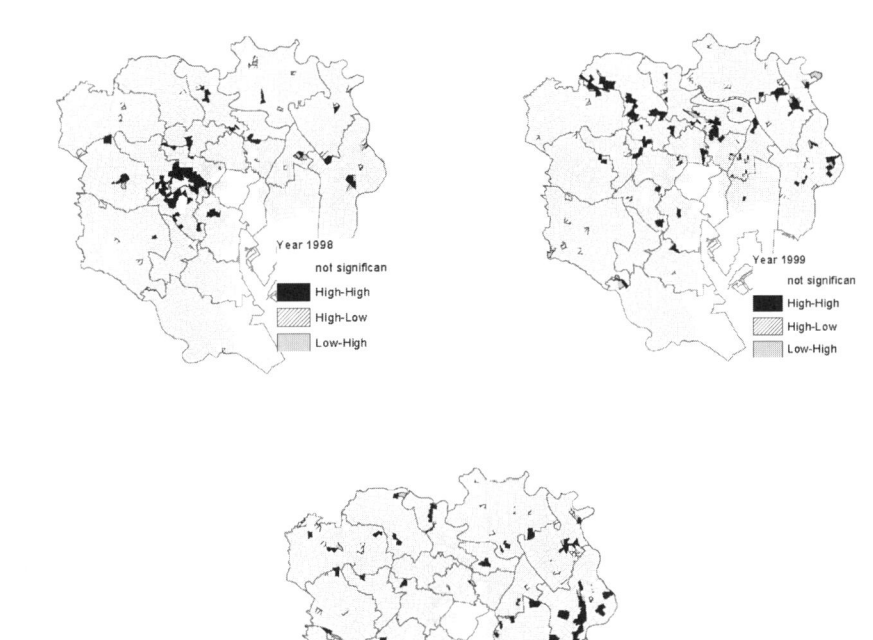

■図 4-8　高層集合住宅における侵入被害の伝播

第 5 章
犯罪を心理的に分析する

1節 犯罪心理学の歴史と理論

1．犯罪心理学とは

　犯罪心理学は，おもに犯罪者やその行動に対し精神医学的な知見と手法を用いて研究が進められてきた。しかしながら，犯罪とその周辺事象に関連する心理学研究が多様化し，犯罪者対象のみの研究が犯罪心理学と定義しにくい状況になっている(笠井ら, 2002)。たとえば，犯罪者に対してはその処遇面について従来研究がなされてきたが，これに加え犯罪捜査の面から犯罪者の行動が学際的に分析され始めている(桐生, 2000 a)。また被害者への心的援助の研究や目撃者の記憶の検討など，犯罪者以外に焦点を当てた研究も行なわれている。過去10年間の日本犯罪心理学会の機関誌「犯罪心理学研究」における掲載論文には，目撃証言に関する研究(たとえば越智, 1998)，攻撃性尺度に関する研究(大渕ら, 1999)，犯罪捜査に使用される虚偽検出検査に関する研究(桐生, 1996；軽部, 1999；横井ら, 2001)，犯罪発生場面の研究(長澤, 1995)，環境心理学の知見を用いた犯罪への不安感の研究(小俣, 1999；小野寺ら, 2002)，男性が抱くレイプ神話の分析(湯川・泊, 1999)など，多岐にわたった研究が報告されている。そこで本節では，「犯罪心理学とは，犯罪者や犯罪に関与する被害者や目撃者などに対し，その心的過程と行動などを心理学の理論によって分析，検討を行なう学問」であるとの立場をとり，論を進めたい。

第2部　犯罪を分析する

（1）犯罪と心理学

　まず，犯罪心理学の背景学問である心理学の研究方法について簡単に説明する。「心」に対して，現在の心理学は3つの接近方法をもっていると考えられる(渡辺,1994)。第一に自己の内面を考察する一人称的アプローチ，第二に特定の相手の心を知ろうとする二人称的アプローチ，第三にランダムに抽出した見知らぬ人たちの行動を観察する三人称的アプローチの3つである。第一のアプローチは現象学的（人間性）心理学とよばれ，実存主義的哲学から強い影響を受けた考え方であり，人間の心を知能や感情などに還元せず全体として体験的にとらえようとするものである。第二のアプローチは，精神分析学的な心理学である。フロイト（Freud, S.）が開発した精神分析は無意識という概念を用いて，心についてダイナミックな理論を提唱している（本章1節2の(3)参照）。第三のアプローチは自然科学的な心理学である。このアプローチには他者との相互作用から個人の行動をとらえようとする社会心理学，コンピュータなどの情報科学的知見を取り入れる認知心理学，脳波など生理指標にて精神を覗こうとする生理心理学などがある。犯罪者のみを研究対象としていたこれまでの犯罪心理学では，二人称的アプローチ，すなわち精神分析学的な心理学による方法論が多く採られてきたといえよう。近年は，これに加え三人称的アプローチによる研究が蓄積され始めている。

（2）犯罪と法

　犯罪とは，あらかじめ法律によって定められた行為であり，刑罰を加える必要があると判断された行為である。すなわち，「法律無ければ犯罪も刑罰も無し」とし，この原則は罪刑法定主義とよばれる。犯罪の本質は，生活利益の基本ともいうべき他人の生命・身体の安全，社会的活動の自由，財産に対する侵害性にある。これらの侵害性をもった行為のうち刑罰を加えることが必要と判断される行為が犯罪と規定される(星野ら,1995)。犯罪心理学はこのような法的な犯罪を対象とするが，無論それ以外の場合もある。たとえば，法的に違法な行為を行なっても，精神障害者，薬物中毒者，刑事未成年者などの場合，責任が阻却され犯罪とならないことがあるが，対策を講じるうえでこれらの場合も研究対象となる。なお，法学者である瀬川晃の著書『犯罪学』(1998)では，刑事法学の体系

から犯罪心理学を位置づけている。彼によれば，刑事法学の下位に刑法学，刑事訴訟法学，刑事学があり，刑事学の下位に犯罪学と刑事政策が位置する。そして，犯罪学は「犯罪生物学」「犯罪社会学」「犯罪心理学」の3つのアプローチによって構成されるとしている(瀬川, 2001)。

2．犯罪心理学の推移

犯罪心理学の推移は犯罪学の歴史と密接であり，犯罪学の各アプローチで生まれた理論や研究法は，互いに影響し合ってきたと考えられる。そこで，犯罪学全体を概観しながら，犯罪心理学の推移をみてみたい。

(1) 犯罪人類学・犯罪生物学

19世紀後半，それまでの古典的な犯罪論や刑罰論にかわり実証主義犯罪学 (positivist criminology) が登場するが，その先駆者がロンブローゾ (Lombroso, C.) である。イタリアの法医学者であった彼は，当時の生物学的な発想による「生来性犯罪者」説を主張した著書『犯罪人』を1876年に出版する。彼の仮説は，①犯罪者は生まれつき罪を犯すように運命づけられている，②犯罪者は身体的および精神的特徴をもっており，一般人との識別が可能である，③犯罪者は野蛮人の「先祖返り」した者，あるいは退化した者である，とするものである。また，男子犯罪者の解剖学的調査，現存の犯罪者の身体測定，兵士と精神疾患者の身体的・精神的特徴を調査などから，犯罪者の先天的な特徴を指摘した。身体的には，①小さな脳，②厚い頭蓋骨，③大きな顎，④狭い額，⑤大きな耳，⑥異常な歯並び，⑦鷲鼻，⑧長い腕，をあげ，精神的には，①道徳感覚の欠如，②残忍性，③衝動性，④怠惰，⑤低い知能，⑥感覚の鈍麻，をあげている(瀬川, 1998)。現代の科学知見からすれば，あまりに乱暴な学説ではあるものの，彼以前の古典的な犯罪学に対し，進化論（ダーウィン）からの発想や統計学的な裏づけをもって構築された彼の考えは，当時の社会に大きな影響を与えた。なお，死後に測定された彼の脳の重さは，1,308グラムであり平均以下の重さであったという。

ロンブローゾの考えは，修正されながら犯罪人類学として発展したが，その

後多くの批判を受け，そして犯罪生物学へと変容し研究が進められることとなる。この犯罪生物学は，犯罪者を生物学的要因にて説明しようとするものであり，たとえば犯罪者の家系や双子から，犯罪性にかかわる遺伝要因の検討を試みている。ただこれらの考え方は遺伝的宿命論に偏りすぎ，分析方法も不十分であったため，人間行動を遺伝と環境の相互作用と考える現在の犯罪生物学から大きな修正を余儀なくされることとなる。なお，当時の犯罪生物学の成果の一つに，類型論的アプローチを用いた犯罪者の分類があげられる（本章1節3の(1)参照）。

（2）犯罪社会学

犯罪人類学，犯罪生物学的な立場から犯罪原因を犯罪者自身に求める学説に対し，社会そのものが犯罪を生み出す構造をもつと考え，批判したのがデュルケム(Durkheim, E.)である。フランスの実証主義社会学者であった彼は，犯罪学に関し犯罪常態説とアノミー論を提唱し，後生に大きな影響を与えている。社会的事実を「個人に対する社会の外在性」ととらえ，社会の大多数がもつ道徳的感情を「集合表象（意識）」とし，これを侵害する行為が犯罪であると彼は考えた。そしてこの犯罪は，避けることのできない正常な社会現象，かつ有用なものであるとし(犯罪常態説)，また価値が多様化して社会から共通の価値観が失われた相対的な無規範状態をアノミーと命名し，この状態が生じたとき，自殺や犯罪などの社会病理が発生すると考えた。なお，このアノミー論は，アメリカの社会学者マートン(Merton,R.K.)によって進展していく。彼は，目標はあるが，それを達成する合法的な手段が得られないとき，規範喪失の状態（アノミー）が発生し犯罪が起こりやすくなると考えた。

デュルケム以降，犯罪社会学の進展をうながしたのが，1920年代から始まるアメリカのシカゴ学派の研究である。たとえば，1929年にショウ(Shaw, C. R.)の著書『非行地域』が，1931年にショウとマッケイ(Mckey,H.)の著書『少年非行の社会的要因』が，1942年に同著者の『少年非行と都市エリア』が発表され，次のような結論が示された。①同一の都市内でも地域を異にすることで，怠学・非行・常習犯の率において顕著な差があり，これは人口の大小とか密度では説明し得ない。②非行率が高いのは一般に市の中心部近くであり，中心からの距

離に反比例して減少する。一方，周辺に分散した工業または商業の移行的な地区の近くでも高くなるが，それから離れると低くなる（宮沢・加藤, 1973）。図 5-1 は，シカゴ市街を 1 マイル平方に区分し，非行多発地域を明示したものである。シカゴ学派は，犯罪現象を生態学の視点から分析し，貧困，病気，犯罪の頻発が遺伝学的な要因によるものではなく，社会解体によるものであることを明らかにしている。犯罪社会学の研究は，とくに少年非行に関する理論を多く生み出

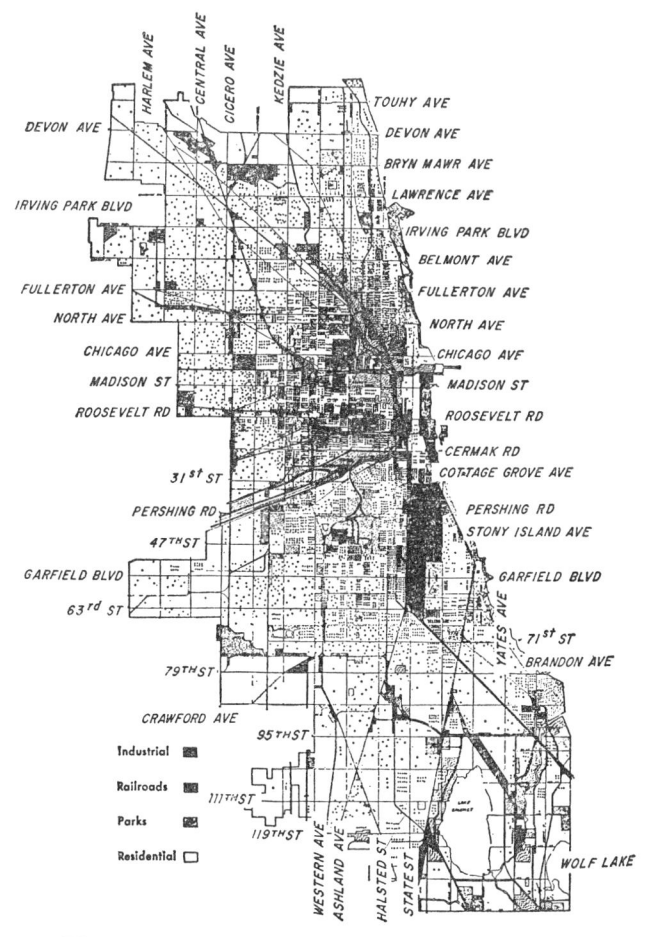

■図 5-1　シカゴ市外の非行多発地域（宮沢・加藤, 1973 より）

すこととなる。

(3) 犯罪心理学

ロンブローゾに対し，「一定の身体的・精神的特徴があるからといって宿命的に犯罪を行なう者はいない」と批判したのが，社会学者のタルド（Tarde, G.）である。タルドの成果の一つに模倣説がある。模倣とは一般的に，観察者の行動がモデルの行動に類似してくる現象をいうが，タルドはこの模倣を生得的・本能的行動と考えた。彼の仮説は，模倣程度は対人間の心理的距離と正比例すること，模倣は社会的上位者から下位者に広がること，模倣は流行から習慣になり古い習慣に流行が挿入され変化すること，といった内容で構成される。すなわち犯罪は，地方より都市のほうが多く，地位の高い者の犯罪が庶民に広がる，といった傾向があるとする。この模倣説は，単純で一面的との批判を受け衰退するが，以後の犯罪心理学に対し重要な影響を与えたことは評価され，また彼以降，犯罪心理学的アプローチが大いに発展することにもなる。たとえば，アメリカのゴダード（Goddard, H.）は，犯罪者の多くは精神遅滞者であるとの説を唱え，犯罪と知能との関連についての問題を喚起している。コッホ（Kooch, J.）やシュナイダー（Schneider, K.）は，精神障害の観点から犯罪に言及している。

さて，犯罪心理学において最も影響力のある説を示したのが，フロイトが創始した精神分析学派である。オーストリアの精神科医であったフロイトは，人の心を意識，前意識，無意識の層から構成されると考え，無意識の過程を重視した。人の行動や思考には無意識的動機があるとし，また無意識領域の葛藤は子どものころの未解決な心の問題に根ざすとした。リビドー（性的なエネルギー），エディプス・コンプレックス（子どもが異性親を思慕し，同性親の殺害や競争状況を想定するという無意識の感情複合）といった理論は，犯罪者の心の内なる世界を説明するのに魅力的な仮説となった。フロイトの高弟でスイスの心理学者であるユング(Jung, C.)は，リビドーを性的なエネルギーのみとせず，全ての行動の基底にある心的エネルギーと考え，この心的エネルギーの方向から人間の態度を「外向性」と「内向性」に分類した。非行少年や犯罪者について，外向性のものが多いことが指摘されている(山根, 1974)。同じくフロイトの

下で学んだオーストリアのアドラー(Adler, A.)は、やはりフロイトの性的エネルギー説を批判し、「劣等感(inferiority complex)」という考え方を提唱した。

　以上のような、精神分析学派の考えは、修正、発展しながら現在も影響力を保っている。

3．犯罪心理学における人格要因

　犯罪行動に関する基本的な仮説は、次の概括的な公式にて示されることが多い。

$$V = f(aeP \cdot ctU)$$

　Vは犯罪行動、Pは人格（パーソナリティ）、Uは環境であり、犯行は人格と環境との相互作用の関数fとして生じるとするものである。そして、Pは生物学的な先天的要因eと後天的に獲得形成された要因aで構成され、Uも犯罪行為時の環境要因cと発育時に影響をもたらした環境要因tにて構成される(福島, 1982)。この仮説の検証はいまだ不十分であるものの、犯罪心理学の理論構成には有効な基本的仮説と考えられる。環境要因については次節で述べるので、ここでは人格要因について簡単に記したい。

（1）類型論・特性論と犯罪

　人格、性格と犯罪の関連を検討するものとして、類型論的アプローチと特性論的アプローチがあげられる。類型論とは、性格などにみられるさまざまな特徴を一定の仮説や理論に基づいて典型的なタイプに分類しその構造を研究するものであり、特性論とは、一貫して現われる行動傾向を性格特性とよび、これらの特性を基本単位として組み合わせることにより性格を説明しようとするものである。

　ドイツの精神科医クレッチマー(Kretschmer, E.)は、1921年に著書『体格と性格』にて、気質と体型との関連から、細長型－分裂気質、闘士型－粘着気質、肥満型－操鬱気質の3つの類型を示した(Kretschmer, 1950)（図5-2）。この類型を犯罪者に適用したところ、犯罪者には肥満型が少ないこと、細身型と常習犯罪者の関連性が高いこと、などが認められている。またゼーリッヒ（Seeling, E.)

肥満型　　　　　闘士型　　　　　細長型

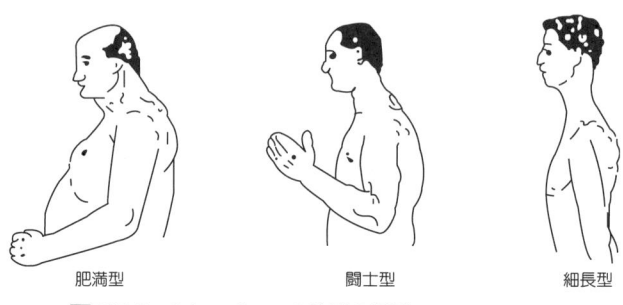

図 5-2　クレッチマーの体型の類型 (Kretschmer, 1950)

は，1949年に著書『犯罪者の類型』を著し，犯罪の生の形式と犯罪者の性格類型との組み合わせから，8つの犯罪者類型を示した(福島, 1982)。それらは，①労働嫌忌からの職業犯人，②抵抗力薄弱からの財産犯人，③攻撃性の暴力犯人，④性的抑制力のないための犯罪者，⑤危機犯罪者，⑥原始反応犯罪者，⑦確信犯人，⑧社会的訓練の欠陥からの犯罪者，である。

さて，この類型論では中間的なものが無視されやすく，環境要因がもたらす性格形成への変化に対応できない，などの問題点がある。そこで，性格を多様な性格特性の集合と考え，性格検査などを使用した特性論へ研究は移行する。

ユダヤ系の心理学者アイゼンク（Eysenck, H. J.）は，1964年の著書『犯罪とパーソナリティ』にて，行動様式のパターンや人間のタイプが3つの主要な因子で構成されると唱えた。彼は当時の心理学や脳生理学の知見を背景に，実験室や臨床場面でのデータを因子分析という統計手法にて処理し,向性(内向性－外向性)，神経質傾向（情緒安定－不安定），精神病質傾向（ソフト傾向－タフ傾向）の3因子を見出した。これら因子は，類型と特性を結びつけたものと考えられる。彼によれば，反社会的な行動と関連がある特性は，外向性と不安定な神経質傾向であるとする。また，犯罪者の特性に合わせた個別的処遇が必要であることも述べている。

（2）知能，精神障害と犯罪

知能（intelligence）とは，総じて当面する問題の種類や性質に応じて動員されるさまざまな知的過程や問題解決の能力と考えられる。しかしながら，その

定義については研究者や知能検査の内容によってやや異なる(Eysenck & Kamin, 1981)。研究者によっては,「知能とは知能検査にて測定されたもの」と定義するものもいる。知能検査もいかなる知的能力を測定対象とするかで異なり,かつ多様なテストの種類をもつが,おおよそ難易度によって配列される多種多様な項目から構成されるテストとなっている。

知能指数(intelligence quotient: IQ)の算出法は,アメリカの心理学者ターマン(Terman, L. M.)によって考案され,

$$IQ = \frac{MA(mental\ age:\ 精神年齢)}{CA(chronological\ age:\ 生活年齢)} \times 100$$

によって,求められる。最近では,同年齢集団における相対的な位置を示す「知能偏差値」が一般的になっている。

$$知能偏差値 = \frac{(個人得点-集団平均得点) \times 10}{標準偏差} + 50$$

なお,知能指数と知能偏差値との関係は表5-1のとおりである。

表5-1 知能指数と知能偏差値との関係 (本明, 1989より)

知能指数	知能偏差値	知能段階				理論的分布の%
140以上	75以上	最優(最上知)	5	7	7	1
124～139	65～74	優(上知)		6		6
108～123	55～64	中の上(平均知上)	4	5	24	24
92～107	45～54	中(平均知)	3	4	38	38
76～91	35～44	中の下(平均知下)	2	3	24	24
60～75	25～34	劣(下知)	1	2	7	6
59以下	24以下	最劣(最下知)		1		1

さきに紹介したゴダードの調査以来,知能と犯罪の関連についての研究結果では,犯罪者における精神遅滞者の割合は低下している。その理由として瀬川(1998)は,知能テストの向上,検査者の技術の向上,被験者数の拡大,精神遅滞者に対する福祉の向上をあげている。近年の研究では,知能の高低と犯罪との関係だけを論じるのではなく,言語的能力,論理的能力,行動的能力といった知能の質との関連を検討している。なお,放火,わいせつ犯罪,単純財産犯罪と

知能の問題との関連は高いことが指摘されている(福島, 1982)。

次に，精神医学がその専門領域とする精神障害と犯罪についてである。精神機能に認められる異常を精神障害と総称し，器質的・症候的精神疾患，精神病，アルコール・薬物などの乱用と依存，神経症，ストレス反応，社会不適応反応，心身症，精神遅滞，発達障害，人格障害，性倒錯などがある(本明, 1989)。古くから，犯罪と精神障害との関連については原因論を含め研究がなされ，また刑事責任能力に言及される精神鑑定においても重要な研究領域となっている。なお，この領域における心理学関連の方法として，心理テストと脳波測定がある。精神鑑定などにて使用される心理テストには，知能検査，性格検査の他に，人と木と家を自由に描かせる投影法検査（HTP法）などの描画法，文章完成法，インクプロットから自由に連想させるロールシャッハ・テストなどがある。これらのテストは数種類が組み合わされ，診断や鑑定に使用される。脳波測定はてんかん性の異常，脳の器質的な異常などを診断するときに使用される。

4．犯罪心理学への実験室研究

犯罪心理学が実証的科学であるためには，実際の犯罪の客観的分析と，そこから得られる仮説・理論と，それを検証するための方法が必要であろう。しかしながら，データ分析や理論構築に関する研究と比較し，検証に関する研究について犯罪心理学の領域ではこれまであまり言及されていない。そこでここでは，実験室研究にて検証されつつある攻撃行動，目撃証言，虚偽検出といった分野について紹介する。

（1）攻撃行動

殺人，暴行，強姦といった対人犯罪において，攻撃の概念は重要である。

大渕(1993)は，他者に危害を加えようとする意図的行動を攻撃行動と定義し，攻撃に関するこれまでの研究を，内的衝動説，情動発散説，社会的機能説の3つのパースペクティブに大別している。内的衝動説は，個体内に攻撃行動を起こす心理的エネルギーがあると仮定するもので，フロイトの理論に代表されるものである。情動発散説は攻撃を不快な感情の表現あるいは発散と見なす説であ

り，社会的機能説は攻撃の手段的機能を強調する立場からの説である。

これら各説のいずれにおいても，単独では攻撃についての十分な説明がむずかしいことから，大渕(1993)は統合的な「攻撃性の2過程モデル」を提唱している。このモデルは，不快情動が連想的・反射的に生み出す衝動的攻撃動機と，高次の認知処理によって喚起され反応過程が制御的に営まれる戦略的攻撃動機の2つの攻撃性の過程が統合されているモデルである（図5-3）。ストーキング手段の変遷に，この「攻撃性の2過程モデル」を用いて説明を試みた報告がある(桐生, 2000b)。ストーカーと被害者との間に，恋愛による交際があったかなかったかで事例を2つに大別し，それぞれの欲求内容を分析した。その結果，交際があった場合，ストーキングは復縁というある程度明確な目的で行なわれるが，それがむずかしい状況になると衝動的な攻撃動機によって攻撃反応が現われるのに対し，交際がなかった場合，動機は混在しており，その時どきの目的達成に有効な手段が戦略的に選択されることが示唆された。なお，暴力犯罪と欲求不満との関連，攻撃を連想させる武器などの攻撃欲求促進効果，ポルノグラフィーと性犯罪との関連などの実験室的知見があり，今後は実際の犯罪との照合的な研究の成果が待たれる。

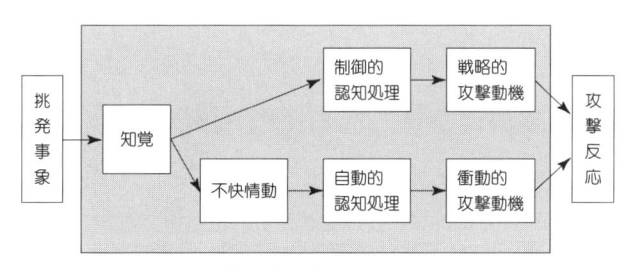

■図5-3　攻撃の2過程モデル (大渕, 1993より)

（2）目撃証言

記憶には，「符号化（記銘）」「貯蔵（保持）」「検索（想起）」の3つの処理段階がある。また保持時間の違いから，短期記憶（作業記憶）と長期記憶に大別され，それぞれの保持時間，容量，機能などが明らかにされている。また長期記憶は，個人的な経験である「エピソード記憶」と一般的な事実についての「意

味記憶」に分けられる。エピソード記憶には，前後の経験がお互いに影響し合い記憶があいまいになる「干渉」という現象があり，これらの記憶情報を実験的に検索させる場合，選択肢を与え思い出させる「再認」と手がかりがないまま思い出させる「再生」とがある。

目撃証言のメカニズムに関する研究として，アメリカの心理学者ロフタス（Loftus, E.F.）の一連の研究は重要であり，著書『目撃者の証言』(1979)に詳しくまとめられている。たとえば，ある実験では同じ映画を見せても質問の仕方によっては，被験者の記憶内容を変えてしまうことを明らかにしている。この先駆的な実験室研究は，「被暗示性」（目撃者が事件を見たあとで，事件とは異なる事後情報を与えられると，その事後情報に従って証言が変容する現象）や「事後情報の影響」（事後の情報が，その前に見たり聞いたりした出来事の記憶に及ぼす影響）などといった目撃証言に関する以後の研究をさかんにさせた。そして多くの研究が，目撃証言が全て信頼できるわけではないことを明らかにしている(渡部ら, 2001)。と同時に，「どのようにすれば正確に目撃者の記憶を得ることができるのか」といった研究や提案も行なわれている(菅原・佐藤, 1996)。たとえば，写真面割りについては渡辺(1994)が，質問技法については越智(1998)などの研究や提案がある。

（3）虚偽検出

虚偽検出検査（ウソ発見）は，生理心理学・精神生理学（physiological psychology, psychophysiology）を背景に行なわれる心理検査である(平ら, 2000)。主要な検査方法は，選択肢を与え思い出させる記憶の「再認」方法と類似するGKT（guilty knowledge test）を用い，実際の捜査現場で得られたデータは，膨大な実験室研究による裏付けにより解析され(中山, 2002)，証拠として公判廷に提出されている(三井, 1998)。事実が確認できた実際の検査結果を分析し，その検出率を検討した横井ら(2001)の結果は，日本の虚偽検出の検出率が非常に高いことを示すものであった。現在は，皮膚電気活動，呼吸運動などの末梢神経系の生理指標を用いて測定しているが，脳波，事象関連脳電位といった中枢神経系による検出方法の確立とその検出率のよさが実験にて確認されている。犯罪に関連する心理テストの中でも，その有効性と客観性が優れた検査であると評価できる。

5．まとめ

以上，犯罪心理学の歴史的推移，基本的な理論，実験室的研究のアプローチについて記した。犯罪心理学の母体となる心理学が生まれた19世紀は，犯罪者のみが研究の対象であったのに対し，現在は研究領域が広がり，多様な観点が示され，有益な知見が生まれている。前記以外にも，被害者の心理状態と心的外傷後ストレス障害（PTSD）の問題(渡邉, 2001)，取調べや取調べ官と被疑者との関係(Gudjonsson, 1992：渡辺, 2001)など，犯罪に関与する人間の研究が，また犯罪捜査や防犯の観点から犯罪発生場面に関する研究が，それぞれ進められている。犯罪心理学は，犯罪者，被害者，人的・社会的な状況（目撃者，周辺者，司法関係者，法律，マスメディアなど），犯罪発生場面といった各領域から，その研究資産が豊かになりつつあるといえよう。

2節 環境心理学における都市の防犯

第2章で述べたように，人間の行動は主体的要因と環境との相互作用の結果として現われる。したがって，犯罪の発生あるいは抑止という問題を考える際に環境の影響を考慮に入れることはきわめて当然のことである(Gifford, 1993)。しかし，さきにも述べたように，心理学の場合，環境とは「認知された環境」をさす。それに対して，都市環境整備による防犯という場合は物理的環境が対象となっている。したがって，この節では「環境」という場合，とくに断りがない場合には物理的環境をさすことを断っておく。

また，心理学における環境研究は環境心理学としてまとめられるが，犯罪研究については，むしろ犯罪社会学の系譜を組む環境犯罪学（Environmental Criminology）(Brantingham & Brantingham, 1991：1993)や状況的犯罪予防（situational crime prevention）(Clarke, 1995)，あるいは環境設計による犯罪予防（crime prevention through environmental design：CPTED）(Crowe, 1991)などの研究がより多くの知見を提供している。したがって，ここではこれらを総称して犯罪環境論的研

究としておく。

1．犯罪環境論的視点からの犯罪抑止研究の意義

　犯罪の抑止については，これまで犯罪者の教育，矯正あるいは犯罪の背景となる社会経済的状況への対応が中心であった。こうしたいわば犯罪者とその予備軍に着目した犯罪抑止策に対して，「実際にどれだけの効果があるのか」という疑問が提起されてきた。たとえば，ブランティンガムら (Brantingham & Faust, 1976) は，公衆衛生における予防の三段階に倣って，犯罪予防を一次予防（犯罪行動を発生，促進させる物理的，社会的環境の改善），二次予防（犯罪を行なう可能性の高い個人の特定とそうした個人を生む社会状況の改善），三次予防（犯罪を行なった者の矯正または行動統制）に分けた。そして，従来から行なわれてきた二次予防，三次予防では限界があり，一次予防が最も効果的，現実的であるとしている。すなわち，二次予防では経済・社会の変革という長期的，大規模な改善が必要であり，三次予防では倫理的，人道的批判などが加えられやすく，しかも両者が本当に効果をあげるには犯罪行動のメカニズムについていっそうの理解が必要である。したがって，一次予防すなわち環境統制による犯罪抑止のほうが現実的である，としている。同じような指摘はクラーク (Clarke, 1980) によってもなされている。クラークは，従来の犯罪傾向重視のアプローチには限界があり，環境操作による犯罪抑止にもっと注目すべきであると述べている。そして，同じような指摘はその後もしばしば議論されている (Poyner, 1983)。

　たしかにこうした議論で指摘されている教育や矯正，社会改善などの限界は説得力がある。実際，ルーティン・アクティビティ理論のコーエンとフェルソン (Cohen & Felson, 1979) が示したように，二次予防に当たる社会状況の好転や経済的豊かさが実現された現代社会において犯罪が増加している，あるいは減少しないというパラドックスはわが国にも当てはまる。戦後，多少の好不況の波はあるもののわが国の経済や文化は一貫して豊かになってきたにもかかわらず，犯罪全体で見た場合も，少年非行で見た場合も，その認知件数は右肩上がりで増加し続けているのである。

さらに，こうした実際的な理由だけでなく，犯罪を犯罪現象として見る視点が広まるにつれ，犯罪を加害者，被害者(標的)，環境の3次元からとらえるという考えは一般化しつつある(第2章参照)。この見方からすれば，環境を整えることで犯罪が抑止されるという視点はきわめて妥当なものとなる。

このように，実際的にも理論的にも環境設計による犯罪抑止研究の意義は大きいといえよう。いずれにしても，犯罪者への対応ではなく，環境操作による犯罪抑止の重要性はますます認識され，わが国においてもそうした研究や議論がしばしばなされるようになりつつある(大塚, 2001；瀬渡, 2002)。

2．犯罪環境論的研究におけるおもな環境要因

犯罪環境論的犯罪抑止研究の意義は大きいが，次に，従来の研究で検討されてきた環境要因について概観し，それぞれの問題を検討する。

(1) 領域性（制）

領域性(territoriality)は環境犯罪学，環境心理学のいずれにおいても犯罪との関連でしばしば問題とされた要因である。とくに環境心理学では居住環境研究における主要な概念の一つとして議論されてきた(小林, 1992；友田, 1994；小俣, 1997)。

領域性が動物行動研究に由来することはいうまでもないが，ヒトに領域空間を認めるとしてもその定義は多様である(Edney, 1974；Altman, 1975；Brown, 1987)。したがって，それらに共通する定義としては，エドニィ(Edney, 1976)が述べたように「人(個人，集団）と場所との一貫した心理的結びつき」とするのが妥当であろう。

ではこの領域性がどのようにして防犯と関連するのであろうか。領域性は排他性（exclusiveness），自己表出性（personalization），空間管理（control），の3次元から構成されるとされているが(Sebba & Churchman, 1983；Omata, 1995)，そのうち排他性と自己表出性が犯罪抑止と関連して検討されてきた。たとえば，よく知られているニューマン(Newman, 1972)の『まもりやすい住空間』(defensible space)の4要因のうち，領域画定性は排他性をもたらす条件といえる。

① 排他性

排他性に関連した要因としてあげられるのは障壁であろう（ただし，象徴的

防壁はむしろ自己表出性に該当する)。通常，ブロック塀などの障壁で家屋が守られていれば侵入されないと推測される。ブラウンとアルトマン(Brown & Altman, 1983)は侵入窃盗被害にあった家屋と被害にあっていない家屋では，実際の障壁が前者で少なかったという，この仮説と一致する所見を得ている。しかし，その一方でショウとギフォード(Shaw & Gifford, 1994)は，実際の障壁がある家屋のほうが，窃盗犯から見れば，被害に遭いやすいという評価をもたらすことを報告している。これについてショウらは，障壁が道路などからの監視性を妨げるか否かが重要であると指摘している。この可能性は十分あるが，窃盗犯と居住者の評価の違いを考慮すると，ショウらの研究が示すブラウンらの研究との違いは，被調査者の違いによる可能性が残されていると考えられるだろう（第7章2節3の(2)参照)。

② 自己表出性

自己表出性はベッカーとコニグリオ(Becker & Coniglio, 1975)が動物のマーキングと対応するヒトの領域行動としてあげたものであり，表札や門構え，家の造りなどを用いて，空間による自己表現を行なう行為をいう。このアナロジーには疑問もあるが，自己表出行為が空間と所有者の心理的結びつきを強化することが指摘されている(Brown, 1987)。犯罪抑止との関係では，自己表出性は他者に対する空間の占有の表明として機能し，近隣住民による相互自然監視をもたらす人間関係を強化する要因として機能し，また地域への愛着を強化する要因として機能すると考えられている。

先述したように，表札や住居の色，あるいは庭の手入れなどもそれらが居住者の個性を反映するという意味で自己表出要素であり，かつ，占有の表現であるとすれば，それらはいずれも象徴的障壁と考えられる。そして実際，そうした象徴的障壁が犯罪抑止機能や居住者の安心感をもたらすという所見も得られている(Patterson, 1978; Brown & Altman, 1983; Perkins et al., 1993)。しかし，それが居住者の社会的地位などの裕福度を示唆するような場合，逆に標的としての家屋の魅力度を高め，侵入被害に遭いやすくする可能性もある(Macdonald & Gifford, 1989)。このように，象徴的障壁の防犯効果については結果に不一致があるが，それは象徴的障壁の指標として何を用いたかによると考えられる。したがってこの問題では，研究

者による概念と指標の不一致の解消が，まず必要であろう。

　他方，自己表出性は社会的交流を促進することがいくつかの研究で示されている (Steinfeld, 1982 ; Werner, 1987)。わが国でも小林 (1992) は集合住宅居住者に関する研究で，自己表出性の表われである植木などの表出物が居住者間の交流を生み出すことを報告している。そして，社会的交流が増えるにしたがって近隣地域が共有の領域空間としての性格を帯び，自然監視や不審者の侵入の防止をもたらすと小林は指摘している（図5-4）。すなわち，表出をとおした社会的交流の促進が共有空間の領域化を促進し，地域の安心感が増し，それが窓や玄関の開放に対する抵抗感を弱め(鈴木, 1984 ; 友田, 1994)，結果的に自然監視の機会が増加するという，プラス方向の変化が期待される。今後，犯罪抑止や犯罪発生を指標とし

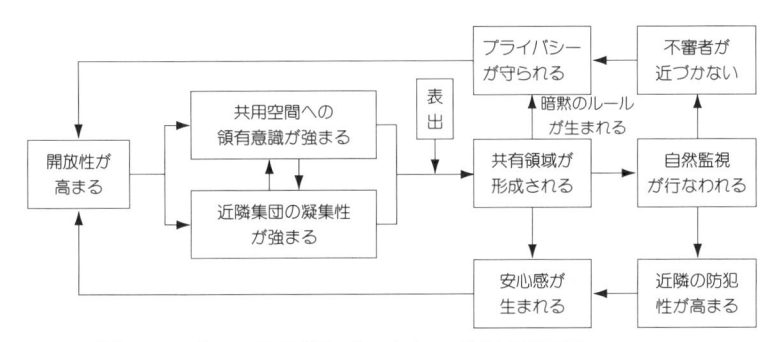

▆図 5-4　住戸の開放性とプライバシー確保の好循環 (小林, 1992)

た自己表出性の検証が必要であろう。

　自己表出性の犯罪抑止機能についてはさらに地域の愛着への影響も考えられる。さきに述べたブラウン (Brown, 1987) によれば，自己表出性は個人の地域への愛着を強化する機能があるとされる。この愛着は場所への愛着（place-attachment）といわれ，その確立がやはり社会的交流を促進すると考えられている (Low & Altman, 1992)。この概念自体はまだ十分定義されていないという問題もあるが (Giuliani, 1991)，地域への愛着の強い住民は地域交流が多く，夜間の一人歩きの際に不安を感じることも少ないという報告もある (Riger & Lavrakas, 1981)。

　このように自己表出性は領域概念の中でも犯罪抑止と最も関連が強い要因と

いえよう。そして，図5-4のように，それは社会的交流を介した自然監視の抑止効果によるものと考えるのが妥当であろう。

③ 自然監視性

さきに述べたことから明らかなように，自然監視（natural surveillance, detectability）は犯罪抑止の重要な要因である。ニューマンのまもりやすい住空間でも要因のひとつとなっている。そして，これまでの研究でもその抑止効果については一致している(小俣,2000)。たとえば，わが国の研究では，伊藤(1982；1985)が近隣における相互監視の重要性を指摘しており，高層住宅などでの犯罪不安などでは監視性が関与していることは多くの研究者が指摘しているところである(湯川,1987；瀬渡,1989など)。この問題については本書の第3部で述べるので詳しい議論はそちらに譲るが，中村(2000)は，最近集合住宅や公園，路上など住宅地のさまざまな場所での子どもに対する犯罪を実地に検証し，被害場所の特徴から住民の生活行動に基づいた自然な監視の有無が重要な条件の一つになっていることを指摘している。

このように自然監視は最も効果的な要因といえるかもしれないが，反面，過度の不自然な監視になる危険性も含んでいる。とくにプライバシーとの関係で抵抗が強い場合も十分考えられる(湯川,1987；朝日新聞,1999)。今後，わが国でもこうした議論がなされるものと推測される(AERA,2000)。

（2）地域の荒廃

犯罪環境論的研究の中でしばしば検討されるもうひとつの要因が地域の荒廃度（incivility）である。この概念はハンター（Hanter, A）によって提唱されたといわれているが(Lewis & Maxfield, 1980)，その内容は大きく社会的荒廃と物理的荒廃の2つに分けられる。前者には公的な場所での飲酒（酔っ払い），薬物使用と売買，大騒ぎ，「ヘイ，彼女」といったような野卑な誘い，うろつく若者やホームレス，売春婦の存在などがある。また後者には落書き，散乱するゴミ，空き家，空き地や手入れのされていない土地，維持管理がされていない家屋や財物，乗り捨てられた車の存在などがある(Lewis & Maxfield, 1980；Taylor & Hale, 1986；Perkins et al., 1992；1993)。この2つの荒廃概念は相関が高いことが多いが(太田,1997；小俣,1999)，以下に述べるように，項目ごとに分析した場合には犯罪との関係が必ずしも一様では

ないことを考えると，項目ごとの検討の必要性も認められる(Skogan, 1986)。

　この地域の荒廃について，ウィルソンとケリング(Wilson & Kelling, 1982)はよく知られた「割れ窓理論（broken window theory)」の中で，それが地域の統制が崩壊していることのサインとなり，軽微な犯罪だけでなくより悪質な路上犯罪の増大を誘うと指摘している(第7章3節2の(2)参照)。同様のプロセスはパーキンスら(Perkins et al., 1992)によっても指摘されている。

　実際の犯罪発生との関係を従来の研究で概観すると，上記の仮説を支持する結果が多い。たとえば，辰野(1996)は社会解体度という指標で犯罪被害見聞との関係を，また小俣(1999)は無作法性という名称で犯罪被害体験との関係を調べ，荒廃度の高い地域やその認識が高い個人は被害見聞や体験が多いという結果を得ている。あるいは，荒廃度を指標ごとに検討したパーキンスらの研究ではバンダリズムの認識が自分の地域で犯罪が問題となっているという認識と関係していた(Perkins et al., 1992)。同様に，パーキンスらはゴミの多い地域ほど被害体験者が多く，いたずら書きの多い地域ほど犯罪数が多いという結果を得ている(Perkins et al., 1990)。しかし，同じパーキンスらの研究でも否定的なデータも得られている(Perkins et al., 1993)。このことからパーキンスら(Perkins et al., 1993)は地域の荒廃度が犯罪者にとって「その地域は魅力的ではない」というサインになる可能性を論じている。

　このように，犯罪との関連ではまだ検討すべき課題が残されているというべきであろう。ただしその際に注意すべきことは，犯罪をある程度分類し，検討することである。たとえば，パーキンスらの一連の研究では犯罪の分類をFBIの分類に従って行なっているが，これが一貫した結果が得られないことの原因とも考えられる。なぜなら，荒廃した地域はパーキンスらの言うように，金銭などを標的とした侵入窃盗犯には魅力が低いかもしれないが，暴行犯や性犯罪者などには逆に「やりやすい環境」という認識をもつかもしれない。この点について辰野(1996)の研究では，暴走族が多いという地域で車関係の被害が多いという結果が得られていることは，犯罪の動機と関連させた仮説の設定が必要なことを示唆しているように思われる（第2章参照）。

　犯罪と地域の荒廃度については上記の問題が考えられるが，地域住民の犯罪

不安との関係ではかなり一致して「荒廃度が高いと犯罪不安も高い」という関係が得られている(Covington & Taylor, 1991 など)。ただ，その場合でも両者の関係は単純ではなく，住民の経済的地位などの影響を受ける可能性がある。すなわち，豊かな住民は地域の荒廃には影響されないし，貧困層はそれ以外のストレスの影響を受け，地域の問題にも悲観的である。したがって，結果的に中間層のみが地域の荒廃によって犯罪不安が喚起されるという所見がある(Taylor et al., 1985)。あるいは犯罪への関心と荒廃度への関心をもつ両者が犯罪不安にかかわるという報告もある(Lewis & Maxfield, 1980)。

　以上みてきたように，その初期にはかなり単純に考えられていた地域の荒廃度と犯罪の関係は，その他の要因の影響を受ける可能性がでてきた。その意味ではより緻密な条件分析的研究が求められる段階にきているといえよう。荒廃度や「割れ窓理論」は，最近ニューヨーク市での犯罪対策とその実績から犯罪抑止の現実的な政策として注目されつつある。しかし，実際にはウィルソンとケリングも言うように，それは地道な警察活動と一体となって効果が現われるものであり(村澤ら, 2001)，この点を忘れてはならないであろう。

(3) その他の環境要因

　犯罪環境論的研究が扱ってきた要因には，上記のほかに住宅地域の周辺部と中心部における犯罪発生の差(Brantingham & Brantingham, 1975 a；1975 b)，住商工混合地域における犯罪の多発(伊藤, 1985；神奈川県警察本部生活安全部, 1995)，あるいは一戸建て住宅地と集合住宅地の犯罪発生の差などがある。心理学的にはこうした条件は匿名性の増大と関連させて理解される。すなわち，住宅地の周辺部では住民以外の人間の通行などが日常的に生じ，住民も見知らぬ人間に対する注意を喚起することは少ない。住商工混合地域も人の出入りが日常的であり，やはり不審者に対する注意は低いと考えられる。そして，集合住宅においても居住者が多く，しかも人間関係は希薄であるために(たとえば本間, 1991)，侵入者と居住者の区別が困難である(McCarthy & Seagert, 1978)。

　このように犯罪の多い環境では匿名性が高いという特徴が認められるが，「旅の恥はかき捨て」ということばが示すように，匿名性が高い条件では道徳性は低くなり，攻撃性が高くなるということは社会心理学ではよく知られた事実で

ある(岩田, 1987)。したがって，犯罪抑止環境の条件としてはいかにして匿名性の低下をもたらすかが重要なポイントとなる。

高層集合住宅の場合，匿名性のほかに環境制御に対する無力感の増大という条件が加わる可能性もある。マッカーシーらの研究(McCarthy & Seagert, 1978)では「管理者の行なった決定に対して何もできない」という感覚は高層住宅居住者で強いという結果が得られた。これが，彼らの言うように密集という居住条件によるのか，高層住宅居住者の無関心によるのかは不明であるが，こうした無力感は犯罪に対する対処にも影響を与えるかもしれない。あるいは，集合住宅の場合，自動車盗，自転車盗，部品盗，車上狙いなどの乗り物関連の犯罪が多いが(小俣, 2000)，この場合，自転車置き場や駐車場の監視性が大きな要因となろう。

このほか，わが国ではひったくりの発生場面がしばしば検討されている。ひったくりは近年認知件数が増加している窃盗犯の中でも顕著に増加している罪種である(犯罪白書, 2001)。しかし，その環境条件については歩車道の区分など共通する条件もあるが，照明条件や道路構造などでは一貫した結果が得られていない(斎藤, 1994；神奈川県警察本部生活安全部, 1995；都市防犯研究センター, 1999；島田・原田, 1999)。

3．今後の課題

最後に，犯罪環境論的研究の今後の課題について考える。

（1）理論的モデルへの人的要因の導入

第2章で述べたように，犯罪環境論的研究は，環境の重要性を強調するあまり，犯罪行為の主体や被害者の役割を軽視してきたという問題点がある。したがって，今後の課題は，そのモデルや理論に，動機などの加害者側の要因や被害者側の要因をいかに組み込むか，になろう。この点，第1部で紹介したアルトマンのモデル(Brown & Altman, 1991)やテイラーとゴットフレッドスン(Taylor & Gottfredson, 1986)のモデルはひとつの方向性を示している。これらが犯罪の遂行過程に着目したものであるとすれば，以下に述べるクラークのモデルはまさに，環境，加害者，被害者の3次元を統合するものといえよう。

クラーク(Clarke, 1995)は，基本的に犯罪行為は目標指向的行為であり，時間，能

力，関連情報などに基づく合理的決定（rational choice）過程であると考える。また，その意思決定プロセスや用いられる情報は罪種によって異なるとされる。そして，犯罪機会を構成するもう1つの要因が被害者の行動である。すなわち，被害者と加害者の出会いによって犯罪が生じるとすれば，被害者の行動を視野に入れることはきわめて当然の考えである。あるいは財産犯の場合には標的の状況が被害者の行動に替わる。その結果，クラークのモデルではルーティン・アクティビティ理論やライフスタイル理論を組み込んだものとなっている。彼のモデルを要約したのが図5-5である。図に示されたように，被害者と標的，促進要因が犯罪機会を構成し，そこに出会った加害者は，上記の情報などから合理的決定を行なう。そして物理的環境は標的の状況や促進要因に関与し，ルー

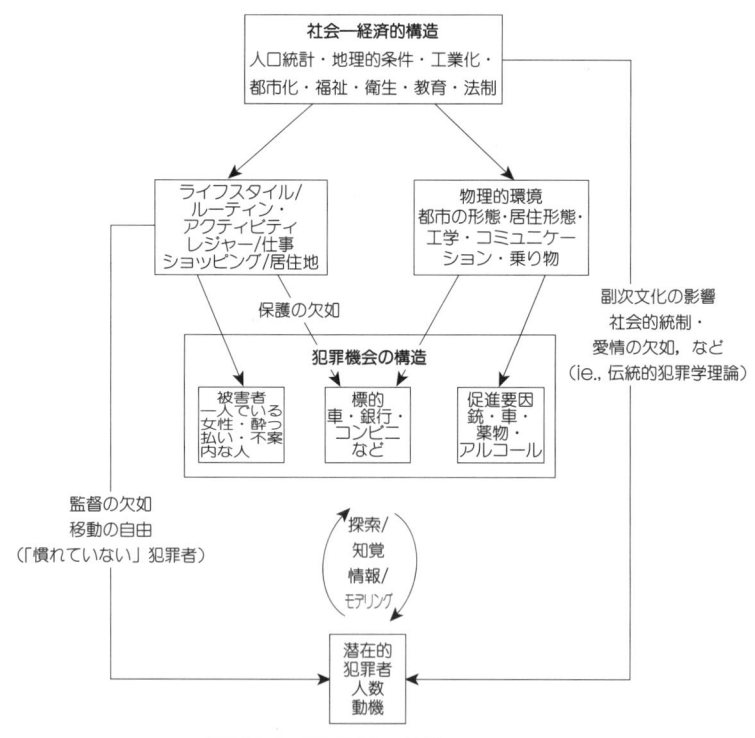

図 5-5　犯罪機会の構造 (Clarke, 1995)

ティン・アクティビティなどは被害者の行動に関与する，とされる。

ただ，このクラークの状況的犯罪抑止理論にはいくつかの疑問もある。たとえば，実際の犯罪抑止技術に関する議論では環境設計による犯罪予防（CPTED）やまもりやすい住空間（defensible space）などの従来の技法をあげているにもかかわらず，モデルでは物理的環境は標的の供給には関与するが加害者の犯罪行為の遂行には関与しないとされている。しかし，従来の犯罪環境論的研究が強調したのはまさにこの犯罪行為は環境条件によって規定されるという点である。その意味では，物理的環境から加害者の探索，知覚のサークルに矢印が必要になるはずである。そして，この関係を分析し，理論化することが犯罪環境論的研究の主要な役割ではなかったのか，という疑問が残る。

このように，クラークの1995年のモデルはまだ議論すべき余地も残されているが，環境を過度に強調した従来の研究の歪みを修正する方向のものとして注目に値すると思われる。

(2) コミュニティ心理学的アプローチの必要性

犯罪を抑止する環境要因として自然監視性が重要であることを指摘したが，ニューマン自身も『まもりやすい住空間』の中でキティ・ジェノベーゼ事件を例にあげて述べているように，犯罪抑止の環境条件が有効性を発揮するには住民の地域への帰属意識が重要である。その意味では，豊かな人間関係が形成される地域・環境要因の解明が犯罪抑止にとっても重要であるといえよう。いうまでもなく，環境整備とコミュニティ形成は地域社会における犯罪抑止の両輪である(安全・安心まちづくり研究会, 1998)。しかし，前者に比して後者の研究は，小林(1992)や友田(1994)などがアクセスの向きと顔見知り度との関係を論じているものの，まだ少ないのが現状と思われる。山本(1986)らが提唱しているコミュニティ心理学の視点や方法論はこの問題に有効と思われるが，コミュニティ心理学における犯罪抑止という視点はまだ少ない(Duffy & Wong, 1996)。近年地域への愛着が検討されるようになったが，都市計画や住居構造などとの関連はほとんど研究されていない。したがって，今後は犯罪抑止環境という視点からコミュニティへの愛着形成や社会的交流の問題を検討することが必要と思われる。

TOPICS ⑥

犯罪者プロファイリング

　犯罪者プロファイリングという犯罪心理学の手法を用いて，特別捜査官や刑事が犯人を割り出すサスペンス映画や警察小説を知っている人も多いと思われる。これらの物語の中では，猟奇的で残忍な犯行をくり返す異常性の高い犯人が，捜査側と息詰まる戦いをくり拡げ，みる者を飽きさせない。そのためか最近では，警察に関係する心理学というとこの犯罪者プロファイリングがすぐイメージされるようである。たとえば心理学関連の学会で発表を行なったあと，「面白いご研究ですね。(やや間があって) ところで，プロファイラーって，かっこいいですよね。どうすればなれますか？」という質問をよく受ける。

　しかしながら，実際の犯罪者プロファイリングは，映画や小説とは異なり華々しいわけでもなく地道に研究され，堅実に使用されている。そこで新たな捜査手法であるこの犯罪者プロファイリングの実際を，紹介していきたい。

　「犯行の諸側面から犯人についての推論を行なうこと」(Copson, 1995 ; Jackson & Bekerian, 1997 など)と定義される犯罪者プロファイリングは，1970年代後半，米国連邦捜査局(FBI: Federal Bureau of Investigation)が，犯罪現場分析から犯人像を推定する作業を行なって以来，世界各国の捜査機関に広がり発展し，そして活用がなされている。

　FBIが開発したこの手法は，おもに殺人事件をタイプ別に分類し精神医学的見地から犯人像を描写していくものであった。36名の性的な連続殺人犯との綿密な面接から得られた分類，「秩序型(Organized)」「無秩序型(Disorganized)」(Ressler et al., 1985)「混合型」(Douglas et al., 1992)などが使用されている。直感的で単純な分類ではあるが，これらを枠組みとした，プロファイラーの経験的考察を加味した犯人像に関する情報が，警察捜査に提供されている。1985年には，殺人事件の詳細な情報を収集し，州をまたいで発生した連続事件のリンク分析のための「凶悪犯罪者逮捕プログラム(VICAP:Violent Criminal Apprehension Program)」が開発され，国レベルの組織的捜査支援体制ができあがった。FBIによる犯罪者プロファイリングは，サディスティックな拷問を行なう性的暴行，内臓摘出，死体への損傷行為，動機なき放火などに限定され使用されている (Holmes & Holmes, 1996)。

　さて，このFBIの推定はプロファイラーの経験と個人的裁量に負うところが多く(Ainsworth, 1995)，VICAPも十分に機能していない(薩美・無着, 1997)ことから批判が向けられ，より客観的な手法の確立が望まれている。

　1985年，サリー大学のカンター(Canter, D.；現リバプール大学)は，ロンドン警視庁からの要請，すなわち環境心理学を応用して連続強姦事件の犯罪者プロファイリングができないかという要請に応えた。そこで彼は，コンピュータにより非計量的多次元尺度法や多変量解析の一種である最小空間分析(SSA: Smallest Space Analysis)といった統計学的手法を用いて犯罪捜査データの分析を行なう，新たな統計的プロファイリング

TOPICS⑥

　手法を提唱した。たとえば，強姦事件 251 件（45 人）の記録を統計処理し，強姦事件における「親密性」「攻撃性」「性愛性」「犯罪性」という 4 つの犯行テーマを抽出し，依頼事件の強姦犯人像を示した (Canter & Heritage, 1990)。また，犯行地点の情報から犯人の居住地を直接的に推定する地理分析手法も提案した。代表的な「円仮説」は，連続犯罪の犯行地点において最も離れた 2 地点を直径とする円を描き，その円内に犯人の居住地があるとする仮説である。連続強姦事件の分析結果 (Canter & Larkin, 1993) では居住地が 86.7％が含まれ，また連続放火事件の分析結果(田村・鈴木, 1997)では円周辺部を含めて 72.0％が含まれ，それぞれこの仮説を支持する結果となっている。

　このサークル仮説のように，地理的なデータを用いて行なわれるものが，地理的プロファイリングとよばれるものである。この手法の第一人者である，カナダのバンクーバー市警察に所属していた警部キム・ロスモ（Rossmo, D. K.）は，ブランティンガム（Branthingham）夫妻らの理論 (Branthingham & Branthingham, 1991) に影響を受けた地理的プロファイリング・システム「CGT（Criminal Geographic Targeting）モデル」を開発している (Rossmo, 1997)。彼によれば，地理プロファイリングは犯人を割り出すものではなく，地理情報を用いて捜査対象地域に捜査の優先順位をランクづけし，より効果的な捜査を可能とし，よって捜査コストを低減するためのツールであるとしている。現在，カナダでは国家警察本部のほか，2 つの方面の本部でこのツールを活用している。

　また，アメリカ，イギリス，カナダ以外にも，オランダ，ドイツ，ベルギー，オーストラリア，南アフリカなどでも犯罪者プロファイリングによる捜査支援が行なわれている。

　では，日本の実状はどうであろうか。日本では，1988～89 年に首都圏内にて発生した連続幼女誘拐殺人事件が契機となり，本格的な研究が警察庁科学警察研究所にて開始された。1997 年に発生した，当時 14 歳の被疑者による連続児童殺傷事件では，兵庫県警察本部科学捜査研究所を中心とした分析チームが，犯人の年齢層の下限を低く推定していた報告書を捜査本部に提供している(桐生, 2000)。おもな日本での犯罪者プロファイリングの組織は，科学警察研究所と北海道警察本部科学捜査研究所となっている。科学警察研究所では全国から依頼される事件分析のほか，地理情報システム（GIS）の活用，捜査支援ツール「C-PAT」の開発など，実用性の高い研究を展開している。北海道警察本部科学捜査研究所では，これまで 100 件以上の事件を扱っており，犯人像推定，捜査・取り調べに対する助言，脅迫文・電話内容の分析など多種多様な業務を行なっている (田村, 2000；田村ら, 2000)。

　実際の犯罪者プロファイリングには，精神医学や心理学だけではなく，統計学，地理学，環境犯罪学といった学問が積極的に活用されている。またいかにすれば犯罪捜査に貢献できるかを，第一に考える研究分野でもある。犯罪者プロファイリングはこれからの進展が，大いに期待されている。

TOPICS ❼
地理的プロファイリングー犯罪捜査への地理的情報の利用

　犯罪とその発生場所に関する研究は，これまでさまざまな角度から行なわれてきている。本書で扱われるのは，ある一定地域において一定期間内で発生した犯罪情勢をいかに検討し，犯罪の防止に結びつけるかについての（セミ）マクロ的視点のものと，個別の建物を最小単位，都市全体を最大単位とするハードウエアの改善に注目する視点が中心である。しかし，警察実務への地域的・地理的分析視点の応用は，防犯対策や警察のリソース配分（例：どこに交番を置くか，どのようなパトロール経路を通るか）にとどまるものではない。個別の事件を扱う犯罪捜査の場面に対しても，こうしたアプローチが有効であることが欧米を中心に広く認識されている。とくに，未解決事件の捜査方針の絞り込みにそのポテンシャルを発揮していくことが今後期待される手法として，地理的プロファイリング（geographic profiling）がある。

　地理的プロファイリングとは，同一犯人による犯罪が連続発生している際に，犯人の住居や職場など，犯人にとって拠点となる場所が存在する可能性の高い場所を，犯行地点の分布状況から絞り込む犯罪捜査支援の手法である。犯人像推定ともいわれる一般的なプロファイリングでは，犯人のデモグラフィック属性，ライフスタイル，犯行動機などが分析によって明らかにすべき対象となるが，地理的プロファイリングでは，犯人の拠点推定と空間行動の特徴の検出がその目的となっている。加えて犯人の空間行動の分析から副次的に犯行に利用した移動手段や移動経路を推定することや，空間行動の特徴が犯人の属性絞り込みにつながる可能性もある。

　すでに実用化されている地理的プロファイリング手法には，カナダの警察官であったロスモ（Rossmo, D. K.）が実用化した犯罪者地理的探索モデル（CGT: Criminal Geographic Targeting）を組み込んだリゲルや（Rossmo, 2000），統計的プロファイリングでは定評のあるイギリスリバプール大学のカンター（Canter, D.）らのグループによって開発されたドラグネットがある（http://www.i-psy.com/publications/publications_dragnet.php）。これらは，犯行領域を数千から数万の詳細な地域に分け，それぞれの小地域に犯人の拠点がある確率を犯行地点の分布から算出することにより，犯行領域内での捜査対象優先地域を順位づけするものである。

　ロスモのモデルでは，犯罪者の犯行確率がバッファゾーンつき距離減衰関数にしたがうものと仮定されている。図1にその概念を示したが，ここでは犯人の拠点からあまりに近い場所では発覚リスクが高いため犯行確率が低い一方，拠点からあまりに遠い地点についても，移動コストの高さや日常の行動圏から離れることにより犯人にとって魅力的な犯行地域となりにくく，犯行確率が低くなると考えられる。犯人が犯行領域内の拠点から犯行移動を行ない，拠点から近すぎも遠すぎもしない場所で犯行に及ぶとするコンセプトは，環境犯罪学の理論的裏づけによるものである。

TOPICS⑦

彼らの業績については，犯罪者の犯行移動については全ての事件に当てはまるかどうかは別としても，モデルに反映できている一方で，犯人にとって犯行地点が犯罪を遂行するうえで，どの程度魅力的な場所かをモデルに組み入れることができていないという批判もある（Levine, 2002）。しかし現段階ではそれを実現させた分析モデルが実在しないため，こうした批判はない物ねだりともいえる。

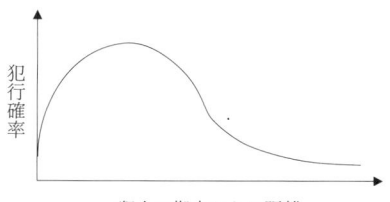

図1　バッファゾーン付き距離減衰関数の概念図
（ロスモ（2000）を参考に筆者作成）

翻って日本においては，三本ら（2001）が地方における連続放火犯の空間行動を独自の分析ツールを用いて事例的に研究を行なっている。彼らは，連続発生している犯行地点の全ての点からの距離が最も少ない地点（いわゆるcenter for minimum distance; medium center）を導き出し，その地点から犯行地点までの平均距離を半径とする円形の領域を「疑惑領域」と定義して，この領域が犯人の拠点が存在する確率が最も高い領域であり捜査の最初期に容疑者の検索が行なわれるべきであると主張している。

さて，ここまで紹介した取り組みのいずれについても，ソフトウェアにデータを投入し，「解析」ボタンを押すだけで地理的プロファイリングが完了するわけではない。ロスモが詳述しているとおり，分析の前処理と結果の解釈が現状の地理的プロファイリングの成否に大きな影響を与えている。たしかにロスモは，犯罪者地理的探索モデルが犯行地域の道路ネットワーク構造に対して比較的頑健であることを示している。しかし地理的プロファイリングの実践においては，犯行領域の物理的・社会的構造，犯人のメンタルマップの影響が無視できず，結果を解釈する際には犯人の犯行移動に多方面から光を当てることが必要になる。また一定地域で連続発生している事件のどれとどれが同一犯による犯行かを見誤ると，犯行移動のパターンが全く違うものとなってしまう可能性もある。

とはいえ，これらの難点は地理的プロファイリングの可能性を低めるものではなく，研究と実践の積み重ねによってかなりの部分が解消されるものと考えられる。またその際にはGIS（地理情報システム）技術の利用がこうした捜査支援手法の発展に寄与することが期待される。データの入力・管理や分析，レポート出力等にまで一貫して運用できるシステムが，GISをベースにして早急に開発されることが望ましい。現在，犯罪情勢分析や捜査情報の一元化を目的としたGISベースのシステムが，警察機関内部のさまざまな部署で立ち上がってきている。こうした流れが次世代の捜査支援システムの構築に発展していくことを期待したい。

TOPICS ⑧

地理的プロファイリング支援システム

　近年,犯罪捜査を支援するための新たな枠組みの1つとして地理的プロファイリングが有望視されている。連続,あるいは多発する犯罪の捜査において,犯罪者の活動拠点の推定が可能であったり,次の犯行地や移動ルートの予測が可能なのであれば,慢性的な人員不足や犯罪捜査環境の悪化で困窮している捜査現場への効率的,かつ効果的な捜査活動の支援をするのに役立つと考えられるためである。

　地理的プロファイリングで扱うデータは,連続発生する事件の空間情報である。空間情報とは,「場所と時間」に関する犯罪事実である。具体的には,犯罪現場の住所,犯行標的の種別,犯行方法,日時,曜日などのさまざまな情報が分析の対象となる。とりわけ,発生現場の住所は,犯人の行動痕跡であり,彼らの空間的な活動範囲を理解するためにきわめて重要な情報である。

　地理的プロファイリングは,環境犯罪学,地理学および心理学に近接する諸科学の理論や方法論を犯罪捜査の支援目的に開発された手法であり,円仮説(Circle Hypothesisi)(Canter et al., 1993; 1994),犯罪地理探索モデル(Criminal Geographic Targeting)(Rossmo, 1993; 1995; 1997),地理的重心モデル(Center of Gravity)(Kind, 1987)などの分析手法が提案されている。円仮説・地理的重心モデルはイギリスの凶悪犯罪データにて,また犯罪地理探索モデルはカナダの凶悪犯罪データにて容疑者絞り込みに有効であったと主張されているが,日本国内の犯罪においても同様の結果が見出されるのか,またそれら手法間で有効性に違いがあるのかどうか比較検討することは,わが国における地理的プロファイリングの発展を見据える際に重要な課題である。

　そのような観点に立ち,地理的プロファイリング支援システムとして「Power Plot」が開発された(三本・深田, 1998)。「Power Plot」は,事件ごとの空間情報の入力および管理,距離計測・分析を行なうための地理情報システム(Geographic Information System)である。地域安全情報システム(原田, 1997)やC-PAT(Criminal Pathfinder)(島田ら, 2001)などに取り入れられているアドレス・ジオ・コーディング機能(地図上への地点表示を住所文字の位置情報から変換する機能)は装備されていないが,その反面,市販化されている電子化地図では詳細に表わされていない地域のキャプチャー画像や紙地図のスキャナー取り込み画像など,コンピュータに読み込み可能な画像ファイルなら背景地図として利用できるという利点を有する。さらに,コンピュータのマウス操作のみで地点入力できる機能は,情報過多に苦しむ分析者の作業労力を軽減するのに役立つ。また,最新版の「Power Plot 21」(深田ら, 2001)は,ユーザーインターフェイスや機能の変更により,より操作性が向上したソフトウエアに仕上がっている。

　地理的プロファイリング支援システムの開発は,単に,多様な手法による分析結果の比較を試みるだけではなく,新たなアイディアを生む契機となった。前記の地理的重心モデ

TOPICS⑧

ルは，難解な分析手法として紹介されるにとどまっていたが，その有効性を検討する過程で「疑惑領域」(Suspicion Area)とよぶ拠点推定手法が提案された。本モデルでいう「重心」は，犯人の移動経路を考慮せず，犯行地域における犯人の移動コストが最小に見つもられる地点として算出される。一見，重心地点によって犯人の活動拠点をピンポイントできるという期待感をもつが，連続放火データを用いた追試結果は，高い有効性を支持するものではなかった。しかしその一方で，重心と犯行地点との距離関係について検討してみると，重心と住居との位置ズレが「犯行地点－重心」間距離に比べ小さいという興味深い傾向が見いだせた。すなわち，重心を中心に「犯行地点－重心」間距離を半径として円を描くと，その円内における犯人住居の存在率が高いと考えられる。疑惑領域による推定方法は，住居を活動拠点とする「拠点犯行型」に該当する事例では好成績が得られた。他方，住居から遠く離れた地域に犯行域を求めるような「通い型」には適用できないため，このタイプを何らかの指標により判別しておく必要がある。このような前処理が可能であれば，地理的重心モデルに疑惑領域を加味した手法は，実用性の高い推定モデルと考えられる。このようなアイデアは，重点的捜査対象範囲の順位づけに役立つだろう。今後，より多くの犯罪データによる検討を加え，さらなる分析精度の向上を計ることも重要であるが，新たな視点に立ち，犯罪者行動のより説明力の高いモデル構築を行なうことが，地理的プロファイリング発展の過程では肝要である。

　なお，地理的プロファイリング支援システムは，あくまでも分析ツールであることを忘れてはならない。システムに組み込まれた「道具」のふるまいを十分に理解して使用しなければ，捜査をミスリードしてしまう危険性がある。素材として扱う犯罪データを吟味する前処理，分析結果の論理的な解釈が十分に行なわれることが，地理的プロファイリングの成否に影響するのである。

「地理的プロファイリング」の関連図書

第3部　犯罪を予防する

第6章 防犯環境設計の発展の系譜

1節 欧米における防犯環境設計の系譜

安全・防犯のデザインは米国において1970年代から試みられているもので一般に「環境設計による犯罪予防 (Crime Prevention Through Environmental Design：CPTED)」とよばれている。犯罪が大きな社会問題であった1960年以降、ジェイコブス(1968)やニューマン(Newman, 1972)などの研究に由来するものである。CPTEDの概念はジェフェリー(Jeffery, 1971)の「人間によってつくられる環境の適切な『デザイン』と効果的な『使用』によって、犯罪に対する不安感と犯罪発生の減少、そして生活の質の向上を導くことができる」という考えに基づいている。またCPTEDのアプローチは、物理的な環境のデザインと使用により、人々の行動に影響を及ぼし、空間を活動的に利用し、そうすることによって犯罪や損害の発生を予防することを目的とするものである。アメリカにおけるCPTEDの発展はジェイコブス(Jacobs, 1961)の著書である『アメリカ大都市の死と生』が理論的な先駆けとなった。スラム一掃による公営住宅団地の建設など画一的なプランニングを推進し、都市のコミュニティの多様性を破壊してきた従来の都市計画の方法を批判するもので、とくに犯罪やその予防の問題に関心を絞ったものでないが、その後のCPTEDの発展に大きな影響を及ぼした。ジェイコブスは住宅地の犯罪を減少させる設計指針として次の3項目をあげている。

① 住民による監視が強まるよう建物を街路に面して配置する。

第3部　犯罪を予防する

② 公共空間と私的空間を明確に区別する。
③ 公共空間を利用度の高いエリアに隣接して配置する。

その後，ニューマンはジェイコブスの構想を受け継ぎ著書『まもりやすい住空間』の理論を展開した。『まもりやすい住空間』では，低所得者層の居住する公営住宅団地の防犯上の欠陥を指摘し，改善のための設計上の指針を下記のように提示している。

① 領域性の確保　住民に管理可能な単位に空間を分割し，自己の領域に対する住民の責任感を高める。
② 自然的監視の強化　犯罪が発生する危険性のある場所に，住民の目が自然と行き届くようにする。
③ イメージの向上　犯罪者を引き寄せ，住民自身にも自己否定的なイメージを抱かせるような，画一的で殺風景な外観を避ける。
④ 環境の配慮　犯罪の脅威のない安全な地区に隣り合うよう配置する。

このニューマンの著書は，建築や都市計画の分野だけでなく，刑事司法の分野にも強いインパクトを与えCPTEDの発展の基礎となった。

2節　日本における防犯環境設計の系譜

1．コミュニティの強化

日本においては強力な警察力を背景に，町内会・自治会が行なうコミュニティ防犯活動が犯罪防止の中心であった。1963年の「全国防犯協会連合会」の設立はその象徴をなすものである。1960年ごろからのコミュニティの強化による防犯体制の強化は犯罪防止にたいへん有効であったが，1970年代後半からの急激な都市化の進展によりコミュニティ防犯の中核であった地域の近隣関係が崩壊しだし，その有効性にかげりがでてきたのである。

2．個体の強化

1980年に警察庁が錠前の「優良型式認定規則」と「住宅用開き扉錠の認定基

準」を制定し，はじめて公的に犯罪者の侵入しにくい錠前の統一された基準が示された。さらに共用部分の施錠にかかわる防犯対策と避難対策の両立を図るため，警視庁と東京消防庁が「避難階段または屋上に通じる戸の施錠に関する指導基準」を取り決めた。

3．防犯環境設計の始まり

　1979年に警察庁で「都市における防犯基準策定のための調査」が実施された。これが日本における「環境設計による犯罪予防」手法の研究の始まりである。この研究では，都市工学的視点により都市犯罪の現状・犯罪発生要因・対策のあり方を検討し，環境設計による「安全なまちづくり」実現のための都市情報の収集と整理を目的としたものである。具体的には①都市空間そのものが所有する犯罪発生要因を明示し，②市民や警察官への都市犯罪状況への対応を分析し，③都市空間と市民や警察官そして犯罪を結ぶ都市犯罪の発生構造を剖検し，④発生状況に基づき犯罪発生の危険性を評定し，⑤防犯性という視点から都市空間を素描する，という研究である。この調査研究を踏まえ，1981年に愛知県名古屋市守山区の白河学区において「防犯モデル道路」が指定された。特定された生活道路を中心に市街地の物的環境整備を進め，地域全体の防犯性を向上させる試みである。「CPTED」的視点に立つ地域安全確保の取り組みとしては日本の防犯施策上では画期的な試みであった。この「防犯モデル道路」はその後，山口県や福島県における「防犯モデル団地」につながる。1989年に山口県警が全国初の試みとして「小京都ニュータウン（山口市）」を防犯モデル団地と指定した。ここでは，柵または垣の構造に関する緑化協定が結ばれている。また赤色回転灯などの防犯設備を各所に設置し，自治会と市と警察等による防犯モデル地区推進連絡会議を設立して防犯診断，防犯パトロール等を実施しているという，まさにハードとソフトの融合した対策である。福島県警では1992年に「美郷ガーデンシティ（福島市）」を防犯モデル団地に指定している。この団地では敷地境界は低い生垣に，家屋は生垣から一定距離以上離して建て，それらを建築協定で担保している。さらに自治会が警察の協力を得て防犯診断を

定期的に行ない，建築協定の遵守状況を点検し，防犯意識の持続を図っていることが特徴である。

　1981年の愛知県の「防犯モデル道路」と同時期に湯川ら(1982)が「住環境の防犯性能に関する領域的研究」を行なっている。この研究は前述したニューマンの著書『まもりやすい住空間』において示された高層集合住宅環境における犯罪に関する理論を日本でも適応できるかを検討したものである。同時に単なるニューマンの調査の追試の域を越え，日本の高層集合住宅の設計に際し防犯対策という視点から具体的で独自な基準の提示と，物的環境と犯罪発生を結ぶ多くの仮説を詳細な調査結果から導きだしている。調査対象団地は東京都の高島平団地をはじめ13団地が選ばれている。調査結果としては，①団地住民の不安感は昼間はエレベーター・屋上・人通りの少ない階段が高く，②同じ団地でも高層に居住する者の領域感（たとえば不審者を見たら積極的な行動をとるような態度）は自住層の前が一番高く，避難階段や自住層階以外の廊下などでは領域感は低くなる。一方，中層居住者は大筋において高層と変わらないが，住棟入口や住棟まわりの公園にまで領域感が拡大しており，住棟のフィジカルな特性の違いが居住者の領域感の形成，ひいては犯罪への対応の差異まで生じさせることを見出している。湯川らの研究は都市犯罪に関する地区レベル，建築レベルにおいてきわめて示唆に富む内容を含み，その後，湯川(1987)の著書『不安な高層安心な高層』，瀬渡(1988)の『高層住宅環境の防犯性能に関する研究』へと発展していく。

4．防犯環境設計の近年の動向

　近年においては齋藤(1991)が集合住宅を対象に犯罪発生状況と併せて住民の不安感調査を行ない，犯罪不安感に影響を及ぼす要因を導いている。また樋村(2000)は集合住宅団地において住民に対してアンケート調査とヒアリング調査を行ない昼間の不安・安心の判断要素は空間の熟知度や空間の身近さが多くを占め，夜間の判断要素は明るさや見通しが多くを占めていることを検証している。このように近年は犯罪不安感に関することや，犯罪発生と空間に関することの研

究が多かったが，1997〜98年にかけて建設省（当時）と警察庁(1998)が合同で防犯対策の視点から「安全・安心まちづくり手法調査」を実施した（図6-1）。

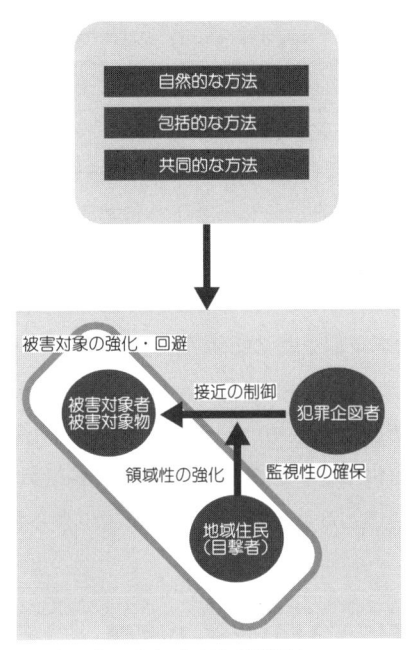

■図6-1　安全・安心まちづくり手法調査 (建設省・警察庁, 1998)

　本調査では防犯まちづくりという観点から①防犯のまちづくりへの位置づけ方，②防犯の視点でのまちの調査，③防犯を踏まえた設計方法，④地域安全活動の活性方策，⑤市民と自治体と警察の連携方策が具体的に報告されており近年日本におけるCPTEDの基本事項の集大成であると位置づけられる。

　また，公営住宅においては1998年に公営住宅整備指針を改正した際に，住戸の基準として防犯にかかわる規程が加えられた。また，「公共住宅企画計画指針」が，同じく1998年に建設省（当時）より発表され，「住宅地形成にあっては防犯の観点から居住者の視線が届かない空間が極力生じないようにする等により居住者の日常の安全性に配慮した計画とする」「通路・広場等の共用部分は，住棟配置のまとまりや戸数規模等に応じて適切な配置・規模とする」等が防犯に

関連する指針として示された。

　さらにこれらの調査などを踏まえ 2000 年に警察庁は「安全・安心まちづくり推進要綱」（巻末資料 1 ）を定め，これに基づく「道路，公園，駐車・駐輪場及び公衆便所に係る防犯基準」（巻末資料 2 ）および「共同住宅に係る防犯上の留意事項」（巻末資料 3 ）を示した。その後，国土交通省と警察庁は 2001 年に「共同住宅に係る防犯上の留意事項」を改正するとともに，「防犯に配意した共同住宅に係る設計指針」（巻末資料 4 ）をまとめ，都道府県・関係団体等に通知するとともに，それらの活用，周知に努めるよう要請した。この指針では，共同住宅の防犯性の向上にあたっては，建築上の対応や設備の活用等により効率的で効果的な対策となるように企画・計画・設計を行なうことが必要であるとしたうえで，CPTED の基本原則を基に①新築住宅建設にかかわる設計指針（新築住宅建設計画，共用部分の設計，専用部分の設計），②既存住宅改修にかかわる設計指針（既存住宅改修計画，共用部分改修の設計，専用部分改修の設計）などに関してきわめて具体的な手法を示している。本指針は共同住宅に関する CPTED のきわめて具体的な設計指針として位置づけられる。

3 節　防犯環境設計の今後の課題

　これまで述べたように，欧米で発展した CPTED も日本に取り入れられて約 20 年が経過している。これまでの研究において日本に適応した CPTED 手法の構築がなされてきたが，日本に適応した CPTED 手法が実現しているとは思えない。日本ならではの問題も含めて，日本における CPTED が抱えている問題点を列記する。

① 物的環境要素と犯罪発生の因果関係が不明確

　空間的・物的環境が欧米とは大きく異なり，犯罪の発生頻度が欧米に比べて少ないことから，日本の環境の中で物的環境と犯罪の関係を定量的に検証することが困難であること。またこれらの因果関係は，犯罪者の心理的要素に大きく依存するものであり，犯罪手口により異なり，普遍的な因果関係を決定できないこと。そのことから犯罪者は意識的にも無意識的にも犯行を行ないやすい

デザインの空間を選択することを前提に議論しなければならない。
② 他の都市デザインとのバランスが困難
　都市にはさまざまな機能やデザインが求められているが，「安全・防犯のデザイン」がほかの機能やデザインと矛盾したりすることもある。また「安全・防犯のデザイン」に対しての費用対効果のバランスが要求される。
③ CPTEDの具体的手法が不明確
　日本での「安全・防犯のデザイン」の事例が少なく，犯罪発生が少ないため効果の検証が困難であること。
　これらの問題点を踏まえて，また解決の糸口を模索しながら21世紀の都市空間像を考えていくことが必要である。

第7章
防犯環境設計の実際

1節　防犯環境設計の実際

1．防犯環境設計の基礎理論

　ここでは，CPTEDと略称される防犯環境設計の基礎的理論について述べる。このCPTEDを警察，都市計画家，建築家などの人たちが使えば，たいへん強力な犯罪予防の機能を果たすことができる。それはCPTEDのコンセプトが，物理的な空間を住民や犯罪者がどのように利用するかに着目したものだからである。それには，第2部で述べた犯罪発生空間の分析や犯罪者の心理的分析，また本章で後述する犯罪者の空間を見る視点と一般人の空間を見る視点の相違などの分析がたいへん重要となる。このような現実の犯罪発生空間や犯罪手口をきちんと踏まえて具体的なCPTEDを考えていくことが必要である。

　さて，ジェイコブス（Jacobs, J.）が先鞭をつけ，ニューマン（Newman, O.）が発展させた理論は防犯環境設計（CPTED）手法として一般化され，住宅地区以外の都市空間にも広く適用されるようになった。CPTEDは犯罪者自身や犯行の動機は問題とせず，物理的な環境に注目するのが特徴である。その基本的な考え方として①対象物の強化，②接近の制御，③監視性の強化，④領域性の確保がある（図7-1）。

（1）対象物の強化

　犯罪の被害対象となることを回避するため，犯罪の誘発要因を除去したり，

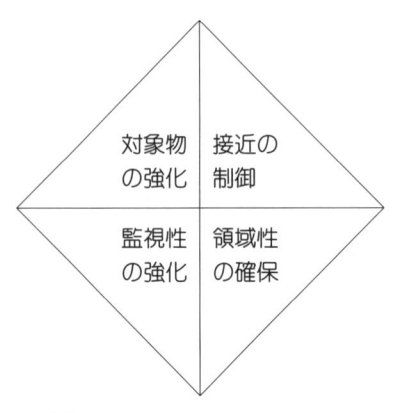

```
        対象物     接近の
        の強化     制御

        監視性     領域性
        の強化     の確保
```

図7-1　防犯環境設計の4原則

対象物を強化したりすることである。具体的には，下記のようなことが考えられる。

- 建物に侵入されにくいように頑丈な錠や窓ガラスを使用すること。
- 器物破損の被害を逃れるために強固な材料を使用すること。
- 車上狙いを避けるため安全な駐車場を確保すること。
- 放火に遭わないように，放置されている空家などを除却すること。

（2）接近の制御

犯罪者が被害対象者（物）に近づきにくくすることにより犯罪を未然に防ごうとすることであり，組織的手法（ガードマンなど），機械的手法（鍵などの設備），自然的手法（空間の限定）がある。これは，ビルとか住宅，学校，駐車場などへの出入りをいかに管理するかということである。また，街路の閉鎖もこれに相当する。アメリカでは一時期，問題となる特定の街路を閉鎖してしまうことが流行した。

具体的には，以下のことがあげられる。

- 建物の窓など侵入口に接近できないように侵入の足場をとる。
- 通過車両が住宅地の中を通り抜けられないようにする。
- 地下道の犯罪を予防するために時間帯によって通行制限をする。
- 身近な生活道路では，バイクなどでひったくりできないよう高速で走行で

きないようにする。

（3）監視性の強化

多くの人の目を確保し，見通しを確保することである。これはジェイコブスが最初の研究で言及したような，監視の目，街路を見守る目を街中に配置するという考え方である。たとえば駐車場に適切な照明を施すこと，視線を妨げないような景観を作り出すことでこの自然的監視性は高まると考えられる。

具体的には，以下のことがあげられる。

- 暗がりを改善するために防犯灯をつける。
- 窃盗や強盗を防ぐため，外部から店舗内の見通しをよくする。
- 団地の公園内の犯罪を予防するため，住棟の側面に窓を配置する。
- 交差点の見通しを確保するため，角地を角切りする。

（4）領域性の確保

共用のエリアに対する住民のコントロールを強めることがたいせつである。建築家はこの領域性に対して大きな影響力を発揮することができる。つまり，建築のデザインにより，公共的なスペースでもなく，私的なスペースでもない，半公共的／半私的な空間を作り出すことができる。このような空間を設けることによって，住民による空間の領有を，必ずしも明示的な形でなく示すことができる。さらに，環境を魅力的にしたり，利用を活発にして，市民の防犯活動を推進することもできる。前述した接近制御と自然的監視性の2つは，領域性に貢献するものと位置づけられる。すなわち，これらを独立した方策とみなすのではなく，領域性の強化は接近制御と自然的監視性を包括する原理とみなされる。領域性確保の具体的なものは以下のことがあげられる。

- 空き地を市民農園として活用する
- 近隣住民が公園の計画や管理に参加する
- だれが管理しているかをわかりやすくする
- コミュニティ活動を育てる

2．犯罪者の視点と一般人の視点

　全国における平成13年中の刑法犯認知件数は2,735,612件であり，包括罪種別で見ると窃盗犯は2,340,511件で全体の85％強を占めている（樋村・渡邉, 2002）。また，住宅対象侵入窃盗は約161,800件であり，全体の約6％を占めている。東京都内における刑法犯の認知件数は292,579件である。そのうち，住宅対象侵入窃盗は約21,000件であり，東京都全体の刑法犯認知件数の7％強を占めている。近年はピッキング用具使用の侵入盗も多発し，さらに新たな手口も増加してきている。防犯工学研究会[注1]が住宅地で実施したアンケート調査のうち，「犯罪に遭うかもしれない不安感」においては，留守中空き巣に入られることに対して約70％の人が不安に感じている。これらのことから，身近な犯罪の一つである住宅対象侵入窃盗に対する対策は急務と考えられる。

▶▶▶▶▶
注1　防犯工学研究会：樋村らが中心となり都市・建築計画，心理学の研究者が集まり，工学・心理学的観点から防犯施策を研究する学際的かつ産官学共同の研究会

　そこで，ここでは常習の住宅対象侵入窃盗犯への聞き取り調査（都市防犯研究センター, 1994）と同様の調査を一般の人にも行なった結果（樋村・渡邉, 2002）から，犯罪者の空間を見る視点と，一般人の空間を見る視点の違いを考察し，CPTEDの具体的対策を考えるうえでの基礎分析を行なう。一般の人に対しては，自分が「空き巣」の犯人となった場合，どのような視点で街や建物を見たりどのような行動をとるかを聞いた。

　一般人は東京都内の大学に通学する大学生である。調査時期と調査人数は下記の通りである。

　　平成13～14年　　　合計117人

　質問事項は30問である。おもな問いを列挙する。
　　問1　「空き巣狙い」に入る家は，主に自分の住んでいる区内（市内）から選びましたか，それとも他の区内（市内）から選びましたか
　　問2　「空き巣狙い」に入る家を選ぶに当たって特に狙う地域は次のうちどれ

第7章 防犯環境設計の実際

ですか
- 問3　主にどんな家を狙いましたか
- 問4　狙う家やその周辺を下見しましたか
- 問5　周辺の下見をする際の目の付け所はどこですか
- 問6　家の下見をする際の目の付け所はどこですか
- 問7　留守はどのようにして確認しますか
- 問8　狙った家に警備会社と直結している機械警備システムがついている場合はどうしますか
- 問9　狙った家に警備会社と直結してはいないが，警報機や赤色灯が作動する防犯機器がついている場合はどうしますか
- 問10　マンションを狙った場合に共用出入口がオートロックで施錠されているとき，どのようにしてマンション内に入りましたか
- 問11　主な侵入方法は次のどれですか
- 問12　窓ガラスのクレセント部分にガラス破り防止用のフィルムが貼ってある場合はどうしますか
- 問13　窓に補助錠が付けられてる場合はどうしますか
- 問14　「侵入する」のにどのくらいの時間がかかれば侵入を諦めますか
- 問15　家の中で物色にかける時間はどのくらいですか
- 問16　家の中のどこを物色しますか
- 問17　犯行を諦めた理由はどれですか
- 問18　入りやすく逃げやすい家はどのような家ですか

一般人（以下学生とする）の回答のおもな結果である。

下見をする際の「目のつけ所」（図7-2）では，かなりの学生が「通りや隣近所からの見通し」をあげている。これに対し犯人は学生とは異なり「入りやすく逃げやすい」「家人の不在」などをあげ，直接的リスクに目をつけている。

留守の確認方法（図7-3）においては，犯人は「玄関のインターホンで呼ぶ」という直接的で自然な方法を選んでいる。学生は「電話をする」が多いが携帯電話の普及の表われであろうか。

第3部　犯罪を予防する

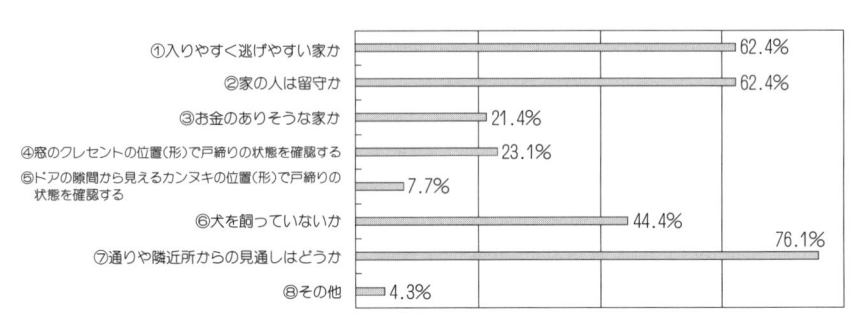

▮図7-2　学生からみた下見をする際の「目のつけ所」（複数回答可）

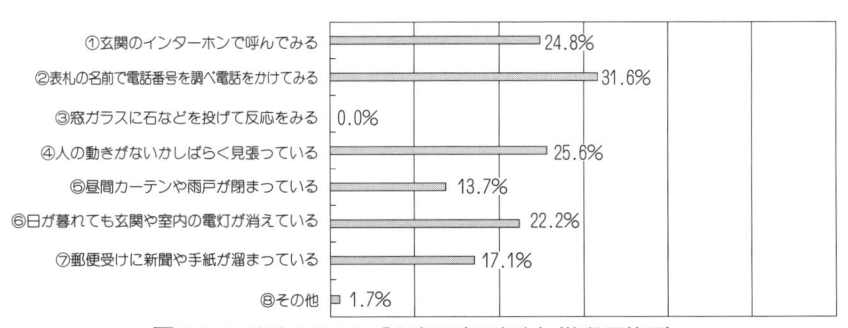

- ①入りやすく逃げやすい家か　62.4%
- ②家の人は留守か　62.4%
- ③お金のありそうな家か　21.4%
- ④窓のクレセントの位置(形)で戸締りの状態を確認する　23.1%
- ⑤ドアの隙間から見えるカンヌキの位置(形)で戸締りの状態を確認する　7.7%
- ⑥犬を飼っていないか　44.4%
- ⑦通りや隣近所からの見通しはどうか　76.1%
- ⑧その他　4.3%

▮図7-3　学生からみた「留守の確認方法」（複数回答可）

- ①玄関のインターホンで呼んでみる　24.8%
- ②表札の名前で電話番号を調べ電話をかけてみる　31.6%
- ③窓ガラスに石などを投げて反応をみる　0.0%
- ④人の動きがないかしばらく見張っている　25.6%
- ⑤昼間カーテンや雨戸が閉まっている　13.7%
- ⑥日が暮れても玄関や室内の電灯が消えている　22.2%
- ⑦郵便受けに新聞や手紙が溜まっている　17.1%
- ⑧その他　1.7%

　おもな侵入方法（図7-4）では「無締りの箇所を探す」については犯人，学生ともに視点は同じであるが，犯人は「窓ガラスを破る」，学生は「ピッキング」に分かれている。これはピッキング用具使用窃盗に関するマスコミ等の報道が影響していると思われる。犯行の実態からみると，戸建住宅では圧倒的にガラス破りが多く，集合住宅でも1，2階のベランダ掃き出しからの窓ガラス破りが多い。集合住宅でのピッキングは約半数である。このことから，この視点の差は一般人はガラス破りを軽視していることが推察される。

　犯行を諦めた理由（図7-5）では，犯人は「センサー設置」で諦める傾向があるのに対して学生は「センサーが作動」しないと諦めない。これは犯人がリスクを負わない表われであり，センサーは建物外周部から視認できる所に設置することが空き巣の抑止効果となると思われる。

第7章　防犯環境設計の実際

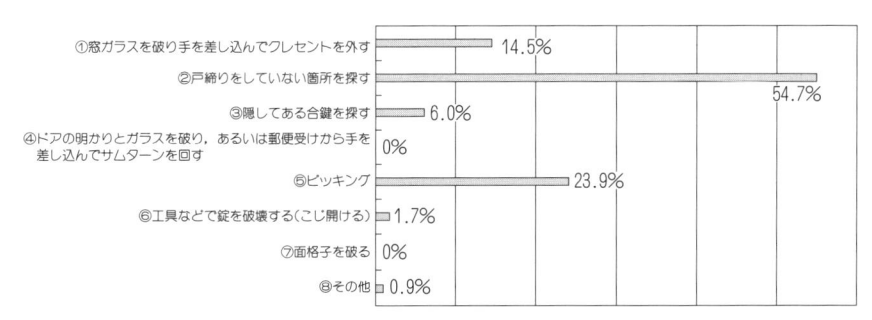

```
①窓ガラスを破り手を差し込んでクレセントを外す  14.5%
②戸締りをしていない箇所を探す  54.7%
③隠してある合鍵を探す  6.0%
④ドアの明かりとガラスを破り、あるいは郵便受けから手を差し込んでサムターンを回す  0%
⑤ピッキング  23.9%
⑥工具などで錠を破壊する(こじ開ける)  1.7%
⑦面格子を破る  0%
⑧その他  0.9%
```

図7-4　学生からみた「おもな侵入方法」（複数回答可）

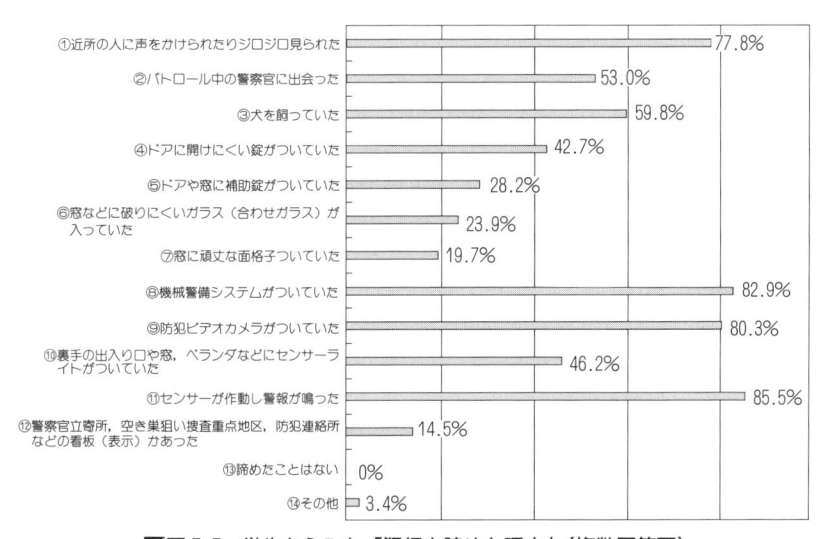

```
①近所の人に声をかけられたりジロジロ見られた  77.8%
②パトロール中の警察官に出会った  53.0%
③犬を飼っていた  59.8%
④ドアに開けにくい錠がついていた  42.7%
⑤ドアや窓に補助錠がついていた  28.2%
⑥窓などに破りにくいガラス（合わせガラス）が入っていた  23.9%
⑦窓に頑丈な面格子ついていた  19.7%
⑧機械警備システムがついていた  82.9%
⑨防犯ビデオカメラがついていた  80.3%
⑩裏手の出入り口や窓、ベランダなどにセンサーライトがついていた  46.2%
⑪センサーが作動し警報が鳴った  85.5%
⑫警察官立寄所、空き巣狙い捜査重点地区、防犯連絡所などの看板（表示）があった  14.5%
⑬諦めたことはない  0%
⑭その他  3.4%
```

図7-5　学生からみた「犯行を諦めた理由」（複数回答可）

　侵入を諦めるまでの時間（図7-6）においては犯人については「2分を超え5分以内」が最も多く、学生ともに差異はない。

　本考察は調査結果の一部であるが、侵入窃盗犯と一般人の視点の違いが、ある部分では見られると考察される。とくに犯人のリスクに関する部分と一般人のマスコミなどの影響による視点の違いが表われてきていると考えられる。これらのことから、犯行の実態に基づいた適切な防犯対策に関する情報提供が必

第3部 犯罪を予防する

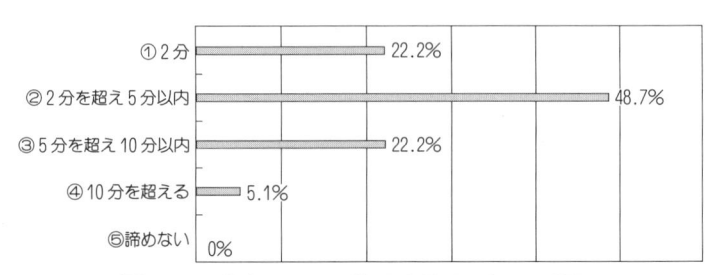

- ①2分　22.2%
- ②2分を超え5分以内　48.7%
- ③5分を超え10分以内　22.2%
- ④10分を超える　5.1%
- ⑤諦めない　0%

■図7-6　学生からみた「侵入を諦めるまでの時間」

要であり，また情報を提供することで適切な危機感と抑止策（CPTED）を講じることができる。

3．防犯まちづくりの考え方

　防犯まちづくりとは簡単にいうと，犯罪の対象となる環境（建物や道路，公園など）から，犯罪を誘発する要因を取り除き，より安全で快適な環境づくりを行なう取り組みであるといえる。また，まちという特徴から，防犯という視点だけでなく，まちづくりという観点から総合的なものである必要がある。その重要な視点は次の3点に集約される。

① 関係する主体間の連携が必要

　防犯まちづくりには住民を主体とし，地方公共団体，学校，警察等の連携が必要である。また，交通安全や福祉など他の分野と連携し，総合的なまちづくりとして位置づけるべきである。

② 地域特性を重視

　防犯まちづくりはその地域のさまざまな状況（犯罪発生の特性も含む）に応じて，住民を中心に関係者が主体的にかつ柔軟に取り組むべきものである。また，まちの身近な取り組みの積み重ねにより行なうものであり，安心して暮らせるコミュニティづくりと密接に連携して行なわれるものである。

③ 長期的視点にたつ

　本来，まちづくりは長期的視点にたつものであり，防犯の視点をまちづくり

の計画段階から取り入れ，効果的でバランスの取れたまちづくりを行なうべきであるが，防犯まちづくりもただちに犯罪発生の減少につながらない部分もある。まちの体質改善には時間がかかることを踏まえて，犯罪が増加傾向にある現在，犯罪発生件数が危機的状況である地域はもちろん，危機的状況でない地域でも現時点から粘り強く取り組むべきである。

したがって，物的環境整備をおおきな実現手段とはするものの，コミュニティづくりを基礎とすることにより，ハードとソフトの両面から，より高次の安全，安心なまちの実現を求めるものであるといえる（図7-7）。

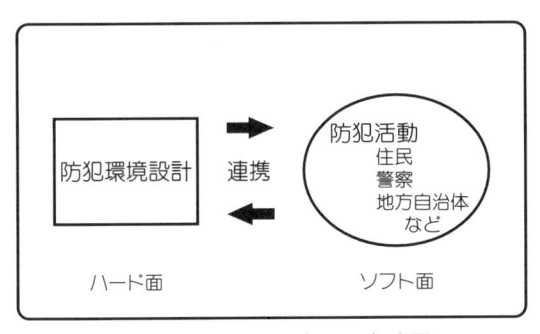

■図7-7　防犯まちづくりの概念図

4．防犯まちづくりの進め方

防犯まちづくりは従来の防犯活動を含むものであり，通常のまちづくりであるという側面をもっているため，独自の特徴をもつものではない。しかし，防犯という視点からまちづくりを進めるという考え方はいまだなじみがなく，その方法も普及していない。以下，具体的な防犯まちづくりの現況の整理をとおして，そのあるべき方法を述べる。

防犯まちづくりは，①防犯をまちづくりに位置づける，②防犯の視点からまちを調べる，③防犯に留意して設計する，④地域の安全活動を活発にする，⑤市民と自治体と警察が連携する，の5つの進め方で行なわれており，それぞれ不十分

ながら実行例があり，事例を見ながらあるべき姿を模索していくことにする。
（1）まちづくりの中に防犯を位置づける
　防犯活動は従来から警察主導で行なわれてきており，日本においては警察の地域活動として重要視されてきているが，まちづくりという視点は希薄であり，活動の主体も市民というより警察にあったようだ。しかし，市民参加型のまちづくりがさかんになり，マスタープランづくりにも参加するに至って，防犯が広範な市民のまちづくりの動機となり得ることが具体的に示されている。しかし，具体的な手法が防犯灯の設置などと限定的であり，環境整備が防犯と強い因果関係にあることは十分理解されているとは思われない。

●事例1　都心居住の促進と防犯まちづくり（千代田区神田）
　千代田区のまちづくりの基礎的検討組織として，和泉橋街づくり協議会は，居住人口の回復をめざし，「神田型・新町づくり構想（平成11年9月）」を発表している。
- 職住近接の町屋をつくることにより，多くの目を確保し，まちの防犯性の向上に役立つ。
- 低層階の住居は道路に対して自然な監視性を高め，最上階の住居は屋上からの侵入対策に効果的である。
- 建物と建物の隙間から侵入されないよう近所で協力し，柵または門扉を設置すべきである。見通しのよいものが望まれる。

●事例2　総合計画における「防犯」の計画（大阪府貝塚市）
　第3次貝塚市総合計画の中で，防犯機能の充実として章を割き，次のように述べている。
- 公共公益施設をはじめ，不特定多数の人が多く利用する施設については，死角の解消など防犯機能の強化に努める。
- 夜間における犯罪防止のため，防犯灯の設置を促進するとともに，住宅の門灯等の夜間点灯を励行する。
- 安全な市民活動を確保するため，派出所の増設，パトロール活動の強化など，警察機能の充実を関係機関にはたらきかける。

（2）防犯の視点からまちを調べる

　まちづくりの基本的手法である「まちあるき」の防犯版である。とくに防災の分野では積極的に取り入れられ，市民がまちを理解しそのうえで改善案を立案するという段階に進むものとなっている。しかし，防犯では調べる対象が，建物やまち一般から空家や駐車場や駐輪所など特定のものに限定したものもある。また，夜間の点検などは防犯の特徴をよく表わしたものであろう。

●事例3　暗がり診断による防犯灯の増設（愛知県春日井市）
　春日井市安全まちづくり協議会は犯罪や災害などに強い市街地にしていくために，住民と行政が一体となって住宅や道路，公園などのハード面の対策を検討しており，平成5年発足以来，市内15地区で夜間に暗がり診断を行なっている。実施マニュアルに従って客観的に診断し，その結果を防犯灯の増設に活用していることが特徴となっている。30mメッシュの地図に暗がりを改善すると安心できる場所を記入し，現地調査の結果をあわせ，40％以上の要望があった場所を対象に暗がりの解消法を検討している。

●事例4　駅周辺の自転車盗難に関する防犯診断（岩手県花巻市）
　花巻警察署と地域住民からなる「花巻市地域安全活動パイロット地区推進協議会」はJR花巻駅周辺で増加している自転車盗難に対処するため，自転車利用や盗難被害の実態，施設の問題点，改善策などに関するアンケートの実施と専門家による環境診断を実施している。その結果，照明の不足と駐輪所の仕切りが目隠しとなっていること，犯罪意識，防犯意識に問題があることが明らかにされた。

（3）設計の中に防犯を埋めこむ

　防犯まちづくりの中核をなすものであるが，具体的な設計方法（考え方）や設計基準が明確でなく，十分説得できる資料，経験も不足している。しかし，徐々に設計指針や基準も整備されはじめており，設計に防犯という視点を十分認識してもらうことが重要な課題となっている。

●事例5　ニューモデル高層住宅（葛西クリーンタウン東京都江戸川区）

　　都市基盤整備公団は従来から比較的防犯には配慮して団地や住宅の設計を行なってきている。当公団は，以下の3つの手法を用いて共用空間の活性化を図った高層住宅を「ニューモデル高層住宅」とよび，防犯に留意して設計を行なっている。

　　①　コミュニケーションのために適切な住戸のまとまりをつくる。
　　②　匿名性のない安全な空間にするために共用空間に視線を集める。
　　③　空間の活性化を図るために団地内の通路を路地的に配置する。

　　このモデルとして葛西クリーンタウンは造られ，高層住棟を画一的に並べるのではなく，23階の超高層住棟，6～14階の高層住棟，中層住棟をバランスよく配置し，変化に富んだ親しみやすい屋外空間をつくるとともに，居室の窓から目の届きにくい場所をできる限り少なくしている。また，住棟の長さを短くし6戸／階で1つのエレベーターを共有するものとしている。

●事例6　マンション防犯設計自主基準（広島県マンション協会）

　　広島県マンション協会は平成9年に内部組織として広島県マンション防犯連絡協議会をつくり，広島県警などの協力を得て，平成10年に独自の防犯設計基準をまとめた。「基本的使用として採用すべき対策」と「付加価値を高めるために採用が望ましい対策」を分け，共用部分8か所と専用部分4か所について具体的に使用を定めている。

●事例7　盗難保険と連動した認定制度（イギリス）

　　セキュアード・バイ・デザイン（Secured By Design：デザインで守る安全）のプロジェクトは建築連絡担当官制度を活用した認定制度で，1989年より行なわれている。認定を求める開発業者の住宅の安全性を審査している。この基準に合格した住宅は，認定エンブレムを表示して広告することが許され，販売促進に役立てることが可能となっている。また，保険会社によっては，盗難保険の保険料が安くなり，購入者にとってもメリットがある。

（4）地域の安全活動を活発にする

　　警察や防犯協会などが中心となって地域の安全活動が図られてきたが，市民

参加のまちづくりの高揚の中で，防災や福祉など他の分野のまちづくりと共同して地域の特性に応じて多様な活動がなされている。

●事例8　防犯モデル道路（愛知県）
　環境設計による応用事例としては，日本においては最初のものである。名古屋市守山区白沢小学校区において発生した連続通り魔事件を契機に昭和56年に造られた。平成10年には県下100路線に認定されている。対象路線は，路上犯罪の発生状況，地域住民の協力，道路の構造，周辺環境，利用状況を勘案して指定され，歩道の新設，ガードレール，街路灯の整備，周辺の空き地の改善，非常ベルの設置，防犯連絡所の増設等がなされることになっている。

●事例9　警備業者への業務委託（緑園都市・横浜市）
　横浜市の緑園都市では開発業者がセキュリティーを開発のコンセプトとして全面に打ち出し，クルドサックやループターンの街路を造るとともに，宅地には塀を設けず，低木の植栽により境界を設定している。また，地域ぐるみで警備業者に警備委託をし，24時間集中管理体制のもとで，不審者の侵入など異常事態を総合管理センターで管理している。

（5）市民と自治体と警察が連携する
　防犯まちづくりにおいては，市民と自治体と警察が連携することがきわめて重要であり，また一般市民，多様の専門家との相互連携が必須となっている。また，自治体の中でも，道路，公園，住宅など分野の枠を超えての協力がないと問題の解決が困難で，「防犯」が行政の中では専門領域として成熟しておらず，警察の領域であるという認識が強い。また市民にとっても行政の窓口がどこにあるかが不明瞭である。

●事例10　生活安全条例の制定
　近年生活安全条例の制定をする自治体は多く，平成6年ごろから増加し，全国で600以上の自治体が制定をしている。その多くは理念条例であるが，

防犯に関する自治体と市民，事業者の責務を明確にし防犯まちづくりを自治体業務として位置づけている。その効果として以下があげられる。

① 問題解決能力の向上　地域社会でかかえる問題に関して，市長が中心となって行政が積極的に関与することになり，従来住民と警察だけでは解決できなかった問題も解決できるようになった。

② 協議会設置による参加者の多様化　従来の防犯活動は警察主導であったが，地域住民，自治体，各種団体の参加する協議会の設置により地域安全のための活動への多様な参加者が期待される。

③ 地域住民の自主活動の促進　住民自身が自主活動の明文化により自覚が生まれ，自主活動が促進される。

④ 地区防犯協会への助成　自治体による地区防犯協会など民間防犯組織への助成に明確な根拠が与えられる。

●事例11　イギリスにおける自治体と警察の連携

1984年にイギリスでは犯罪防止政策に関し，内務省をはじめ5省庁による宣言により大きな変化を遂げた。その中で，関係省庁が協力して防犯に取り組むものとし，以下のことを国民によびかけた。

① コミュニティー自身の努力が必要なこと。

② 自治体と警察の連携・協力が必要であること。

③ 犯罪パターンは地域により異なるため，地域の実情に応じた対策をとること。

④ 環境に対する管理・設計および変更をとおして犯罪の機会を減少させること。

1998年には「The Crime & Disorder Act」が制定され自治体と警察の連携・協力が義務づけられた。その結果，防犯設計指導官・建築連絡担当官などが設けられている。

以上，具体的事例を紹介し，具体的な防犯まちづくりの進め方を示したが，

・できることから始める

・総合的に取り組む

- 費用対効果や優先順位を考える
- 地域安全情報を把握，提供する
- 地域安全活動などと連携して進める

などに留意しながら進めることが望まれている。

2節　住環境と防犯

1．荒廃した高層団地

　戦後の著しい住宅不足や地価高騰による高密度建設の要請，都市の不燃化の要請によって，鉄筋コンクリートの集合住宅は増加し，今日では大都市圏の住宅総数の半数以上を占めるまでになっている。都市の中心的な住まいとなった集合住宅は，鍵一つで容易に戸締りができる防犯性の高い住宅として，プライバシーを重視する都市生活者に歓迎された。その中でもとくに，高層住宅（日本では6階建て以上の集合住宅）は住宅全体に占める接地階住戸の割合が少なく，窓からの侵入機会が減少するために，犯罪には強いと考えられてきた。

　ところが，1970年代初め，高層住宅は犯罪の温床になりやすいというショッキングな研究成果が，米国の建築家ニューマンによって示された。彼は，著書『まもりやすい住空間』の中で，犯罪が多発した高層住宅が実際にたどった不幸な結末を紹介している (Newman, 1972)。

　この高層団地は，ミズーリ州セントルイス市にあるプルーイット・アイゴー団地といい，11階建ての住棟が19棟から成る2,764戸の公営住宅団地で，1955年に建設が開始された。ところが入居後，犯罪や破壊行為に見舞われるようになり，環境の悪化とともに入居者が次々と転出していった。人気の少ない高層住宅はますます犯罪をよび，この悪循環によって最終的に空き家率が7割にも達したといわれている。団地を管理していた市の住宅公社は，さまざまな改造を試みたものの少々のことでは事態は改善されず，仕方なく団地を壊して跡地に防犯性の高い住宅を建設することになり，この団地は1974年爆破により撤去されるに至った。

この時の映像は欧米の主要国でテレビ放映され，とりわけ建築界には大きな衝撃を与えたといわれている。この団地は，世界的に著名な日系2世の建築家ミノル・ヤマサキ氏の案が競技設計において優秀賞に選ばれ，それに基づいて設計されたものである。ちなみに氏は，2001年9月，連続テロによる爆破攻撃を受けて崩壊したニューヨークの世界貿易センタービルの設計者でもあった。原因はまったく異なるが，氏が手がけた建築が不運にも2度にわたって予想外の破壊を受けることになった。

さて，この団地はなぜ荒廃したのだろうか。団地の設計案が賞を獲得した背景には，20世紀最大の巨匠といわれたフランスの建築家ル・コルビュジェ（Le Corbusier）の影響が考えられる。彼が提案した近代都市計画の理念は，「太陽・緑・空間」をキーワードとする「公園の中に立つ都市」の姿であった。太陽の光が燦々とふりそそぎ，心地よい風が通り抜けていく健康的な住環境を実現するために，住宅は広大なオープンスペースの中に，空に向かって高く積み上げられることが理想とされた。プルーイット・アイゴー団地もまさにこの理念に沿ったものであった。

ところが，通過交通が排除された交通事故の心配がない団地内の公園は，住宅とは切り離されて計画されたために，夜間に駐車場やバス停から徒歩で帰宅する入居者にとって危険であるばかりでなく，茂みの存在によって昼間でも子どもたちが遊ぶのに危険な場所となってしまった。また，よそ者が入居者にとがめられることなく自由に入ることができる住棟，避難階段やエレベーターなどの死角になりやすい共用空間は，犯罪企図者が徘徊し，薬物取引まで行なわれる場所となった。この団地は公営住宅で，社会的経済的に困難をかかえた人たちが多く入居していたこともこれらの問題を深刻にした要因ではあったが，ニューマンは物理的な要因に目を向けた。そして，ニューヨーク市の公営住宅の犯罪と発生場所に関する大量のデータを分析した結果，団地規模が大きいほど，また建物の高さが高いほど犯罪に見舞われやすいこと，同じ規模であっても設計のあり方が防犯性を左右することなど，空間の特性が異なれば犯罪発生率も異なることを明らかにした。

ニューマンは，犯罪に見舞われやすい高層住宅の空間的特性の解析をとおし

て，「領域性（territoriality）」「自然的監視（natural surveillance）」「イメージ（image）」「環境（milieu）」という防犯性の向上に寄与する4つの空間原理の重要性を説いた。

彼がめざしたものは，単に物理的に犯罪を受けにくい環境をつくりだすことではなく，急激な都市の成長によって生み出された，見知らぬ隣人によって構成される近代の住環境において「自衛するコミュニティ」を創造することであった。それは組織的，意識的な防犯活動をさすのではなく，日常生活の中で展開される居住者によるインフォーマルな活動が犯罪を減少させるという期待に基づいている。そのためにニューマンは，環境設計を人々のインフォーマルな活動を支援するものとして位置づけ，とくに自然的監視機会をともなった領域性の高い空間の創造を重視したのである。

2．日本の高層住宅は安全か

アメリカのような犯罪多発国ならともかく，日本でも高層住宅の空間特性と犯罪発生との関係が見出せるのだろうか。このような疑問から筆者らは過去に入居者調査を行なった。注2 結論からいえば，物理的環境が犯罪発生や入居者の不安感に与える影響について，犯罪の程度の差こそあれ，ニューマンの成果を追調査することができた。その具体的な内容を以下に紹介する。

▶▶▶▶▶
注2　この調査は1978年から1985年にかけて実施したもので，無防備な高層住宅から防犯志向型の高層住宅までを含む高層住宅17団地を対象とし，4,977世帯から回答を得た。

高層住宅居住者によって申告された犯罪被害を分類すると，窃盗（66.1%），性犯罪（15.9%），その他（18.9%）となった。窃盗はさらに，侵入盗（1.8%），自転車盗（28.5%），バイク等の乗り物盗（6.0%），非侵入盗（車上狙い・置引き等，29.8%）に分けられる(瀬渡, 2000)。このように，高層住宅では乗り物関連の被害が多く，住戸への侵入被害の割合はわずかであった。性犯罪のおもなものは強制わいせつ，少女わいせつであった。これらの発生場所は，窃盗では，自転車置き場，駐車場，住棟入口付近など「屋外共用スペース」が60.8%を占め

第3部　犯罪を予防する

るのに対して，性犯罪はエレベーター，避難階段，屋上などの「住棟内共用スペース」が72.8%を占めている。従来，「高層住宅は犯罪に強い」と考えられてきたが，以上のことからもわかるように，それは住戸侵入に対する安全性であって，実は高層住宅の共用部分は住棟の内・外ともにけっして犯罪に強いとはいえないことが明らかになった。

　しかし，近年犯罪の状況が変化してきている。4階建て以上の「中高層住宅」に関して1998（平成10）年から2000（平成12）年の犯罪発生率（1,000戸当たりの発生件数）の推移をみると，侵入盗，強制わいせつ，強盗のいずれにおいても増加が著しい（図7-8）。とくに2000（平成12）年には，従来は侵入盗の発生率が高かった「一戸建て」を追い越してしまった。侵入盗の増加の背景にはピッキング（玄関ドアの錠前の不正解錠）という犯罪手口の横行があるが，その要因として高層階になると建物周囲からの監視機会が少なく，人気も少なくなることが考えられる。また中高層住宅は，住棟への侵入制限がない，昼間留守の世帯が多い，入居者間の交流が少ない，などの環境特性や入居者のライフスタイルが侵入盗の増加に影響していると考えられる。

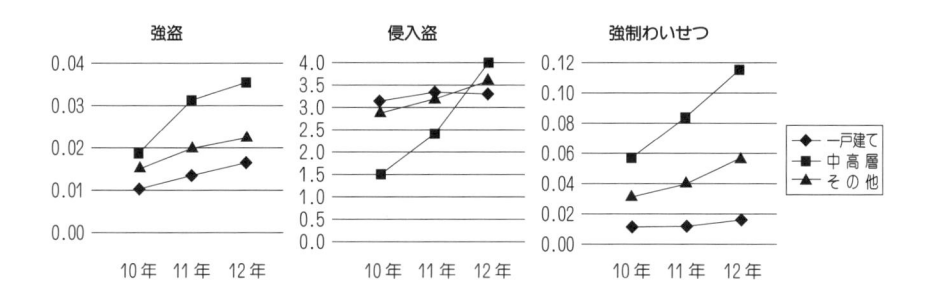

■**図7-8　住宅における1,000戸当たりの犯罪発生件数の推移－平成10～12年（全国）**
（（財）ベターリビング，（財）住宅リフォーム・紛争処理支援センター，2001）

　以上のように従来は鍵一つで安全と考えられてきた背の高い集合住宅は，犯罪手口の変化によって，住棟内の共用空間だけでなく，実は住戸侵入の危険性も高いことが明らかになってきている。

ところで多くの大規模な超高層住宅では，今日のように犯罪が急増する以前から防犯設備の設置や警備員の巡回など何らかの防犯対策が講じられてきた。このような防犯対策が講じられた高層住宅は，開放的で無防備な高層住宅と比べて明らかに犯罪発生や入居者の犯罪不安感が低いことが明らかになっている(瀬渡, 1994)。しかし，特別な防犯設備を備えない高層住宅でも，計画・設計の差異が防犯性を左右することも以下の調査結果が示すとおりである(瀬渡, 1989)。

　図7-9は，住棟形式の異なる2種類の高層住宅を示している。防犯カメラもオートロックシステムも設置されていない上図は，一般によく見かける片側に廊下のある「片廊下型」とよばれるタイプである。10〜11階建てで，廊下に面して14の住戸が並び，棟全体では平均146の住戸が1か所のエレベーターを利用する。一方，下図は住棟の入口ごとにエレベーターと階段が設置されている「2戸1エレベーター型」とよばれるタイプである。8〜14階建てで，住戸は階段の左右に配置され，平均24戸が1か所の階段とエレベーターを利用する。いずれも分譲住宅であり，入居者の属性も近似している。

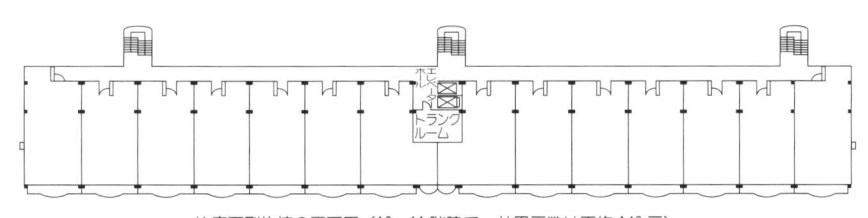

片廊下型住棟の平面図（10〜11階建て・共用戸数は平均146戸）

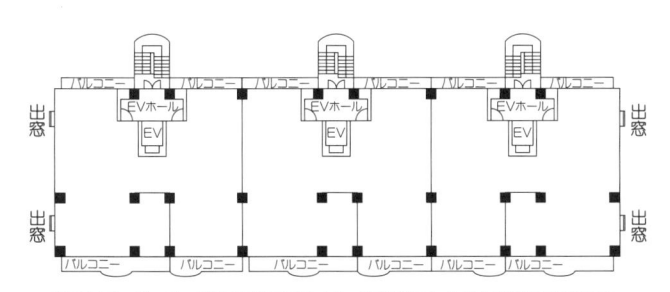

2戸1エレベーター型住棟の平面図（8〜14階建て・共用戸数は平均24戸）

■図7-9　エレベーター1群当たりの共用戸数の異なる高層住棟

これらの高層住宅を比較した結果,「2戸1エレベーター型」は犯罪被害が少なく,エレベーターに乗り合わせる人どうしの顔見知り度が高く,またエレベーターを利用する際の犯罪不安感も低いことがわかった。さらに,「エレベーターやその近辺で不審者を発見したらどうしますか」という質問に対して,不審者に直接「どちらをお訪ねですか」あるいは「何をしていますか」と声をかけると答えた人が多かった。

以上の結果は,146戸と24戸という居住グループの規模の違いが,明らかに人々の空間認識に差異をもたらすことを示している。すなわち「2戸1エレベーター型」では,入居者は住戸まわりの空間を「自分たちのもの」であると感じ,その空間の正当な利用者である入居者の顔を互いに知っていて,不審者の侵入に対して自衛意識をもっている。入居者にこのように感じさせる空間の性質を,「領域性が高い」ということができる。

3. 領域の概念と防犯性能

1960年代以降,わが国では住宅の大量建設の要請に応えて大規模な集合住宅地が形成されてきた。その計画指標の模索の過程において,「領域」の重要性が認識されるようになり,研究も進められてきたが,この概念の理解には一部に混乱もみられる。そこで,以下では「領域」の概念について整理しておきたい。

(1) 領域の概念

「領域」とは,空間的広がりを意味するかなり包括的な概念である。辞書には,①領分とされる区域。そのものの関係のおよぶ範囲。②(学問・研究などで)専門とする範囲。領分。③国際法上,国家の主権のおよぶ範囲(領土・領海・領空)(『日本国語大辞典』小学館)と記されており,「領有」と密接に結びついた概念といえる。日常的には,圏域・区域・範囲という意味の使用も多く,その場合,なんらかの境界の存在を前提としたものから,単に漠然とした空間の広がりをさす使われ方まで多様である。

これまで建築計画などの空間計画分野において,領域の概念は2つの意味でとらえられてきた。一つは「なわばり(territory)」であり,もう一つは居住者

が日常の活動をとおして慣れ親しんだ地域・行動範囲，いわゆる「行動圏(home-range)」である。防犯性能との関連を取り上げる本稿においては，領域は前者の「なわばり」を意味する。後者も単なる行動範囲をさすのではなく，居住地の特定の空間が他の空間と異なると意識される範囲を重視している点で，居住地空間について考察する際の重要な概念であることはいうまでもない。

さて，「なわばり」は，本来どのような意味をもつものだろうか。身近な経験から，われわれはだれもが身体のまわりあるいは住まいの周囲に，他人の侵入を拒む空間をもっていることに気づくが，このような空間や行動反応についての研究は，まず動物に関して始められた。

① 動物のなわばり

多くの動物には，土地の保有・スペーシング（個体間間隔の保持）・順位制といった行動法則がみられる。それは，同種の他の個体と空間的に距離をおくことや社会的な順位づけを行なうことを意味しており，そのおもな機能は，種の存続にあると考えられている。すなわち，同種の個体が争いによって優劣を決めることを避けて，個体の適応度を高めようとしているのである。なわばり制もそのような機能をもつ行動法則の一種である。

なわばりとは，「動物もしくは動物のグループにより，はっきりした攻撃または存在の広告(advertisement)を通じての撃退によって，多かれ少なかれ排他的に占められている地域」と定義される(ウィルソン, 1984)。動物は，資源（食物・巣・卵・ヒナなど）の確保のために，巣を中心とする一定範囲の空間を他の個体に侵入されることのないように守っており，このような空間を「なわばり」とよんでいる。

動物の生活圏には，「総生活圏」「行動圏」「なわばり」というヒエラルキーが存在する。総生活圏（total range）は，動物が一生のうちに過ごす地域の全体をさす。行動圏（home range）は，なわばりの周囲に広がり，動物が学習し習慣的に巡回する地域をさす。ふつう行動圏をパトロールするのは食物を守るためである。多くの種では，行動圏はなわばりよりも大きいが，両者が一致することもある。

動物は，自分のなわばりの外では他の個体から攻撃を受けて負かされる場合

でも，なわばりの中では勝率が高くなる。このように，なわばりはホームグラウンドとして動物の生活に安定を与える。しかし，すべての動物がなわばりを形成するわけではない。また，なわばりをつくる動物でも，地形や食物の量などの外的条件が変化すれば，なわばりの大きさが変化したり，なわばりをつくらなくなることもある。つまり，動物のなわばり行動は遺伝的にプログラムされたもので，それは，生殖や採食および種族の維持と不可分に結びついていて，必要がなければ動物は本能的になわばりをつくらず，なわばり争いもしない。

② 人間のなわばり

人間にもこのようななわばり行動が観察される。居住地に関していえば，ここは自分のものだと思う土地を防衛するさまざまな手段（壁・柵などによる囲いこみ，侵入者に対する直接的な攻撃など）を古くから用いてきたし，当然，住宅はなわばりそのものであった。イギリスの慣習法では，何世紀にもわたって，家庭はその人の城とみなされ，政府の役人さえ不法な捜索や差し押さえはできぬよう守られてきた。また人類がまだ広大な原野に散住して狩猟採集生活を送っていた時代には，動物にみられるような採食にともなうなわばりがみられたといわれている。

しかし，人間のなわばりは，動物とは様相が異なる。人間の生活行動も「巣＝住宅・住戸」を中心に展開されるのが一般的であるが，そのような「巣」をとりまく一定の範囲に，動物のように他の区域と隔てる明瞭な境界があるわけではない。また，攻撃などによって排他的に占められているわけではない。

もちろん住宅，住戸という私的空間は，家族が占有する権利が保障されており，そこに許可なく侵入しようとする者は，生命・財産を脅かす者としてさまざまな手段で排除される。しかし，居住地の多くの空間（たとえば集合住宅では廊下や住棟入口，戸建住宅地では住宅前の街路など）は近傍の住宅や住戸によって共用されており，よそ者であるという理由だけでは排除されない。ただし不法行為や反社会行為を犯す者があれば，居住の安定を脅かす者として，排除しようとする意識が周辺居住者にはたらくことがある。このように，居住地においては，住宅・住戸以外にも，居住者の領有志向，排他志向の強い空間の存在が観察される。これらのエリアは「共有のなわばり」とみなすことができ

る。伝統的な居住地は，このような居住者の意識にささえられて，不審な侵入者に対して共同で防衛に当ってきたといえる。

ところで，人間の周囲には他人が接近しすぎると非常に不愉快に感じると同時に，その人の影響下に入ったと感じさせる泡のような空間が存在する。この空間は，パーソナル・スペース（personal space）とよばれている。他人がこの空間に侵入してくると，われわれは動物のように攻撃という行動には出ないが，何らかの拒絶反応を示すことが多い。このような空間は，人とともに移動し，その中心に人がいないと形成されないので，巣を中心に形成される「なわばり」とは異なるが，その機能（＝防衛・安定）からみて「持ち運びできるなわばり」とみなされている。

（2） 領域と防犯性能

ニューマンの理論を受けて，領域論を中心にすえた著者らの防犯研究は，既存の高層住宅団地の空間特性と犯罪発生および居住者の犯罪不安感との関連の分析によって，高層住宅団地の防犯性能ひいては一般の住環境の防犯性能を高めるための建設と改善の指針の確立を目標としてきた。

わが国でも，都市化の進展にともない高層住宅が数多く建設されるようになった1970年代には，エレベーターや屋上を中心とする共用空間において犯罪が多発するようになり，その管理担当者や警察関係者は「死角の場所をつくらない」ことを建設部門に要請するようになった。しかし，従来，犯罪は社会経済的な要因で引き起こされるという認識が支配的で，住戸・住棟・園地・歩路・駐車場などのさまざまな空間特性の犯罪への寄与については部分的にしか理解されてこなかった。そのため，建築計画や住宅計画の分野において，防犯性能は「鍵と錠」の問題に矮小化されてきた。すなわち，せいぜい各戸への侵入が問題視される程度で，それも積層集合住宅では鍵一つで侵入盗には安全という「神話」のために，重大な問題として扱われることはなかった。高層住宅において，住戸以外の共用部分で発生する犯罪こそ問題にされなければならなかったのだが，それに気づかれるまでには時間を要した。

この研究で対象としている犯罪は，「ふとしたはずみの犯罪（crime of opportunities）」である。これは特定の個人や資産を狙った計画的犯罪をさすのではな

く，空間の特性によって触発される犯罪で，「好機をとらえた犯罪」あるいは「機会犯罪」と言い換えることができる。そのような犯罪には，高層住宅では，戸外窃盗，器物破損，シンナー遊び，婦女追随，強制わいせつ，少女わいせつ，浮浪行為などがある。

このような犯罪が発生する要因が，住環境の空間特性（おもに領域性と自然的監視性の欠如）にあるというのが仮説である。以下では，領域についてより詳しく説明しておこう。

「領域」とは，特定の居住集団に帰属しており，そこでの行為がその集団のゆるす範囲に制限されるところの一定の空間をさす。近隣地区においては，私的エリア，半私的エリア，半公的エリア，公的エリアの4つの水準の異なる領域が考えられる（図7-10）。私的エリアは住宅・住戸をさし，それを占用する家族に帰属している。したがって，その家族の許可がなければ無断でそのエリアに侵入することはできない慣習になっている。半私的エリアは住宅・住戸の直接の延長部で，個人庭や玄関ポーチなどをさし，やはりその家族の支配権が強く及ぶエリアである。半公的エリアは，高層住宅においては，階段・廊下・棟間スペースなどをさし，ふつうそれを共用する複数の家族に帰属していると考えられる。そのため，このエリアに立ち入るよそ者は，そこに立ち入った要件を明示的にしろ暗示的にしろ明確にしないかぎり，その複数の家族のだれか，あるいはその代理人によってやわらかく尋問されるか，強く命令されるなどして退去させられるだろう。公的エリアは，主要街路・大きい都市公園などをさし，必ずしも特定の居住集団に帰属しておらず，ここでの行為はかなり自由になすことができる。

「領域が確立されている」とは，この4つのエリアが，エリア相互に何らかの手段を介して段階的に構成されている状態をさす。とくに，半公的エリアが，そこに帰属する者とそうでない者とを容易に見分けられる程よいスケールをもっていることをいう。

したがって，従来の無防備な高層住宅の住棟内共用スペースや住棟まわりの園地は，本来的には半公的エリアとして確立されないと防犯性能は低くなるのだが，上記のような領域画定（territorial definition）がなされていないために，

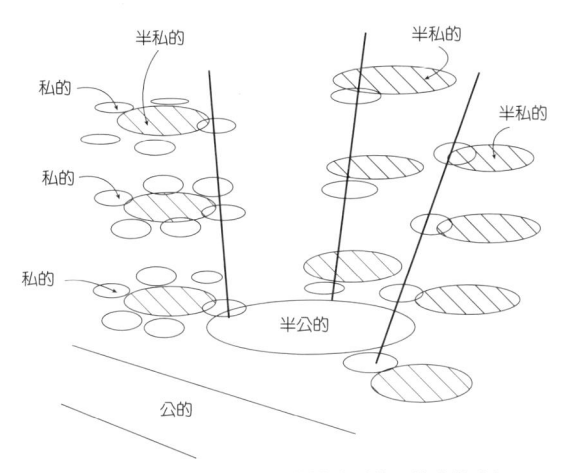

■図7-10　まもりやすい住空間の段階構成（積層集合住宅）(Newman, 1972)

公的な性格のものになってしまっているといえる。

　このような領域を画定しようとする表現は，身近にも多く観察される。最もよく用いられる方法は「障壁」を設けることである。これは防犯環境設計の手法の中の接近の制御（アクセスコントロール）と同義で，一言でいえば犯罪企図者を接近させないための方策である。障壁には「実際的障壁（real barrier）」と「象徴的障壁（symbolic barrier）」の2種類があり，侵入を直接に阻止するのに効果的なのは，背の高い塀，柵，門扉などの実際的障壁である。現在ではかなり一般的な装備になっているオートロックシステムもその一例である。一方，象徴的障壁には，歩行面の仕上げ材料の変化，短い階段，背の低い植込み，門扉のない門やアーチなどがあり，物理的に侵入はできても，心理的には侵入しにくい仕掛けといえる。住環境の領域性を高めるには，これらの手法がうまく組み合わされること，各エリアが適度なスケールで計画されること，さらに自然的監視機会が十分に備わることが重要である。

　ニューマンによって発展させられた「まもりやすい住空間」の理論は，環境設計とコミュニティ活動をうまく組み合わせることによって犯罪を減少させられるという考えに基づくものであった。人々が近隣の人々と顔見知りであるな

ら、よそ者を即座に見分けることができるだろうし、不審者とわかれば警察に通報するという行動がとれる。あるいは、近所の人々と協力して犯罪行動を阻止することもできるだろう。わが国において、集合住宅の犯罪の急増を背景に、具体的な防犯手法を示した設計ガイドライン（国土交通省による「防犯に配慮した共同住宅に係る設計指針」2001年3月；巻末資料4参照）が策定されるなど、防犯環境設計を充実させる動きが強まっているのは好ましいことである。このような防犯環境設計に取り組む際には、安易に防犯設備などに依存するのではなく、「自衛するコミュニティ」を支える環境設計のあり方を基本にすえた検討から始めることがたいせつである。

3節　防犯まちづくりにおけるコミュニティの役割

　ここ20数年で日本の犯罪率が増加の一途をたどっている理由の1つに、急速な都市化にともなうコミュニティの崩壊があるといわれている。日本では昔からコミュニティによる自衛が成立してきたという考え方があり、コミュニティにどれほどの防犯効果があるのかについてはまだ明らかになっていないにもかかわらず、コミュニティが存在しない地域でより多くの犯罪が起きているという図式が一般化している感がある。ところが、地域住民主導型のまちづくりで一定の評価を得ており、「コミュニティがある」といわれている下町でさえも、犯罪が多発しているのが現状である。防犯まちづくりに必要なコミュニティとはいったい何なのであろうか。

1. コミュニティの死角

（1）コミュニティとは何か

　コミュニティに関する研究は、おもに社会学において進められているところであり、コミュニティの概念は、その研究者の数だけあるといわれるほど多岐にわたっている。ヒラリー(Hillery, 1955)は、これらのコミュニティの概念に関する論義を分析し、おおよそ共通する点として地域性と社会的相互作用（共同性）

の2つをあげている。日本では，国民生活審議会コミュニティ小委員会の報告(1969)において，初めて「コミュニティ」という言葉が定義された。それによれば，コミュニティとは，「生活の場において，市民としての自主性と責任を自覚した個人および家庭を構成主体として，地域性と各種の共通目標をもった，開放的でしかも構成員相互に信頼感のある集団」であるとしている。また，「この概念は近代市民社会において発生する各種機能集団のすべてが含まれるのではなく，そのうちで生活の場に立脚する集団に着目するものである」としている。ここには，かつての村落共同体や伝統的隣保組織が崩壊した後に，生活の質を向上させる新しいシステムをもった集団が生まれることへの期待が込められている。近年では，共通のテーマをもって集団と成す「テーマコミュニティ」といった，必ずしも地域性を有さないコミュニティも認知されている。「テーマコミュニティ」に対して，さきに述べた地域性と共同性を有するコミュニティを「地域コミュニティ」とよぶこともある。

　本節は，防犯まちづくりにおけるコミュニティの役割をテーマとするものである。ここで防ぐべき犯罪として対象とするのは，環境防犯設計と同様に侵入盗，ひったくり等の機会犯罪である。機会犯罪がその発生を場の状況に影響されるものであることを考えると，本節におけるコミュニティは，地域性と共同性を併せもつ「地域コミュニティ」とするのが適当である。また，まちの防犯を考える際に「コミュニティ」という用語はさまざまな文脈で使用されている。一例をあげれば，「日ごろから挨拶を交わすようなまち」であるとか，「近所づきあいが活発なまち」に対して「コミュニティがある」と表現されることがある。本稿では，コミュニティを自立した地域住民組織と定義しているので，挨拶や近所づきあい等がある状態を可能な限り「コミュニティがある」とは表現せず，「近隣交流がある」等と表現したいと思う。

（2）コミュニティの死角で発生した事件

●事例1　親切につけいる窃盗

　東京都某区駅周辺では，女性が老人に「荷物が重くてたいへんね」などと親しく声をかけ，家にあがり窃盗をはたらく事件が2000年10月から約半年の間に15件発生した。被害者はいずれも65歳から89歳の女性ばかりであ

り，午後2～3時ごろひとりで歩いているところに声をかけられている。この事件に関連して2001年5月，警視庁は1人の日本人女性を窃盗の容疑で逮捕した。調べによると，この容疑者は「奥さん，お近くにお住まいですか。トイレを貸して下さい」などと声をかけて自宅にあがり込み，被害者がお茶を入れているすきに，台所にあった財布を盗んだ。同手口の窃盗について関連を調べている。

●事例2　独身寮の空き巣狙い

　都内にある有名企業の独身寮において，2000年3月から約1年間に100件以上の空き巣が発生した。管理人が駐在する間に被害にあった寮もある。被害総額は数百万円にのぼるという。この独身寮連続空き巣事件に関連して2001年5月，警視庁は1人の日本人男性を窃盗と住居不法侵入の容疑で逮捕した。調べによると，この容疑者は工事会社が使うヘルメットをかぶるなど工事関係者を装い侵入口を探し，ベランダのガラス戸を破って侵入していた。同容疑者は独身寮ばかりを狙った理由について，「独身寮は警戒心が薄く，人通りが少ないところにある」と述べているという。また，東京，神奈川，千葉などの空き巣数百件の余罪についても関与をほのめかしているという。

　事例1では，事件は昼下がりの下町で起きた。たとえ女性でも見ず知らずの人に声をかけられて，家にあげてお茶まで出してあげるあたり，その人の人柄のよさと土地柄のよさが伝わってくる。人の善意を利用するとは，何とも腹立たしい事件である。事件が起きた地域では，知らない人に声をかけたりかけられたりということ自体，あまり珍しいことではないのかもしれない。親切に声をかけてくれる女性に対し，まさか悪事を企んでいるとは思わず油断してしまったことが，このような事件につながったものと思われる。

　事例2では，寮が被害場所となっている。寮は，共同住宅の中でも居住者どうしの交流がさかんで顔見知りの関係が確立したものの一つであろう。また，管理人が駐在している寮も多い。そのような一見守りの堅そうな「寮」という空間がなぜ狙われるのであろうか。犯人が供述しているように，寮では居住者の犯罪に対する警戒心が低下しがちであるのも事実であろう。これは，被害に

あった部屋の中に，扉の鍵を施錠してない例があることからも推測できる。「不審者がこの建物に入れば，きっと（自分以外の）だれかが気づくはずである。この建物内にいる者で怪しい人間はいないはずである」というような考えから安心してしまい，基本的な防犯対策を講じなかったことが，被害拡大の一因と考える。

(3) 安心感と油断

　先に紹介した2つの事件では，いずれも被害者が無防備であることを利用した犯罪である。「ここは大丈夫。自分は大丈夫」という気持ち，いわゆる安心感があったのであろう。では，なぜこのような安心感が生まれたのであろうか。

　下町や寮は，人間関係が豊かで近隣交流がさかんであるといわれ，いわゆる「コミュニティがある」と表現されることが多いところである。そして，防犯の分野では，「あいさつや，顔見知りの関係は犯罪を防ぐ」といったことをよく耳にする。彼らの安心感は，その地域や建物の雰囲気が，犯罪者を寄せつけないものであるという考えから生まれているのではないだろうか。そしてそのおかげで，防犯設備に頼らずとも安全が確保できていると，頭のどこかで考えているのではないだろうか。

　たしかに，犯罪企図者にとって，地域住民からあいさつをされたり，ジロジロ見られたりということは恐怖であろう。しかし現実は，まちに人が出ている時間よりも出ていない時間のほうが長いであろうし，セールスマンや作業員になりすます等怪しまれない方法はいくらでもある。事例で見たように，堂々と家にあがりこむ者さえいるのである。そうなると，その場所に犯罪企図者が入りやすい雰囲気があるかないかにかかわらず，最低限の防犯対策は必要だということになる。湯川(2001)は，ニューマンが高く評価したサンフランシスコのセント・フランシス・スクエア団地について，「防犯志向的空間デザインの模範とばかりに褒めあげたため，居住者が対策を怠り，犯罪に苦しんでいる例」としてあげている。そして，「その効果を居住者の自衛行動に依存するタイプの防犯志向環境は，ほとんどの居住者が外に働きに出るなど自宅環境を留守にする時間帯には，けっして防犯空間とはいえなくなる（人が寝静まっている深夜早朝も同様）」としている。まちの雰囲気だけで防げる犯罪はないということであろ

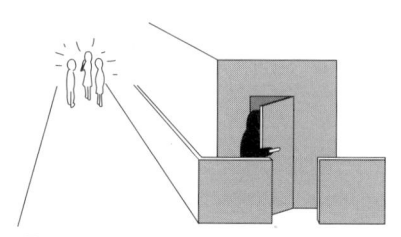

▬図7-11　近隣交流が犯罪を防ぐ…？

うか。実際の防犯性能に見合わない安心感は，心にすきをつくりたちまち犯罪企図者の餌食になりかねない。

2．まちの防犯対策

（1）防犯まちづくりの概要

　アメリカにおける防犯対策は，1950年までは警察力の執行による犯罪発生後の対応が主であった。しかし，1960年代に入り，市民の日常生活を脅かす犯罪が急増したことで，従来の刑事司法システムだけでは犯罪および犯罪に対する市民の不安感は抑制することはできなくなった。このような状況から，1960年代末にコミュニティ防犯（Community Crime Prevention）と総称される「先制型」で「被害者指向型」の犯罪対策が登場し，従来の「対応型」で「犯罪者指向型」である刑事司法システムを補完することとなる。1970年代になると，防犯対策への市民参加は急速に広がり，1980年代の初期には，警察主導の防犯対策が疑問視されはじめる。そして，地域住民組織の主体的な活動が重視される時期もあったが，結局は住民組織の防犯能力も警察の支援なしでは限定されたものになることが明らかになり，1980年代の中期以降は，警察と市民が協同で行なう防犯対策が重視されるに至っている。

　現在，防犯まちづくりは，犯罪企図者の犯罪遂行リスクを高めその機会を縮減する方策や，インフォーマルな社会統制を再強化する方策として位置づけられている。この犯罪予防の活動は，アメリカの犯罪学者であるローゼンバウム（Rosenbaum, 1988）によれば，個人単位，世帯単位，近隣単位で行なう「市民防犯活

動」，建物や街並みの設計を中心とした「防犯環境設計」および，徒歩によるパトロール，巡回連絡，派出所の設置等をとおした「地域警察活動」の3類型に分類される（表7-1）。

表7-1　犯罪予防活動の分類 (Rosenbaum, 1988)

市民防犯活動	個人単位，世帯単位，近隣単位で行なう防犯活動
防犯環境設計	建物，街路，公園等の環境がもつ防犯性を向上させる設計
地域警察活動	徒歩によるパトロール，巡回連絡，派出所の設置等をとおした活動

（2）割れ窓理論

　政治学者のウィルソンと犯罪学者のケリング(Wilson & Kelling, 1982)が提唱した「割れ窓理論」とは，だれかが建物の窓ガラスを1枚壊し，それを修理せずに放置すると，2枚目，3枚目の破れ窓が発生して建物が荒廃し，やがては街全体の秩序が乱れてゆく，というものである。無法行為や軽微な犯罪などを取り締まらずに放置すれば，無法者は数を増し行為をエスカレートさせ，その地域一帯の荒廃は進んでゆくという。この理論は，重大犯罪に偏重する従来の犯罪政策に一石を投じ，警察力の振り分け方を見直すことを訴えた。ルドルフ・ジュリアーニがニューヨーク市長に就任した1994年，ニューヨーク市では「割れ窓理論」に基づき小さな違反も許さない「ゼロ・トレランス」戦略が展開された。この社会実験により同市は過去に経験しないほどの犯罪率減少を実現させた。この警察活動は，ニューヨークの76の警察管区ごとに行なわれた。地域ごとにかかえる犯罪問題を正しく認識し，その地域に合った解決策を見出すことから始められたのである。その過程においては，警察が地域住民の中に入り問題把握に努めることや，地域住民が警察活動を理解し警察とともに犯罪に対処することが重要であるといわれている。

（3）生活安全条例

① 生活安全条例について

　生活安全条例とは，「自治体が地域住民の生活の安全に寄与すること」および「地域住民が自らの生活の安全を確保する気運を高めること」を目的として，

- 防犯，防災等に関する自治体，事業者および市民の責務
- 地域住民の安全意識の高揚と自主的な安全活動の推進
- 犯罪，事故などの防止に配慮した生活環境の整備

などを規定する条例を総称したものである。1979（昭和54）年6月，京都府長岡京市において，全国で初めて防犯条例が制定された。長岡京市で同条例が制定されたのは，ある殺人事件がきっかけとなったのだが，他の自治体についても条例制定の背景をみると，オウム真理教（アレフに改称）の起こした一連の事件であったり，少年犯罪および住宅対象侵入盗の急増であったりとさまざまである。生活安全条例は，身近な生活環境における犯罪情勢の悪化を受けて近年急速に広まっており，平成15年1月現在において生活安全条例を制定している自治体は，1,290（都市防犯研究センターホームページより）にものぼっている。生活安全条例の多くは理念条例であるが，防犯に関する自治体と市民，事業者の責務を明確にし，防犯まちづくりを自治体業務として位置づけている。条例の効果としては，問題解決能力の向上，広範な住民の参加，地域住民の自主活動促進，民間防犯組織に対する助成等があげられている（表7-2）。

表7-2 生活安全条例の効果

問題解決能力の向上	地域社会でかかえる各種問題に，首長等が中心となって積極的に関与することで，従来は地域住民だけでは解決できなかった問題の解決が容易になる。
広範な住民の参加	地域住民，自治体，各種団体等の代表者が参加した協議会が設置されることで，各階層からの参加が期待できる。
地域住民の自主活動促進	住民自身が地域安全のための自主活動を行なうことを明文規定されることで，自主活動の促進につながる。
民間防犯組織に対する助成等	自治体による民間防犯組織に対する助成等について，条例上の明確な根拠が与えられる。

最近では豊島区の「生活安全条例」（2000年11月制定）や姫路市の「姫路市民等の安全と安心を推進する条例」（2001年3月制定）でみられるように，新築する共同住宅の建築主に対して防犯カメラの設置等にかかわる警察との協議を指導するものや，暴走族の見物に集まって暴走をあおる「期待族」の規制等，

独自の項目を設ける条例もある。大阪府は都道府県レベルでは兵庫県に次いで2番目に生活安全条例を制定している。大阪府は，「大阪府安全なまちづくり条例」（2002年4月制定）において，金属バット等の凶器の不当携帯やピッキング用具の不当販売等といった行為に対して罰金を科すこととしており，全国で初めての試みとして注目されている。

② 生活安全条例の効果―東京都板橋区を例に

たとえば近年ピッキングの急増等に悩まされている板橋区では，平成14年4月に「生活安全条例」が制定された（表7-3）。板橋区の生活安全条例は，他の多くの区市町村と同様に，実効性よりも理念等に重きを置く宣言条例である。よく「実効性に欠く宣言条例」といった類の表現を目にするが，この条例によって板橋区にどのような変化が起こったかを簡単に説明したい。

1点めにあげられるのは，生活安全協議会が設置されたことである。条例に基づいて，警察，消防，防犯協会，町会，商店街，小・中学校，PTA等各方面の委員が集まる協議会が設けられたことにより，従来独自に対処してきた地域の生活安全に関する問題を，関係機関・団体の連携により効率的に解決することができるようになる。

2点めとして，生活安全条例を制定したことで，生活安全にかかわる事柄の窓口が明確になったことである。これまで区では，犯罪に関する相談事などは，各課での個別対応が基本となっており，担当窓口がはっきりしないものは全て総務課で対応せざるを得なかった。たとえば，同区の生活安全協議会で重点目標としているピッキング対策（図7-12），放火対策，悪質商法対策についてみても，ピッキング対策は住宅課，放火対策は防災課，悪質商法対策は生活文化課という具合である。とくにピッキング対策に関しては，同区はあまり情報をもっていなかったので，警察に相談するよう助言することも多かったようである。地震や火事等の災害に関しては，行政として長く取り組んできた歴史もあり，担当課がはっきりしているが，犯罪に関してはまだまだ「警察の仕事」という意識が強かったのであろう。しかし，今やこの条例を担当した地域振興課は，区民や区の事業者等に対する窓口としてだけではなく，区役所内各課が行なっている生活安全関連事業を把握し，各課連携の中心的役割を担っている。

■表 7-3　板橋区生活安全条例

東京都板橋区生活安全条例
（目的）
第1条　この条例は，地域における犯罪等を未然に防止するため，区，関係機関，関係団体，事業者及び区民が，相互に連携した活動を行うことにより，地域社会における生活安全を推進することを目的とする。
（定義）
第2条　この条例において「生活安全」とは，犯罪等から区民の生命，身体及び財産を守り，区民が安心して生活できることをいう。
2　この条例において「関係機関」とは，区の区域を管轄する警察署，消防署その他の生活安全に関する事務を所管する官公庁をいう。
3　この条例において「関係団体」とは，生活安全に関する活動を行う団体をいう。
4　この条例において「事業者」とは，区内で事業活動を行う者をいう。
（区の責務）
第3条　区は，第1条の目的の達成をするために，次に掲げる施策を実施するものとする。
（1）生活安全に関する意識啓発
（2）生活安全に関する活動の支援
（3）生活安全を推進するための環境整備
（区民の責務）
第4条　区民は，生活安全に関する意識を高め，自らの生活安全の確保及び生活安全に関する活動に努めるものとする。
（関係団体の責務）
第5条　関係団体は，その構成員に対して，生活安全に関する意識啓発に努めるものとする。
2　関係団体は，区が実施する第3条各号に掲げる施策及び関係機関が実施する生活安全に関する施策に協力するよう努めるものとする。
（事業者の責務）
第6条　事業者は，事業活動を行うに当たり，区民の生活安全の確保に努めるものとする。
2　前条第2項の規定は，事業者について準用する。
（生活安全協議会）
第7条　区民の生活安全に関する事項を協議するため，区に，生活安全協議会を置く。
（委任）
第8条　この条例の施行に関し必要な事項は，区長が定める。
付則
この条例は，平成14年4月1日から施行する。

　3点めとして，生活安全にかかわる各種事業が実現しつつあることである。生活安全フェアの開催や，パンフレット作製，防犯標語の公募など，啓蒙活動を中心としたものに加えて，パトロール強化等の警察を巻き込んだ活動も行なっている。そして，平成15年4月からは，自宅玄関の錠にピッキング，サムターン回しおよびカム送り対策を行なう場合に，かかった費用の2分の1を助成する助成制度を開始している。

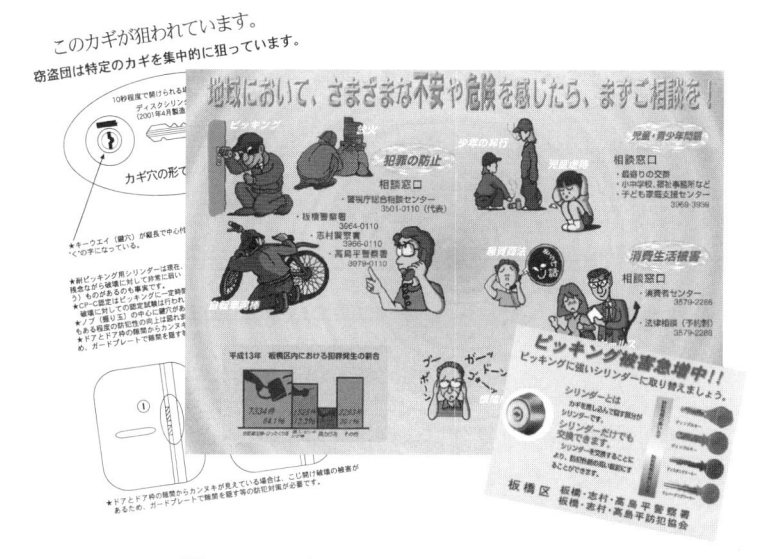

■図7-12　板橋区生活安全条例パンフレット
（左から，大規模建築物等指導要綱に基づく指導の際に配布する防犯錠PR用のパンフレット，板橋区生活安全条例のパンフレット，ピッキング対策PR用のティッシュ）

このように，宣言条例といえども，従来あまり組織的な対応を行なっていなかった分野においては，得る物が非常に大きい。協議会での話し合いを中心として，地域の実情を踏まえた防犯対策が講じられることが十分期待できるのである。

3．防犯におけるコミュニティの役割

（1）警察・行政・地域住民組織の連携による防犯対策の骨格づくり

まちの犯罪特性はまちごとに異なり，侵入盗が多いまち，ひったくりが多いまち，放火が多いまち，とさまざまであるといわれている。また，犯罪傾向や犯罪手口は，時間の経過とともに変化する。効果的で効率的にまちの防犯性能を高めるために，犯罪情勢と住民の防犯に関する要望を十分に勘案し，その時期において，その地域に適したきめの細かい防犯対策を施すことが望まれる。そのためには，自治会，町会，PTAおよびNPO等の地域住民組織と自治体，

警察の連携が必要である（表7-4）。

表7-4　地域住民組織・自治体・警察の役割

地域住民組織	〈市民防犯活動〉 ・地域住民の防犯ニーズを吸い上げて，その地域の犯罪情勢に適した防犯対策の方針を検討する。 ・防犯パトロール等を実施する。
自治体	〈市民防犯活動の支援〉 ・条例等の規制を制定する。マスタープラン等に防犯を盛り込む。
警察	〈地域安全活動・市民防犯活動の支援〉 ・地域の犯罪の現状に関する情報を提供する。防犯に関する専門知識を有する者として，防犯活動をサポートする。

　自治会，町会，PTA等の地域住民組織は地域住民のさまざまな防犯ニーズを吸い上げて，その地域の犯罪情勢に適した防犯対策の方針を住民の視点から検討する。自治体は各種のマスタープラン等に防犯を盛り込み，まちづくりの一環としてきちんと防犯を位置づける。また，条例・指針等によりまち独自の規制・基準等を制定し，あるべき姿を明確にする。警察は，地域の犯罪に関して現状を分析して情報を提供する。防犯に関する専門知識を有する者として，地域住民組織や自治体の防犯活動をサポートする。このように，地域住民組織と自治体，警察は連携してまちの防犯対策の骨格をつくることが重要であると思われる。

（2）地域住民の自主的な防犯対策を促進する

　まちの防犯対策の骨格ができたら，次には，地域住民組織に属さない人も含めて，広く地域住民に広報する必要があるだろう。地域住民や地域の事業者の中には，自己防衛のための防犯対策をしようにもどのようにすればよいのかわからないという人もいる。また，犯罪に遭う危険性を正しく認識することで，適切な対処をしたいと考える人も出てくるだろう。まちの防犯対策といっても，自治体が強制的に行なえるものは少なく，基本的には地域住民おのおのが自己責任のもとで適切な対策を行なうことが必要となる。正確な情報に基づく適切な防犯対策を推進する啓蒙活動が，まちの防犯性能を高める鍵となる（図7-13）。

第7章　防犯環境設計の実際

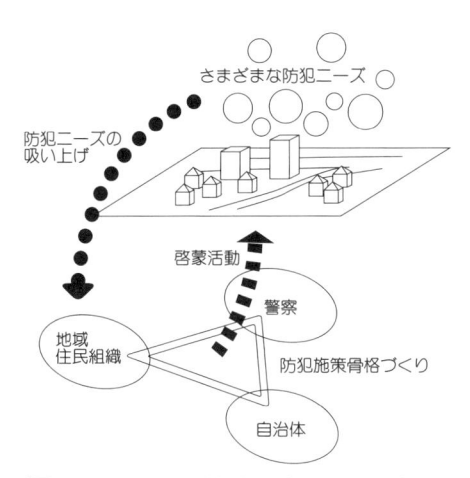

■図7-13　まちの防犯性能向上に関する概念図

　コミュニティは，まちを犯罪から守るという目的をもち防犯対策を講じることで，初めてまちの防犯性能を高めることができるのだと思われる。近隣交流がさかんだということは，コミュニティがあるということの表われかもしれない。しかし，まちにコミュニティがあっても，その活動の目的に防犯をあげていないのであれば，当然まちの防犯性能は向上しないと思われる。これは，基本的なことであるが，まちの防犯を考える際には忘れてはならないことであろう。まちの防犯を考える際に，コミュニティというあいまいな表現でまちを評価しいつまでも安心していては，現実に起ころうとしている犯罪を防ぐことはできないのではないだろうか。

　犯罪は，ここ数年でますます巧妙化，悪質化している。まちとして本気で防犯対策に取り組んでいかなければ，犯罪の急増は免れないと思われる。

第8章
都市空間と犯罪不安

1節 犯罪不安とは

　近年の犯罪は増加傾向にあり，犯罪を未然に防ぐための対策が必要となっている。また社会情勢を反映して，日常生活における犯罪に対する不安感も増加傾向にあると考えられる。環境設計による犯罪予防（CPTED：Crime Prevention Through Environmental Design）に関する研究は，アメリカ合衆国をはじめ，イギリス，オランダなどのヨーロッパ諸国においてさかんに行なわれ，住宅団地や公共住宅の設計や改善により，犯罪防止を目的に実施されている。日本においても同様の研究はあるが，欧米と異なり，犯罪が増加傾向にあるとはいえ犯罪の発生頻度が欧米に比べて少ないため，実際の施策に応用するには日本の環境の中で物的環境と犯罪の関係を計量的に検証することが，きわめて困難である。このことから，日常生活における犯罪に対する不安感を緩和させることも，よい住環境を構築するうえで重要な要素となってくる。

1．犯罪不安という用語

　実際の被害の経験にかかわりなく一定の状況に置かれるか，もしくは一定の状況に置かれた場合を想定した時に，自分が犯罪の被害者になるかもしれないという感情的・情緒的な動揺が犯罪不安である（細井ら，1997）という定義が，わが国において一般的である。犯罪学や社会学の多くの研究は，この定義に基づいて

いる。建築や都市計画においては，より厳密な定義であり，たとえば安達ら(1998)では，建物の内部・外部空間を問わず，人工的な環境設計によってつくり出された都市空間・建築空間の中で，ちょっとした落書きや物の破損行為からひったくりや強盗に至るまで，その人の身辺的な問題からではなく，その場所の環境条件的・空間構成的に問題がある場合に発生する犯罪に，もしかしたら自分が遇うかもしれないという不安感，としている。

　一言で言えば，犯罪不安（fear of crime）とは，とくに，何らかの犯罪に関連づけられた環境的手がかりを認知することで喚起される，危害への恐れによる危険や心配といった情動的反応(Garofalo, 1981)である。

　多くの調査において犯罪不安は「walking alone in the neighborhood」によって測定されている(Scott, 2001)。つまり，「もし夜間，おすまいの地域で，1人で歩いたとしたら，どの程度不安ですか」というような質問の仕方となる。たとえば，細井ら(1997)の調査では，夜道を1人で歩いている時など，実際にある状況下にいる場合に抱く感情的動揺を「現実的犯罪被害不安（actual fear of crime）」，これに対し，ある状況を想定した場合に抱く感情的動揺を「潜在的犯罪被害不安（potential fear of crime）」とし，さらに潜在的犯罪被害不安を，犯罪被害全般についての漠然とした「一般的犯罪被害不安（general fear of crime）」（たとえば，「お住まいの地域で，犯罪の被害に遭うかもしれないという不安を感じますか」）と，ある具体的な状況を想定し特定の種類の犯罪被害について感じる「具体的犯罪被害不安（concrete fear of crime）」（たとえば，「もし夜間，人通りの少ないわき道を，1人で歩いたとしたら，どの程度不安ですか」）とに分けて質問を行なっている。

2．犯罪被害と犯罪不安の関連

　犯罪不安と犯罪発生率は，一対一の対応ではなく，また実際の犯罪場所と必ずしも一致せず(Taylor & Hale, 1986；小俣, 1998など)，さらに，時間帯による犯罪発生率と不安を感じる時間帯と必ずしも一致しない(小俣, 1998)ことが示されている。つまり，不安は単に，犯罪発生状況や犯罪発生場所のみから喚起されるわけでは

ない。このような不一致の理由の1つに,メディアによる犯罪発生に関する情報が,その地域に対する評判やイメージという社会的側面に影響し,犯罪不安を高める (Koskela & Pain, 2000) ことが考えられる。

他に,性別,年齢,社会的階層も犯罪不安に関わる要因として指摘される。社会的階層に関しては,日本においてそれほど顕著ではない。性別,年齢では,生物的特性のために弱者となる傾向のある女性や高齢者は,犯罪不安が高く (Pain, 1997 ; Yeoh & Yeow, 1997 ; Day, 1999 ; McCoy, 1996 など),とくに若い女性は,暴力犯罪・性的犯罪に対する不安が大きい (Mehta & Bondi, 1999)。しかし,このように女性や高齢者のほうが高い犯罪不安を抱いているにもかかわらず,実際の被害は,男性のほうが高く,高齢者が最も低い (Koomen et al., 2000 ; Snell, 2001 ; Yeoh & Yeow, 1997 など)。つまり,これらの人々は,平均的被害率からすると「見当違い(wrong people)」であるとされる (Evans & Fletcher, 2000)。

3. 環境要因的視点

ある空間において犯罪不安が喚起された場合,その犯罪不安は,物理的空間から得られる情報の認知的な処理(リスク評価)と,犯罪という具体的な事象に対する情動の喚起(不安)という心的過程と考えることができる。認知される物理的な空間特性について,さまざまな要因が考えられている。

よくあげられるのは,場の雰囲気を悪くするような特性や要素である無秩序 (disorder) や無作法性 (incivility) である。これには,落書きや破損,ごみの散乱などの「物理的無作法性」と,ホームレスや売春婦,公的場所での飲酒などの「社会的無作法性」がある。地域のこのような特性が高いことは,必ずしも犯罪発生と関係するとは限らないが,不安との正の相関がある (Perkins et al., 1992 ; 小俣,1999, 2000 a など)。またとくに,物理的無作法性に関連し,ウィルソンとケリング (Wilson & Kelling, 1982) による「割れ窓理論 (broken windows theory ; この理論では,修理されないままの割れた窓 (broken windows) の存在は,誰も気にかけないという信号となり,管理の行き届かないことが明らかなため,さらに荒廃がすすむことを示す)」は,住民の安心感や警察に対する信頼への影響を説明

する。

　地域・近隣の凝集性(cohesion)は，増加することで不安が減少する。つまり，共有地へのテリトリアリティーと占有意識が共有地への関心の高まりを左右し，関心が高ければ不安は低くなり，監視性によって相互監視と責任の所在の明確化がうまれ，もし不審な誰かがいたとき自分が通報しなければと思える(ニューマン，1972を参照)。このような立場の研究として，ウィルソン-ダンジェス(Wilson-Doenges, 2000)は，高所得者層と低所得者層の居住地域での比較から，高所得者層の居住地域の方が，地域性の感覚は低いが個人の安全性，地域の安全性が顕著に高いことを報告している。

　人通りと経路(野田ら，1999)，視線の多少(視線輻射量)(大野・近藤，1995)，公園利用選択時の利用者の意識(上杉ら，1999)，また団地内の公園，道路などにおける自然監視性や見通し，空間の熟知度や身近さ(遅野井ら，1999；樋村，2000，2001)が，犯罪不安に関連するという報告がある。小野寺ら(2003)は，見通しのよさ，他者の存在，犯罪者が隠れられそうか(植込みやブロック塀など)，もし犯罪者に出会ったとしたら自分が逃げられるかの判断に関わる空間の物理的特性が，不安に影響を与えるとしている。

　照明関連では，歩行者あるいは照明下にいる人の顔が判別できなくても，その人の存在と挙動が察知できる照度であれば不安感は少なく(照明学会関西支部，1985-1990)，水平面照度(平均値)が3ルクス，鉛直面照度が0.5ルクスの明るさがあれば不安感を与えない(日本防犯設備協会防犯照明委員会，2000)とされる。

　公営住宅と一般住宅との比較をしているローエとバービィ(Rohe & Burby, 1988)は，不安程度の鍵となる変数として，社会的無作法性，物理的無作法性，個人的被害経験，人種，セキュリティ対策をあげている。

　つまり，犯罪不安に関連する要因として，これまでのところ，①空間の見通し，②空間の明るさ，③人通りの多少，④道路形状，⑤道路占有物，⑥建物の用途，⑦建物の窓やベランダの有無，が多くの研究結果に共通してあげられている。

2 節　犯罪不安を喚起する空間要因

　ここでは樋村(2000, 2001)におけるアンケートとヒアリング結果から，不安に感じる理由と不安・安心の判断要素について整理する。

1．アンケート調査結果の分析

　アンケート調査を実施した住宅団地は，昭和58年ごろから入居が始まった東京都内の73 haに計画人口約23000人として整備された団地である。この団地に居住する1500戸に対してアンケート調査票を投函し，約2割の338の回答を得た。回答者の男女割合は男性35％，女性65％である。アンケート結果において，犯罪不安感をもつ空間を図8-1に示す。また，表8-1で示すように，不安に感じる理由としては①人通りが少ない場所がある，②見通しが悪い場所がある，など通行人の自然監視性と見通しの悪さが多数を占めている。

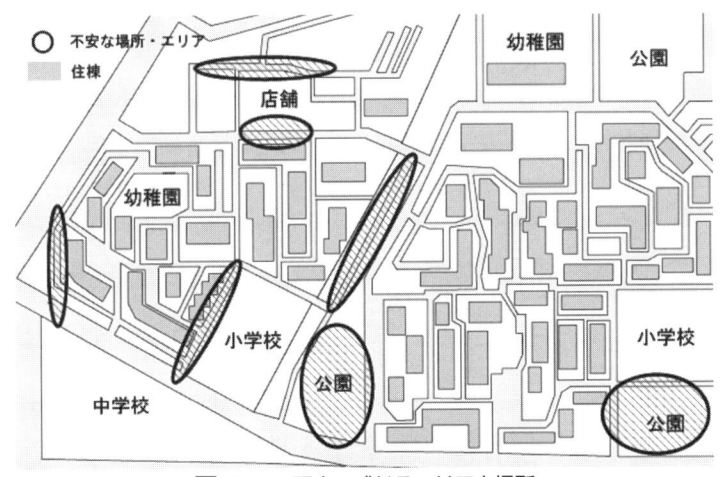

■図8-1　不安に感じるエリアと場所

　これらのことから，団地内の公園，団地内道路等における自然監視性や見通しが不安感に関係していると考えられる。しかし，逆に自然監視性や見通しがよければ安心な空間なのであろうか。この疑問を解くために不安感・安心感の判断要素に関するヒアリングを行なった。

■表 8-1　不安に感じる理由 (樋村, 2001 ; 2001)

理由	人数 (%)
昼間であっても暗い	26 (5.73)
人通りが少ない	154 (33.92)
見通しが悪い	135 (29.7)
不審な人がいるような感じがする	92 (20.26)
その他	47 (10.35)

合計454人

2．ヒアリング調査結果の分析

　さきに行なったアンケート調査対象団地と同じ団地の公園で小学生以下の子どもをもつ住民82人に対して中間領域（たとえば団地内の公園や道路など）に対する不安感・安心感の判断要素についてヒアリングを行なった。その結果を表8-2に示す。昼間の不安感・安心感の判断要素は空間の熟知度や空間の身近さが多くを占め，夜間の判断要素は明るさや見通しが多くを占めている。

　このことから，不安感・安心感の判断要素は自然監視性や見通しだけではなく空間の熟知度や空間の身近さにも関与していることがわかる。

　さきに行なったアンケート調査対象団地と直近の地下鉄駅を結ぶ道路上において，通行人178人に対して犯罪の不安を感じるときの判断要素のヒアリングを行なった。ヒアリングの対象条件としては下記の要件を満たしている人とし

■表 8-2　不安感・安心感の判断要素 (樋村, 2001 ; 2001)

判断要素	昼	夜
空間の熟知度	41	19
空間の身近さ	52	9
見通し	21	32
明るさ	10	57
人（人通り）の多少	19	22
不審者の有無	17	21
犯罪発生情報	4	4
合計（人）	164	164

（各2項目選択回答）

た。
① 女性であること
② 当該住宅団地に住んでいること
③ 通勤・通学路として日常的に同じルートを使っていること

このように限定した理由としては，日常，通勤・通学に使っているルート上で常に犯罪に対する不安感を抱く空間，また安心して歩ける空間をイメージしてもらい，不安に感じる判断要素を抽出するためである。回答者の属性は，会社員101名，学生43名，高校生34名の合計178名である。

安心・不安を感じる判断要素の評価結果を下記にあげる(複数回答可とした)。

① 空間の見通し（117人が判断要素とした）
    - 見通しがよくても逃げられる空間がなくてはならない（道路形状と関係する）
② 空間の明るさ（144人が判断要素とした）
    - 夜間は明るいことが第一
③ 人通りの多少（80人が判断要素とした）
    - 人通りがあれば安心とは言い切れない
    - 人通りが少ないことは不安を増長させる
④ 道路形状（105人が判断要素とした）
    - 道路幅員と歩車分離はひったくりに対する不安感と関係している
    - 交差点の数，カーブは見通しや犯罪に遭遇した時の逃げやすさに関係している
⑤ 道路占有物（40人が判断要素とした）
    - ガードレールがあると安心
    - 植栽・塀・生垣は見通しを悪くしている
⑥ 自動車交通量（24人が判断要素とした）
    - 通過交通量などは判断要素とならない
⑦ 建物の用途（138人が判断要素とした）
    - コンビニなど店舗等があると安心である
    - 夜間の事務所ビルの前などは不安感が強い

⑧　建物の窓やベランダの有無（108人が判断要素とした）
　　・窓やベランダが表出していると多少安心感がある

3．調査のまとめ

　住宅団地での不安感・安心感の判断要素についてのヒアリング結果では，昼間の不安・安心の判断要素は空間の熟知度や空間の身近さが多くを占め，夜間の判断要素は明るさや見通しが多くを占めている結果であった。道路上における調査では通勤・通学経路上での判断であり，空間の熟知度は高い前提であるため，一般的には自然監視性と見通し性が不安感の判断要素となることが考えられる。また，周辺の建物用途が不安感の判断の大きな要素の1つであることがわかった。判断要素を抽出した人の割合を踏まえて不安に感じる空間か否かを計測するパラメータを下記の項目と位置づけた。

＜不安感を評価するための空間指標＞
①　空間の明るさ
②　人通りの多少
③　道路形状
④　道路密度
⑤　周辺建物用途
⑥　周辺建物の窓やベランダの有無
⑦　空間の見通し

4．犯罪不安空間の評価指標

　都市計画・建築的観点から犯罪不安を考えるとき，漠然とした犯罪不安（体感治安）ではなく，現実の空間に立ったときに感じる心理的不安を計ることは都市や建築のプランナーにとってたいへん有効なことである。
　目の前の空間情報が脳に入ったとき，その空間情報と先行情報（あえて加えるなら自分の状態）を照らし合わせ，目の前の空間に対して不安を感じるか否

かの意思決定が行なわれると考えられる。この場合，先行情報の情報源は過去の見聞かマスコミ報道かは関係ない。先行情報の影響度は別途評価すべきではあるが，基本的には先行情報をどのくらい信用するか否かであろう。不安に感じるか否かの意思決定が，意識的にあるいは無意識に行なわれたあとの行動を犯罪不安の評価の一指標として考えたい，つまり「なんらかの空間に直面したとき，どのような対処行動をとっているか」が一つのキーとなり得るのである。この対処行動の分析が，直面する空間の不安尺度の１つの指標になり得るであろう。

対処行動とは，たとえば，①携帯電話で会話する，②周りに気を配る，③誰か迎えをよぶ，④走る，⑤道を変える，⑥タクシーに乗る，⑦引越す，などである。

また，自分の状態とは①性別，②腕力，③服装，④過去の被害，などである。

この対処行動の違いが不安感の強さの違いを表わしているようである。今後は樋村の既存研究における，不安の判断要素と都市空間，さらに実際の対処行動をも評価指標の１つに加え，都市空間と犯罪不安の関係を解明することが重要となる。

3節　街頭犯罪と犯罪不安

1．安全な空間と安心な空間

近年は日常生活の中における身近な犯罪に対する不安感も増加し，それを緩和させることも，良好な都市環境・住環境を構築するうえで重要となってきている。しかし，犯罪に対する不安を喚起する空間要素を排除，または制御することで，おのずと犯罪が減少するわけではない。安全な空間（犯罪企図者からみて犯行しづらい空間）と，安心な空間（一般住民の犯罪遭遇不安を喚起しない空間）は同一なものではないこともある(齋藤,1991)。安全な空間を形成することなく不安感軽減策を講じることは住民が無防備になることである。したがって犯罪不安を考えるときは犯罪予防も同時に考慮しなくてはならない。

これらの考え方は一般に「環境設計による犯罪予防（Crime Prevention Through Environmental Design：以下 CPTED）」とよばれている。CPTED は犯罪が大きな社会問題であった 1960 年以降，ジェイコブス(Jacobs, 1961)やニューマン(Newman, 1972)などの研究に由来するものである。CPTED の概念はジェフェリー(Jeffery, 1971)の「人間によってつくられる環境の適切な『デザイン』と効果的な『使用』によって，犯罪に対する不安感と犯罪発生の減少，そして生活の質の向上を導くことができる」という考えに基づいている。

これらのことから，安全で安心な都市空間を構築するためには，犯罪発生空間（犯罪者の目から見た犯行しやすい空間）と犯罪不安喚起空間（一般の人が犯罪に遭うかもしれないと感じる空間）の関係を解明し，おのおのの空間特性に応じた，犯罪抑止・不安感軽減策を導くことがたいせつである。

ここでは前述の基礎として，アンケート調査によって導き出された犯罪不安喚起空間と街頭犯罪である，ひったくりの発生空間を地図上にプロットし，2つの空間を比較し考察することを目的とする。

2．調査の概要

（1）調査方法と回答者属性

2002（平成 14）年 10 月，東京都 A 区の駅からおおむね徒歩圏内に居住する 18 歳～59 歳までの女性を対象としたアンケート調査を行なった。配布対象は 2,400 人で有効回答数は 836 人（回収率 34.8％）である。回答者の年齢別人数は 20 歳未満 35 人（4.2％），20 歳代 145 人（17.3％），30 歳代 216 人（25.8％），40 歳代 236 人（28.2％），50 歳代 184 人（22.0％），無回答 20 人（2.4％）である。

（2）おもな質問項目の内容

アンケート調査で対象とした犯罪は，空き巣，車・自転車・オートバイの盗難，ひったくり，痴漢（乗り物内での痴漢は除く），放火，子どもへのいたずらである。

おもな質問項目は下記のとおりである。

① 年代

② 職業
③ 同居者
④ 居住年数
⑤ 最寄駅までの交通手段
⑥ 夜間の外出頻度
⑦ 犯罪被害経験
⑧ 生活環境の中で自分が犯罪被害に遭う不安の程度
⑨ 被害に遭いそうになった時，危険を逃れる自信の程度
⑩ 生活環境の中で他人が犯罪被害に遭う不安の程度
⑪ 犯罪被害に遭わないための心がけ
⑫ 地域の秩序紊乱
⑬ 自身の隣近所とのつきあい

さらに地域で昼間あるいは夜間に自分が犯罪に遭うかもしれない不安を感じる場所・エリアを地図上に記入してもらい，その場所・エリアにおいて，どのような犯罪に対して不安に感じるか，また不安に思う理由や空間の評価を記述してもらった。

3．犯罪不安集中エリアの抽出

調査結果から得られた，犯罪不安感を喚起する場所を地図上にプロットし，不安感の喚起場所の分布と不安感の集中するエリアを抽出した。犯罪不安感の集中しているエリアの抽出はカーネル密度推定法を用いた（カーネル密度推定法については第3章1節4を参照されたい）。放火発生場所の分析と同様に不安感喚起地点の複雑な分布を平滑化することによって集中地区を視覚的にとらえることが容易になる。

夜間の犯罪不安場所の集中しているエリアは図8-2のとおりである（不安場所を地図上に記入するにあたっては，不安に感じる場所やエリアを自由に記入してもらった。記入がエリアの場合はそのエリアの中心点をGISの地図上にプロットしているため，実際の不安場所の範囲は図8-2に描かれているエリアより若干広いことが予測される）。

第3部　犯罪を予防する

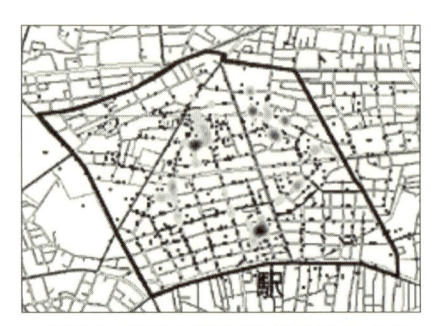

図 8-2　夜間の犯罪不安場所の集中地区

　集中しているエリアとして，「公園」「小学校等公共施設周辺」「樹木の生い茂っている民家周辺」「神社周辺」「不審者が目撃されているエリア」「ひったくりの比較的多発していた通り」である。
　この集中地区を見ると，①地域のランドマーク的な公園や公共施設周辺，②不審者や犯罪の発生場所，③ある特定の通常の路上，に分けられる。①については，夜間の人の利用がない，比較的大規模な敷地であり塀などが続いているなどの不安喚起要因が考えられる。また，②は関連する情報をもっている人にとっては不安喚起に値する空間である。③については不安感の喚起場所はけっしてランダムではなく，特定の場所に集中しており，集中するエリアは何らかの要因があると推測される。

4．不安感喚起場所の評価

　おのおのの空間の詳細な評価の前段階として不安に感じると答えた場所全体に対して，なぜ不安に思うか，またその空間の評価の分析を行なった。
　その結果，不安に感じると答えた場所において，どのような不安があるかという設問に対しては，約半数の人は「なんとなく不安」（47.6%）と感じており，「ひったくりに遭いそう」（43.5%），「痴漢に遭いそう」（42.1%）と続いている。ここでは半数近くが「なんとなく不安」と評価しているが，40％強の人々

は具体的な罪種に対しての不安感を抱いている。空間の利用頻度の結果からみても半数以上の人は不安喚起場所を利用していることから、その空間でどのような犯罪が起こりそうなのかを想定し、不安喚起に至っていると考えられる。

次に、不安に感じる理由については、「だれかが隠れていそう」(41.6%)がもっとも多く、「人気のない建物や空き地がある」(37.5%)、さらに「少年がたむろしている」「そこで起きた犯罪を見聞した」と続いている。前2つは相反するように感じられるが、両方とも空間を把握できないため不安感喚起に至っていると考えられる。そのことは、図8-3、図8-4の結果が示しているように、不安感喚起場所の見通しの評価、明るさの評価に表われている。

見通しについては32.7%の人が見通しが悪いと答え、明るさについては、57.0%の人が暗いと答えている。また、「何かあった時に気づいてくれそうだと

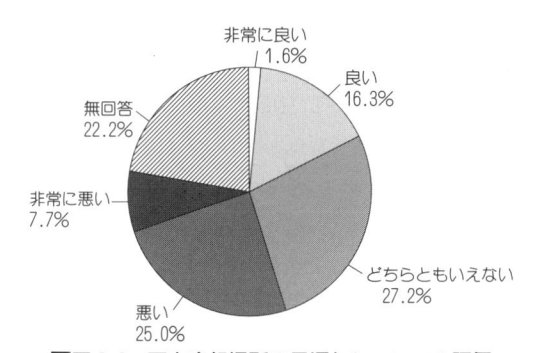

■図8-3　不安喚起場所の見通しについての評価

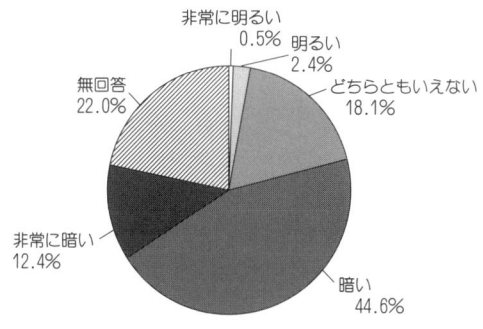

■図8-4　不安喚起場所の明るさについての評価

思うか（他者の援助可能性の評価）」（図8-5）という問いに対しては56.4%があまり思っていないことがわかる。このことは地域住民が当該空間に対して目を向けていない，または目が届かないという表われであり，自然監視性の欠如している空間であるといえる。

ここでは，不安喚起場所は①地域のランドマーク的な公園や公共施設周辺，②不審者や犯罪の発生場所，③通常の路上に，分類された。学校や公共施設など夜間利用されない施設周辺で不安喚起が集中している。また，不安喚起場所の空間評価においては，物的要因による空間把握の困難性と，住民の自然監視性の欠如が不安喚起に起因すると考えられる。

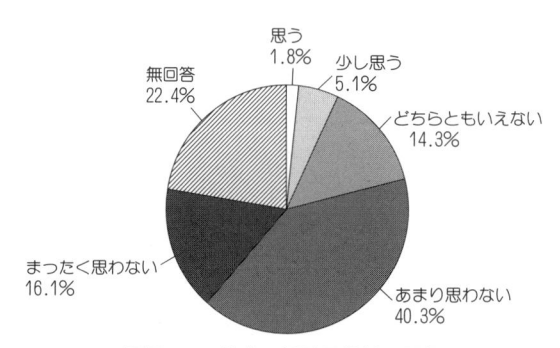

■図8-5　他者の援助可能性の評価

5．居住地域別犯罪不安分布特性

次にアンケート回答者の居住地域別犯罪不安分布特性を考察する。ここでは夜間における不安箇所の分布を用いる。対象地域の町丁目の境に準じてA～Eの5地区に分け，各地区の特性，回答者の属性から分析する。

（1）地区A

地区Aは地区内に，保育園，小学校，図書館と3つの公園をもつ。回答者は，既婚もしくは親と同居など，同居者がある場合が多くみられた。不安箇所は対象地域の東側に多く分布し，分布の集中は，地区内の公共施設とその周辺にみられた。

▛図8-6　地区A

　地区外では，駅から当該地区を結ぶ途中に位置する公園とその周辺に，分布の集中がみられた。

（2）地区B

▛図8-7　地区B

　地区Bは，小規模の公園が2つあるほか，地区内を東西に走るバス通り沿いに，スーパーマーケットなどの店舗が建ち並ぶ。回答者は20歳代，30歳代の会社員が多く，夜間の外出頻度は高い傾向にあり，駅周辺に不安箇所の分布の集中がみられた。また会社員に次いで，小学生の子どもをもつ専業主婦も多く，不安箇所の分布は，学校，図書館，公園に集中した。このことは地区全体の分布からもみることができる。地区の中央にみられる分布の集中箇所には，敷地内に背の高い樹木の多い住宅があり，昼間でも暗いなどの理由から回答者の属性にかかわらず高い不安感がみられた。

（3）地区C

■図8-8　地区C

　地区Cは，社宅や学生寮をはじめ集合住宅の多い地区である。回答者は10歳代が多くみられた。また比較的駅から離れているため駅までの交通手段に自転車を使用するとの回答が多かった。分布は，地区内よりも地区外に多く，地区B内に分布の集中がみられる。この理由の1つとして，主な交通手段を自転車とするケースが多かったことが考えられる。地区Bとの町丁目界となっている道路は幅員が狭く，また交通量も多いため，ひったくり被害や，この調査では対象外であるが交通事故を危惧し，通行を避けているといった声が聞かれた。このことから自転車で通行しやすい地区B内を通り抜ける機会が多いために，地区外の分布がみられるものと考えられる。

（4）地区D

■図8-9　地区D

地区Dは地区内に駅があり，駅周辺には店舗，地区西側は準工業地域に指定され工場，倉庫などがある。不安箇所は，住宅の多い地区東側に分布している。回答者には単身者が多く，夜間外出頻度は高い傾向がみられた。また今までに何らかの犯罪被害経験があると答えたケースが他地区に比べ多かった。分布の集中は，地区内の公園周辺が最も高く，それ以外には地区内の路上が多かった。地区内の路上を不安に感じる理由として「ひったくりに遭いそう」という回答が多かった。実際に駅周辺の路上でひったくりが発生していることもあり，周辺には注意をうながすポスター等が貼られている。過去の被害経験と犯罪発生の情報が駅周辺に居住していても不安を喚起する一要因となることを示唆していると考えられる。

（5）地区E

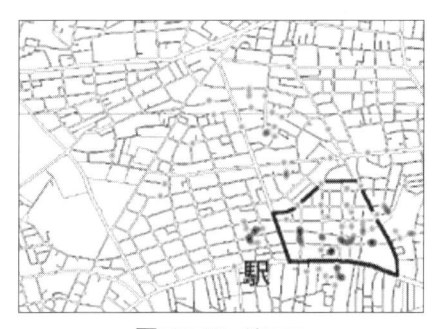

図8-10　地区E

　地区Eは，地区南側に店舗等の商業施設があり，敷地規模の大きい戸建住宅の多い地区である。回答者は50歳代の専業主婦が多かった。また回答者の多くは夜間の外出は"ほとんどない"との回答が多く，過去の犯罪被害経験も少なかった。地区Eの分布の特徴は，不安箇所が回答者間でほぼ一致している点である。地区内の不安箇所において，不安に感じる理由は「この通りでひったくりがあった」「以前変質者が出没した」など，犯罪被害の見聞によるものであった。また地区外では公園や学校といった公共施設周辺があげられた。

（6）まとめ

　不安箇所は，回答者の居住地域内だけでなく，広範囲に分布していることか

ら，回答者はこの調査の対象地域をおおむね認知したうえで，不安箇所をあげているといえる。

居住地域別にみた不安箇所の分布の特徴として以下の3点があげられる。
① 駅と居住地域を結ぶ路上
② 公園，学校，図書館などの公共施設周辺
③ 犯罪発生場所とその周辺

①は，回答者の居住地域によって抽出される不安箇所が異なるが，②は居住地域外であっても不安感の高い場所として抽出される。そこで，不安箇所の利用頻度の分布をみると，利用頻度が高い場合の分布の集中と①が一致する。つまり，①は各地区と駅を結ぶ主要な動線上に分布するものと考えられ，居住地域によって異なる分布を示したといえる。一方，②は利用頻度の低い場合の分布の集中と一致し，実際に夜間に通ることがなくても，不安に感じられる要因が存在しているといえる。③については，犯罪発生の情報や犯罪被害の見聞が，犯罪不安を喚起する一要因であることがすでに報告されている(細井ら,1997；小野寺ら,2002)。地区Eにみられるように，夜間の外出がほとんどない場合，あるいは犯罪被害経験がない場合でも，不安を感じる要因となり，先行研究と一致している。

6．犯罪不安喚起空間とひったくり発生空間

ここでは，調査対象エリアの駅周辺におけるひったくりの発生場所と，アンケート調査より，ひったくりに遭いそうな不安喚起が集中する空間を地図上にプロットをした（図8-11）。

ひったくりの発生場所の特性としては，既存研究((財)都市防犯研究センター,1999)において①歩道のない道路，②まっすぐな道路，③道路の片側がオープンスペースになっている住宅地，④高いブロック塀が続く住宅地，などがあげられている。

駅前の通りから住宅地内へ延びる通りAは犯罪不安は高く喚起されているが，ひったくりの発生は少ない。通りBは犯罪不安は低いがひったくりは多発している。また通りCは犯罪不安は低く，ひったくりの発生は無い。これらの関係をまとめると図8-12のようになる。

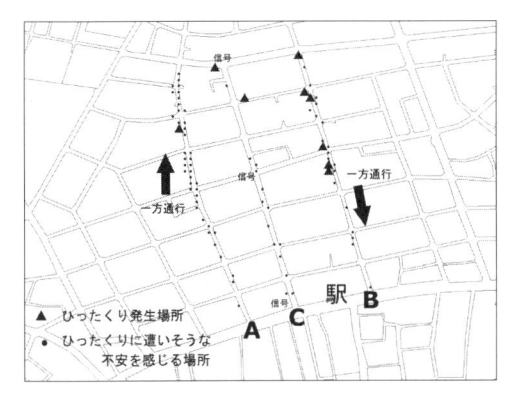

■図8-11　犯罪不安喚起場所と犯罪発生空間の集約図

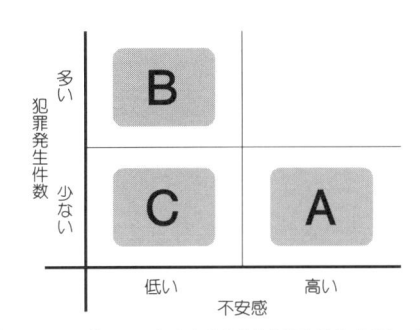

■図8-12　犯罪不安喚起場所と犯罪発生空間の関係

（1）通りAについて

アンケート調査における空間の評価結果によると，通りAを不安に思う理由としては「人気がない建物，空地が多い」という回答が6割ある。実際に通りAは空地，駐車場，集合住宅が多く一戸建てが少ないため（図8-13），歩行者に対する自然監視性が少ないと考えられる。自然監視性が少ないと一般的に犯罪は遂行しやすのであるが，ひったくり発生が少ない理由として考えられることは駅から離れており，地区の主要動線となっていないため，犯罪企図者にとってはターゲットを物色しづらいのではないかと考えられる。つまり，この通りは過度な犯罪不安を喚起させるエリアであると考えられる。ここではマンショ

ン敷地周辺の管理や空地の管理を行ない，通行者に過度な不安を与えぬようにすることが必要である。さらに，この通りは既存研究に基づくと犯罪者にとっては犯行しやすい通りであるため，マンション住民も外部に目を向けられるような敷地内のくふうをし，犯罪企図者にとって物理的環境の側面からも，より近寄りがたいエリアにしていく対策が望まれる。

◢図8-13　通りA

（2）通りBについて

　次に通りBであるが，犯罪不安の喚起は低いが犯罪は多発しているこの通りはたいへん危険である。この通りで，犯罪不安が喚起されていれば，利用者はおのずと対処行動をとることが考えられる。しかしアンケート結果によると，この通りは利用者の不安を喚起していないため，利用者は犯罪に対しての対処行動が欠落している可能性がある。つまり犯罪に対して無防備な状態である。

　犯罪不安の喚起が低い理由としては，一戸建ての住宅が多いため（図8-14），自然監視性や地域の領域性が確保されており，さらに住民の主要な動線となっており人通りが多いというイメージがあるためである。しかし，ひったくりは瞬間的な犯罪のため，直接の人の視線がなければ犯行におよんでしまう犯罪である。これらのことから，この通りBについては，通行者の防犯意識を高める対策が必要である。

第 8 章　都市空間と犯罪不安

■図 8-14　通り B

（3）通り C について

　最後に通り C である。ここは前述したとおり A, B に比べ道幅は広く, 相互通行であり交通量, 人通りも終日多く, 信号機も付いている（図 8-15）。したがって, 既存研究（財都市防犯研究センター, 1999）に基づくと犯行しづらい空間である。さらに利用者にとってみれば交通量と人通りが多いことは不安を感じない空間であるといえる。このような通りは現状の維持管理を怠らないようにしていくべきである。

■図 8-15　通り C

(4) まとめ

アンケート調査に基づき，犯罪不安喚起空間の特徴を抽出した。さらにひったくりの発生分布と重ね合わせたところ，空間を図8-12のように分類することができた。街中には，このようなタイプの空間が混在していることがわかった。また，今回の調査区域には該当する空間はなかったが，図8-12における犯罪発生件数が多く不安感も高い空間の分析も必要であろう。

今後はさらに住宅地以外にもケーススタディ地区を設定し，空間の類型化の一般化を行ない，おのおのの空間に適した防犯環境設計のアプローチの方法を構築していく必要がある。

7. 街頭犯罪と犯罪不安

CPTEDが生活空間の快適性を重要な目標としていることから，住民の感じる不安感，安心感といった，抽象的で漠然とした空間のもたらすはたらきに関しても十分考慮すべきである。街路の暗がりや公園などは，犯罪被害実態とは一致しない場合もあるが，日常的に不安感をもたらすものである。したがって，街頭犯罪抑止に関しては，犯罪（刑法に触れるもの）を直接対象とするだけでなく，安心感を高め不安感を減少させることを含めた総合的な目標をもつ必要があると考えられる。また，犯罪発生実態とは必ずしも一致しない場合でも，生活実感として不安感をもたらすものは，排除，改善すべき重要な対象とすべきである。しかし，安全な空間形成なしに不安感軽減策のみを講じてはならない。不安を軽減することは，住民が犯罪に対する対処行動を軽減させることである。したがって，安全な空間を形成したうえでの過度な犯罪不安を軽減するべきであろう。

▶▶▶▶▶
注　ひったくり発生地点は警視庁のホームページ，および住民等の調査から把握した。

TOPICS ⑨ 環境設計による安全・安心まちづくりの取り組み

　平成14年における犯罪（刑法犯）の認知件数は約285万件にのぼり，平成8年以降7年連続で戦後最高を更新した。とくに，国民に身近な犯罪である街頭犯罪，侵入犯罪等が多発している。警察庁ではこうした状況をきびしく認識し，日本の誇る治安の復活を図るべく，犯罪抑止のための総合対策を実施しているところである。ここでは，そうした対策の中から，環境設計を中心に「安全・安心まちづくり」の取り組みについて述べることにする。

　「安全・安心まちづくり」は，わが国の社会の防犯機能の低下を防ぎ，犯罪の少ない地域社会を形成することをめざすものであり，警察が古くから取り組んできた地域安全活動等のソフト面の施策に加え，犯罪が発生しにくい道路，公園，共同住宅等の環境設計というハード面の施策を行なうものである。この環境設計は，1970年代に欧米において始まったものであり，わが国においても研究は相当古くから行なわれてきたが，近年の警察における基本的な枠組みは，警察庁が平成12年2月に制定して各都道府県警察に示した「安全・安心まちづくり推進要綱」（巻末資料1）である。同要綱は，安全・安心まちづくりについての基本的な考え方を示すとともに「道路，公園，駐車・駐輪場及び公衆便所に係る防犯基準」（巻末資料2）および「共同住宅に係る防犯上の留意事項」（巻末資料3）を定めている。

　道路等の「防犯基準」には，たとえば，道路についてひったくり防止のために原則としてガードレール等により歩道と車道を分離すること，公園について夜間でも人の行動を視認できる程度の照度があること，などが定められている。また，共同住宅に係る「留意事項」には，たとえば，管理人室から共用玄関，エレベーターホールなどが見通せる構造になっていること，各住戸の玄関は補助錠の設置が望ましいこと，などが定められている。なお，「安全・安心まちづくり推進要綱」は警察庁が単独で策定したものであるが，共同住宅に係る「留意事項」については，その後国土交通省住宅局との間で連携して検討が進められ，平成13年3月に共同で策定（改正）されたものであり，住宅局から各都道府県建築・住宅部局に通知されている。警察を通じた啓発とあいまって一層の普及が図られるものと考えられる。

　これらのほか，「安全・安心まちづくり」に係る施策としては，防犯灯に非常ベル，防犯カメラ，インターホン等を備え，緊急時にはボタンひとつで警察に直接通報できる「街頭緊急通報システム」（スーパー防犯灯）の整備を平成13年度以降各地で順次進めており，また，平成14年度には，子どもを守る緊急支援対策として，文部科学省と連携して各都道府県ごとに1ヵ所のモデル通学区を選び，警察に直接通報できる「子ども緊急通報装置」の整備を行なっている。

　今後の課題としては大きく2点あげられる。環境設計による安全・安心まちづくりは緒

TOPICS ⑨

についたばかりであり，上に述べたような施策の普及を図るだけでなく，内容をさらに発展充実させるための調査研究が必要である。また，まちづくりは住民をはじめ，自治会，NPO，地方公共団体各部局など多様な主体が連携しつつ行なうものであり，「安全・安心」の分野についてもそれは同じであるが，各地域においては必ずしもそうした連携関係が十分でないところも見受けられる。最近の犯罪情勢の急速な悪化もあり各方面で防犯の意識が高まってきたところであるので，こうした機運をとらえて十分な意思疎通を図りつつ連携関係の確立を図っていく必要があると考えている。

TOPICS ⑩

街頭防犯カメラ

　近年，犯罪の国際化，組織化，凶悪化，巧妙化等が進み，刑法犯の認知件数も毎年増加を続けている。これに対し警察は，これまで行なってきたパトロールの強化や地域住民との協働による地域安全活動に加え，住宅の防犯環境や道路・公園などの公共空間に対するハード面での防犯対策を強化する「安全・安心まちづくり」を推進することとした。その一環として警視庁では，犯罪が発生する蓋然性のきわめて高い繁華街等における犯罪の予防と被害の未然防止を図るため，公共空間に防犯カメラを設置し，撮影した映像を常時モニター画面に映し出し，これを録画保存する「街頭防犯カメラシステム」を設置することとし，平成14年2月27日に新宿区歌舞伎町地区での運用を開始した。

▬ 図1　街頭防犯カメラ配置イメージ

1．システム

　歌舞伎町地区に防犯カメラ50台（ドーム型31台，固定型18台，高感度型1台）を設置し，各カメラが撮影した映像は中継装置に集約され，新宿警察署および警視庁本部に光通信で送信されている。新宿警察署では，専従の担当者が24時間体制でモニター画面を確認し，事件・事故などを認知した場合は，警察官を現場に向かわせるなどの対応をしている。警視庁本部では，映像の録画を行なっている。

◆211◆

TOPICS⑩

2．運用
 (1) 厳格な運用
 　街頭防犯カメラシステムは，東京都公安委員会規程および街頭防犯カメラシステム運用要綱に基づき次のような厳格な運用を行なっている。
 　　ア　運用責任者の管理の下で，国民の権利を不当に侵害しないように慎重を期している。
 　　イ　街頭防犯カメラの設置区域であることを標示板により明示している。
 　　ウ　映像データの活用状況を，毎月東京都公安委員会に報告している。
 (2) 具体的な運用方法
 　　ア　モニター
 　　　部外者が立ち入ることのできない場所に設置された新宿警察署のモニター室において専従の警察職員が24時間監視している。
 　　イ　録画
 　　　コンピュータによる入退室管理の行われた警視庁本部の専用録画室において録画され，1週間保存されている。
 　　ウ　映像データの提供
 　　　映像データを必要とする警察署長等は，正当な理由がある場合に限り必要最小限のデータの提供を受けることができる。

3．概要
 (1) データの活用
 　平成16年中は91件の映像データを提供し，うち61件が犯人の検挙につながった。
 (2) 刑法犯認知件数
 　平成16年中における新宿区歌舞伎町地区の路上での刑法犯認知件数は541件で，前年に比較して162件（23.0％）減少した。

4．他地区の運用
 　平成15年度予算で，次の2地区に本システムを整備した。
 　　○　豊島区西池袋地区 20台
 　　○　渋谷区宇田川町地区 10台

TOPICS ⑪

防犯まちづくり事例『画像110番』

　大阪府警は，2002（平成14）年4月1日に新たな110番通報手段として，全国で初めて各種犯罪に結びつく画像情報をカメラ付き携帯電話等で送信する「画像110番」を開始した。指名手配中の犯人に関する目撃情報，不審な車両のナンバープレート等の画像情報を収集するとともに，街頭犯罪発生の抑止力として効果をあげるねらいであり，あわせて府民の防犯意識の向上をめざしている。

　この制度は，府民がカメラ付き携帯電話やデジタルカメラなどで撮影した犯人の姿や犯罪に使用された車両等を，目撃画像情報としてインターネットメールで送信するものであり，画像情報は事件・犯人情報として府警通信指令室の専用パソコンが24時間体制で受信し，無線指令等により検挙活動等に活用する。通報は原則として大阪府下の出来事に限ることとし，通信料は通報者の負担としている。通報者は，下記の3つの方法のいずれかにより通報することとなっている。

- ・110番通報し状況を説明したあとに，画像情報を送信する。
- ・緊急の場合は，画像情報をまず送信したあとに，110番通報して状況を説明する。
- ・110番通報ができない場合は，画像情報とともに画像情報等に関するできる限り詳しい文字情報を添付し送信する（発生時間，発生場所，事件等の内容，現在の状況，犯人の情報，通報者の氏名・連絡先）。

　また大阪府警は，この他にも携帯電話のメールを活用した制度として，2002（平成14）年5月1日に「ひったくりウオッチャー」制度を開始した。この制度は，事件が発生するとその周辺地域のウオッチャーに犯人の特徴をメール送信して，目撃情報の110番通報を求めるというものである。運用開始時には警察署ごとに関係団体の職員や警察官の家族など約3,000人をウオッチャーとして登録した。将来的には府民一般にも広くウオッチャーを募る意向もあるという。

TOPICS ⑫

犯罪不安感の既存研究

　暗い夜道，ひとりでの帰宅……近づいてくる足音や人影に息を詰まらせる。「もしかしたら犯罪に巻き込まれるかもしれない」と悪い想像が頭をよぎる。女性ならだれもが一度はそのような経験をもったことがあるだろう。

　人間社会において，犯罪は不可避なものであり，18世紀以降多くの側面から犯罪に関する研究が生まれてきた。それらのほとんどは，犯罪者個人に焦点を当てる傾向があった。

　そんな中，1960年代，犯罪大国であるアメリカにおいて，刑事政策を背景に犯罪への恐れ（fear of crime）への関心が高まると，被害者側の見知から多くの研究が生み出されることとなる。この関心は，その後ヨーロッパへと広がり，環境犯罪学のテーマとなった。それは最も安全な国とされてきた日本にも到来し，「犯罪不安」のよび名で取り入れられることとなった。

　ところで，日本における犯罪は，1970年代から増え始め，1995年以降加速的に増加してきた。そして，これまでの犯罪事情からは予測できないような凶悪犯罪，不可解な動機による重大犯罪などが注目を浴び，それらの報道が絶えない。われわれ市民はかつてないほど犯罪に対して敏感になっているのが現状であろう。ここにきて，日本においても「犯罪不安」に関する研究が注目されるようになったのである。

1．犯罪不安に関する巨視的研究

　犯罪不安との関係をどの観点でとらえるかにより，巨視的な観点と微視的な観点に大別することが可能である。まず，都市化，人口密度といった社会・経済的変数や，性別や年齢といった人口統計的変数と犯罪不安との関係，特定の地域に着目した縦断的分析などといった巨視的な水準による犯罪不安研究から，一例を紹介しよう。

　カットュシュルターとウィーグマン(Kuttschreuter & Wiegman, 1998)は，人口，都市化の程度，経済性，犯罪発生率などがほぼ同程度の地域を対象に，メディアを利用したキャンペーンを行なうという大規模な実験を試みた。実験では，地元週刊誌や日刊紙，ラジオ放送局の協力を得て，住宅侵入盗や暴行に関する情報を，期間中に一方の地域には流し，もう一方の地域には流さなかった。この研究の目的は，犯罪知識を増やすことが，間接的に犯罪不安に影響を与えるかどうかを探ることであった。つまり，情報を流すことで地元住民の犯罪知識が増加し，地元住民の犯罪に対するイメージが変化，そして危険評価にも変化が生じ，結果的に犯罪不安が変化する，ということである。ここでは犯罪不安が，犯罪の脅威に関するイメージと，その脅威に対する個人の対処能力に関係することを仮定している。実験の結果，メディアの効果は明確には現われなかったが，地元の犯罪情報を得ることで，自分が被害に遭う可能性の認識に変化がみられ，さらにその認識が高まることで犯罪不安も高まることが見いだされた。

　この研究以外にも，犯罪発生地域や犯罪多発地域と犯罪不安との関係の検討から，地域

の犯罪発生率と不安との関連性があまり高くないという結果を得たなど(Taylor & Hale, 1986)，巨視的に犯罪不安との関連を考察する研究は多い。また犯罪不安研究のほとんどは，この枠組みにあてはまる。

2．犯罪不安に関する微視的研究

一方，微視的な観点からの研究である。これは，場の雰囲気を悪くするような特性や要素である無作法性（incivility），地域・近隣の凝集性（cohesion）といった物理的・社会的環境の特徴など，微視的な水準でみることによって，犯罪不安との関連を分析するものである。ここで，その一例を紹介する。

ナサーとジョーンズ(Nasar & Jones, 1997)は，夜間の大学キャンパスを舞台に，決められたルートにしたがって女子大生が一人で歩くという，フィールドにおける実験を試みた。日が暮れたあとの公共空間で，若い女性は高い不安を抱く傾向にあり，そのため，夜間の外出や単独での行動を避けているという。どのような条件で不安を感じるのか。不安を感じさせる条件が解明できれば，改善への方向性が見いだせると考えたわけである。実験では，被験者が歩行中，犯罪不安を感じさせる物や状況に関して感じたことを，携帯しているテープレコーダーに録音するというものであった。分析は，録音されたテープからコメントを抽出することで行なわれた。頻出したコメントは，暗闇，木々や茂み，駐車している車，1人きりになる，塀などであった。抽出されたコメントを分類した結果，犯罪不安喚起の要因として，だれかが潜んでいるかもしれないと感じさせる「隠れていそうな場所」や「暗い地点」，また「何かあったときに，自分がそこから逃げられない場所」に関連する環境の特徴があげられた。

このように微視的に犯罪不安喚起要因を分析しようと試みている研究は，不安を生み出す環境の解決策を提案できるという現実的視点から，おもに土木・建築学や環境心理学などの領域において注目を集めている。

不安がなければ犯罪に対してあまりにも無防備すぎるため，適度な不安は犯罪被害への予防策となり，プラスとしてはたらくと考えることが可能である。しかし過剰な不安はストレスとなるに違いない。これからますます混迷化するであろう今後の犯罪事情を考えると，犯罪不安の研究は，日本における重要なテーマとなるだろう。

資料

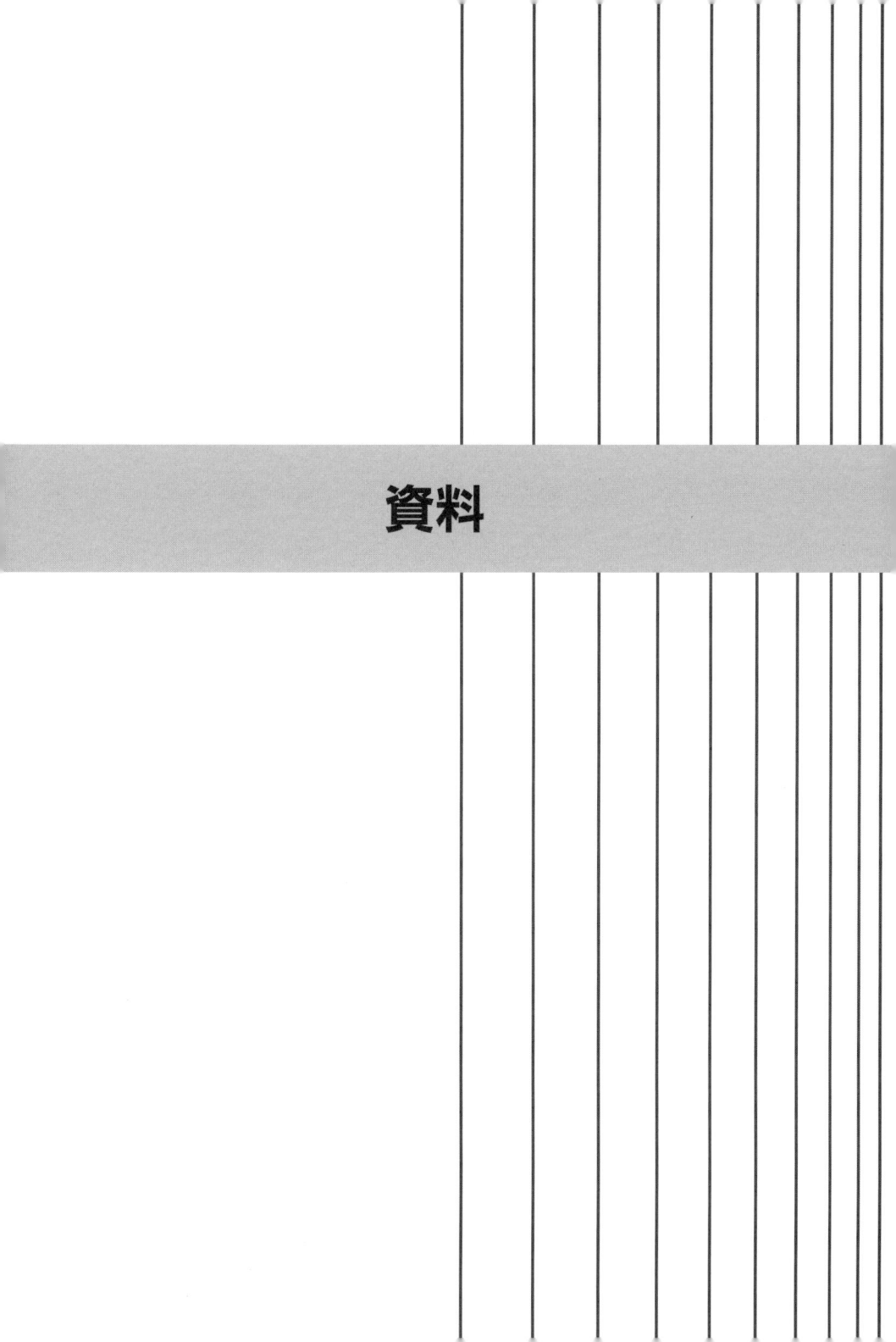

資料1

安全・安心まちづくり推進要綱（警察庁）

第1　「安全・安心まちづくり」の意義

　「安全・安心まちづくり」とは，道路，公園等の公共施設や住居の構造，設備，配置等について，犯罪防止に配慮した環境設計を行うことにより，犯罪被害に遭いにくいまちづくりを推進し，もって，国民が安全に，安心して暮らせる地域社会とするための取組みのことをいう。

　これらは，各種社会インフラの整備を伴うこと，地域住民が日常利用する空間における安全対策であること等から，警察のみでその推進を行えるものではなく，自治体関係部局はもとより，防犯協会，ボランティア，地域住民等と問題意識を共有し，その理解を得て，推進することが必要である。

第2　自治体，地域住民，建築業界等と協働した犯罪防止に配慮した環境設計活動の推進
1　道路，公園，駐車・駐輪場及び公衆便所を対象とした取組み
（1）　道路，公園，駐車・駐輪場及び公衆便所の構造・設備の改善，防犯設備の整備等

　　　犯罪の発生状況や地域住民の要望等を踏まえ，特に女性，子ども及び高齢者に対する犯罪等を防止するための対策を早急に講じる必要のある地域，箇所を選定の上，自治体関係部局，施設の管理者等と協議しその理解を得た上で，当該地域，箇所における道路，公園，駐車・駐輪場及び公衆便所につき，犯罪を誘発するおそれのある施設の必要な構造・設備の改善，防犯設備の整備等が講じられるよう努めること。

（2）　新たに整備しようとする道路，公園，駐車・駐輪場及び公衆便所に関する措置

　　　新たに道路，公園，駐車・駐輪場及び公衆便所を整備しようとする自治体関係部局及び施設の管理者等に対し，最近のこれらの施設における女性，子ども及び高齢者に対する犯罪等の発生状況，これらの施設に係る犯罪防止のための必要な構造・設備及び防犯設備の整備等の必要性について説明し，その理解を得た上で必要な措置が講じられるよう努めること。

（3）　取組みの方法

　　　（1）及び（2）の取組みに当たっては，警察庁において別紙1のとおり道路，公園，駐車・駐輪場及び公衆便所に係る犯罪防止のための必要な構造・設備及び防犯設備に関する基準（以下「防犯基準」という。）を定めたので，これに従って行うこととされたい。

　　　なお，安全・安心まちづくりの推進には，自治体関係部局，施設の管理者，関係業界等の理解と協力を得ることが必要であるので，これらの関係機関等と十分に調整し，円滑に実施することができるよう配慮すること。

ア　道路については，
　　○　幼稚園，小学校，中学校等の通学路等特に当該道路における子どもの安全を確保する必要性

○　当該道路における強盗，性犯罪，略取誘拐，ひったくり等の犯罪及び女性・子どもに対する声かけ事案等地域住民が不安に感じる事案の発生状況
　　　○　当該道路の歩行者又は自転車の利用状況，団地，商店街その他地域住民が日常的に利用する施設の有無等の周辺環境
　　　○　地域住民の犯罪防止対策の要望の有無
　　を勘案して，特に防犯対策を講じる必要性の高い道路を選定の上，当該道路の管理者と連携しつつ，別紙1「道路，公園，駐車・駐輪場及び公衆便所に係る防犯基準」に従って所要の措置が行われるよう（未供用のものについては所要の措置が供用の開始される前に行われるよう）努めること。
　　　なお，道路の形状，周辺環境その他の事情から，同基準の全てを満たすことができない道路についても，可能な範囲で所要の措置が行われるよう努めること。
　イ　公園，駐車・駐輪場及び公衆便所については，
　　　○　当該公園，駐車・駐輪場及び公衆便所における子どもの安全を確保する必要性
　　　○　当該公園，駐車・駐輪場及び公衆便所における強盗，性犯罪，略取誘拐，ひったくり等の犯罪及び女性・子どもに対する声かけ事案等地域住民が不安に感じる事案の発生状況
　　　○　当該公園，駐車・駐輪場及び公衆便所の歩行者又は自転車の利用状況（特に公園については子どもの利用状況），団地，商店街その他地域住民が日常的に利用する施設の有無等の周辺環境
　　　○地域住民の犯罪防止対策の要望の有無
　　を勘案して，特に防犯対策を講じる必要性の高い施設を選定の上，当該施設の管理者と連携しつつ，別紙1「道路，公園，駐車・駐輪場及び公衆便所に係る防犯基準」に従って所要の措置が行われるよう（未供用のものについては所要の措置が供用の開始される前に行われるよう）努めること。
　　　なお，施設の目的，構造，規模，利用形態，形状，周辺環境その他の事情から，同基準の全てを満たすことができない施設についても，可能な範囲で所要の措置が行われるよう努めること。
（4）　自治体の「まちづくり計画」への反映
　　　都道府県及び市町村の都市計画，都市再開発計画，大規模団地造成計画等の策定に際し，自治体関係部局の理解を得て，犯罪防止に配慮した道路，公園，駐車・駐輪場及び公衆便所の設計，防犯設備の整備等が各種計画に反映されるよう努めること。
2　共同住宅を対象とした取組み
（1）　既存の共同住宅の構造・設備の改善，防犯設備の整備等
　　　犯罪の発生状況や管理者の要望等を踏まえ，犯罪を防止するための対策を早急に講じる必要のある共同住宅について，自治体関係部局，当該共同住宅の管理者等に対し，当該共同住宅に係る犯罪を誘発するおそれのある構造・設備の改善，防犯設備の整備等について理解が得られるよう努めること。

資料1

(2) 新たに建築しようとする共同住宅に関する措置

　　共同住宅の建築に係る自治体関係部局，建築事業者（団体）等に対し，最近の共同住宅における犯罪の発生状況，犯罪防止のための必要な構造・設備及び防犯設備等の必要性について広報啓発活動を行い，その理解が得られるよう努めること。

(3) 取組みの方法

　　(1)及び(2)の取組みに当たっては，警察庁において別紙2のとおり「共同住宅に係る防犯上の留意事項」を定めたので，これに従って行うこととされたい。

　　なお，安全・安心まちづくりの推進には，自治体関係部局，施設の管理者，関係業界等の理解と協力を得ることが必要であるので，これらの関係機関等と十分に調整し，円滑に実施することができるよう配慮すること。

　　また，共同住宅に係る取組みについては，構造・設備の改善，防犯設備の整備等による管理者等の負担に十分配慮すること。

第3　資機材の整備等

1　資機材の整備

　防犯灯，防犯ベル等安全・安心まちづくりの推進に必要な資機材の整備について，必要な措置を講ずるよう努めること。

2　担当者の配置

　各都道府県警察の実情に応じて可能な限り，自治体関係部局，建築事業者（団体）等関係業界等と連携して安全・安心まちづくりを推進する担当者を警察本部及び警察署に配置すること。

注　文中の「別紙1」は資料2（221ページ）に，「別紙2」は資料3（223ページ）に相当する。

資料2　道路，公園，駐車・駐輪場及び公衆便所に係る防犯基準（警察庁）

第1　道路
1　原則として，ガードレール，樹木等により歩道と車道とが分離されたものであること。
2　当該道路の周辺の空き地の草むら等につき，道路からの見通しを確保するための措置がとられていること。
3　当該道路の周辺に，交番・駐在所，「子ども110番の家」若しくは防犯連絡所等緊急時に子ども等を保護する民間ボランティアの活動拠点（以下「子ども110番の家等」という。）又は防犯ベルが設置されていること。
4　防犯灯，街路灯等により，夜間において人の行動を視認できる程度の照度が確保されていること。
5　1から4までの基準に沿った道路であることを表す，例えば「子ども安全道路」，「防犯モデル道路」等の名称を付した標示板が設置されていること。

第2　公園
1　植栽，いけがき，草むら，ぶらんこ等の遊戯施設等につき，周囲の道路，住居等からの見通しを確保するための措置がとられていること。
2　当該公園の周辺に，交番・駐在所，子ども110番の家等が，又は当該公園に防犯ベルが設置されていること。
3　防犯灯，街路灯等により，夜間において人の行動を視認できる程度の照度が確保されていること。
4　1から3までの基準に沿った公園であることを表す，例えば「子ども安全公園」，「防犯モデル公園」等の名称を付した標示板が設置されていること。

第3　駐車・駐輪場
1　駐車・駐輪場の外周が柵等により周囲と区分されたものであること。
2　管理者が常駐若しくは巡回し，管理者がモニターするカメラその他の防犯設備が設置され，又は周囲から見通しが確保された構造を有すること。
3　駐車の用に供する部分の床面において2ルクス以上，車路の路面において10ルクス以上の照度がそれぞれ確保されていること。
4　1から3までの基準に沿った駐車・駐輪場であることを表す，例えば「防犯モデル駐車（駐輪）場」等の名称を付した標示板が設置されていること。

第4　公衆便所
1　道路から近い場所等周囲からの見通しが確保された場所に設置されていること。
2　防犯ベルが各個室ごとに設置されていること。
3　建物の入口付近及び内部においては，人の顔，行動を明確に識別できる程度以上の照度が確保されていること。
4　1から3までの基準に沿った公衆便所であることを表す，例えば「防犯モデルトイレ」

資料2

等の名称を付した標示板が設置されていること。
（注1）「防犯ベル」とは，犯罪に発生のおそれがある場合等非常の場合において，押しボタンをおすことによりベルが吹鳴する，赤色灯が点灯する等の機能を有する装置をいう。
（注2）「人の顔，行動を明確に識別できる程度以上の照度」とは，10メートル先の人の顔，行動が明確に識別でき，誰であるか明確に分かる程度以上の照度をいい，水平面照度（地面における照度。以下同じ。）が概ね50ルクス以上のものをいう。
（注3）「人の行動を視認できる程度の照度」とは，4メートル先の人の挙動，姿勢等が識別できる程度の照度をいい，水平面照度が概ね3ルクス程度のものをいう。

資料3　　共同住宅に係る防犯上の留意事項（警察庁・国土交通省）

第1　通則
1　目的
　この留意事項は，共同住宅の新築（建替えを含む。以下同じ。），改修の企画・計画を行う際に必要となる住宅の構造，設備等についての防犯上の留意事項を示すことにより，成熟社会に対応した住宅ストックの形成を図ることを目的とする。
2　適用範囲等
　（1）　この留意事項は，新築される共同住宅及び改修される既存の共同住宅を対象とする。
　（2）　この留意事項は，防犯性の向上に係る企画・計画上の配慮事項や具体的な手法等を示すものであり，建築主等に対し，何らかの義務を負わせ，又は規制を課すものではなく，あくまでも建築主等の自発的な対策を促すものである。
　（3）　この留意事項に掲げる施設が設置されていない場合には，当該施設に係る記載事項は適用しない。
　（4）　既存の共同住宅に係るこの留意事項の適用に当たっては，建築関係法令等との関係，建築計画上の制約，管理体制の整備状況，居住者の要望等を検討した上で，対応が極めて困難な項目については除外する。
　（5）　この留意事項は，社会状況の変化や技術の進展等を踏まえ必要に応じて見直すものとする。

第2　留意事項
1　共用部分
　（1）　共用出入口
　ア　周囲からの見通しが確保された位置等にあること。
　イ　共用玄関は，各住戸と通話可能なインターホンとこれに連動した電気錠を有した玄関扉によるオートロックシステムが導入されたものであることが望ましい。
　ウ　オートロックシステムが導入されている場合には，共用玄関以外の共用出入口は，扉が設置され，当該扉は自動施錠機能付き錠が設置されたものであること。
　エ　共用玄関は，人の顔，行動を明確に識別できる程度以上の照度が確保されたものであること。また，共用玄関以外の共用出入口は，人の顔，行動を識別できる程度以上の照度が確保されたものであること。
　（2）　管理人室
　　共用玄関，共用メールコーナー（宅配ボックスを含む。以下同じ。）及びエレベーターホールを見通せる位置，又はこれらに近接した位置にあること。
　（3）　共用メールコーナー
　ア　共用玄関付近からの見通しが確保された位置等にあること。

資料3

　　イ　人の顔，行動を明確に識別できる程度以上の照度が確保されたものであること。
（4）　エレベーターホール
　　ア　共用玄関付近からの見通しが確保された位置等にあること。
　　イ　人の顔，行動を明確に識別できる程度以上の照度が確保されたものであること。
（5）　エレベーター
　　ア　かご内に防犯カメラが設置されたものであることが望ましい。
　　イ　非常の場合において，押しボタン等によりかご内から外部に連絡又は吹鳴する装置が設置されたものであること。
　　ウ　かご及び昇降路の出入口の戸は，外部からかご内を見通せる窓が設置されたものであること。
　　エ　かご内は，人の顔，行動を明確に識別できる程度以上の照度が確保されたものであること。
（6）　共用廊下・共用階段
　　ア　周囲からの見通しが確保された構造等を有するものであることが望ましい。
　　イ　人の顔，行動を識別できる程度以上の照度が確保されたものであること。
　　ウ　共用階段は，共用廊下等に開放された形態であることが望ましい。
（7）　自転車置場・オートバイ置場
　　ア　周囲からの見通しが確保された構造等を有するものであること。
　　イ　チェーン用バーラックの設置等盗難防止に有効な措置が講じられたものであること。
　　ウ　人の行動を視認できる程度以上の照度が確保されたものであること。
（8）　駐車場
　　ア　周囲からの見通しが確保された構造等を有するものであること。
　　イ　人の行動を視認できる程度以上の照度が確保されたものであること。
（9）　歩道・車道等の通路
　　ア　周囲からの見通しが確保された位置にあること。
　　イ　人の行動を視認できる程度以上の照度が確保されたものであること。
（10）　児童遊園，広場又は緑地等
　　ア　周囲からの見通しが確保された位置にあること。
　　イ　人の行動を視認できる程度以上の照度が確保されたものであること。
　　ウ　塀，柵又は垣等は，周囲からの見通しが確保されない死角の原因とならないものであること。
2　専用部分
（1）　住戸の玄関扉
　　ア　破壊が困難な材質のものであること。また，こじ開け防止に有効な措置が講じられたものであること。
　　イ　破壊及びピッキングが困難な構造の錠が設置されたものであること。また，補助錠が設置されたものであることが望ましい。

ウ　ドアスコープ等及びドアチェーン等が設置されたものであること。
（2）　インターホン
ア　住戸玄関の外側との間の通話機能を有するものであること。
イ　管理人室が置かれている場合には，管理人室との間の通話機能を，また，オートロックシステムが導入されている場合には，共用玄関扉の電気錠と連動し，共用玄関の外側との間の通話機能を有するものであることが望ましい。
（3）　住戸の窓
ア　共用廊下に面する住戸の窓（侵入のおそれのない小窓を除く。以下同じ。）及び接地階に存する住戸の窓のうちバルコニー等に面するもの以外のものは，面格子の設置等侵入防止に有効な措置が講じられたものであること。
イ　バルコニー等に面する住戸の窓のうち侵入が想定される階に存するものは，錠付きクレセント，補助錠の設置等侵入防止に有効な措置が講じられたものであることとし，避難計画等に支障のない範囲において窓ガラスの材質は，破壊が困難なものであることが望ましい。
（4）　バルコニー
ア　縦樋，手摺り等を利用した侵入の防止に有効な構造を有するものであること。
イ　バルコニーの手摺りは，見通しが確保されたものであることが望ましい。

(注1)　「人の顔，行動を明確に識別できる程度以上の照度」とは，10メートル先の人の顔，行動が明確に識別でき，誰であるか明確にわかる程度以上の照度をいい，平均水平面照度（床面又は地面における平均照度。以下同じ。）が概ね50ルクス以上のものをいう。
(注2)　「人の顔，行動を識別できる程度以上の照度」とは，10メートル先の人の顔，行動が識別でき，誰であるかわかる程度以上の照度をいい，平均水平面照度が概ね20ルクス以上のものをいう。
(注3)　「人の行動を視認できる程度以上の照度」とは，4メートル先の人の挙動，姿勢等が識別できる程度以上の照度をいい，平均水平面照度が概ね3ルクス以上のものをいう。

資料4　防犯に配慮した共同住宅に係る設計指針（国土交通省）

第1　総則
1　目的
　この指針は，「共同住宅に係る防犯上の留意事項」を踏まえ，防犯に配慮した共同住宅の新築（建替えを含む。以下同じ。），既存の共同住宅の改修の企画・計画・設計を行う際の具体的な手法等を指針として示すことにより，防犯性の高い良質な住宅ストックの形成を図ることを目的とする。
2　適用の範囲等
　（1）　この指針は，新築される共同住宅及び改修される既存の共同住宅を対象とする。
　（2）　この指針は，防犯性の向上に係る企画・計画上の配慮事項等を具体化するに当たって参考となる手法等を示すものであり，事業者，所有者又は管理者等に対し，何らかの義務を負わせ，又は規制を課すものではない。
　（3）　この指針は，「共同住宅に係る防犯上の留意事項」を踏まえ，具体的な手法等を一般的に示すものである。対象とする住宅の諸条件によっては，
　　　①本指針に示す各項目の適用の必要がない場合
　　　②本指針に示す内容とは異なる手法等をとる必要がある場合
　　　③本指針に示す項目以外の防犯上の配慮を必要とする場合
がある。
　また，既存の共同住宅の改修においては，建築関係法令等との関係，建築計画上の制約，管理体制の整備状況，居住者の要望等を踏まえ，本指針に示す項目の適用について検討する必要がある。
　（4）　この指針は，社会状況の変化や技術の進展等を踏まえ必要に応じて見直すものとする。

第2　共同住宅の企画・計画・設計に当たっての基本的な考え方
1　防犯性の向上のあり方
・防犯性は，住宅の安全性を確保する上で重要な要素である。特に最近は，犯罪の増加や居住者の関心の高まり等から，その重要性が高まっており，共同住宅の企画・計画・設計に当たっては防犯性の向上に十分配慮する必要がある。
・防犯性の向上に当たっては，居住者の防犯意識の向上とともに，住宅に必要な他の性能や経済性等とのバランスに配慮しながら，建築上の対応や設備の活用等により，効率的で効果的な対策となるように企画・計画・設計を行うことが必要である。
・防犯性の向上に当たっては，当該住宅の居住者及び周辺住民による防犯活動の取組み，警察との連携等につなげることに留意して企画・計画・設計を行うことが必要である。
2　防犯に配慮した企画・計画・設計の基本原則

資料4

住宅の周辺地域の状況，入居者属性，管理体制，時間帯による状況の変化等に応じて，次の4つの基本原則から住宅の防犯性の向上のあり方を検討し，企画・計画・設計を行う。
（1） 周囲からの見通しを確保する（監視性の確保）
・敷地内の屋外各部及び住棟内の共用部分等は，周囲からの見通しが確保されるように，敷地内の配置計画，動線計画，住棟計画，各部位の設計等を工夫するとともに，必要に応じて防犯カメラの設置等の措置を講じたものとする。
（2） 居住者の帰属意識の向上，コミュニティ形成の促進を図る（領域性の強化）
・共同住宅に対する居住者の帰属意識が高まるように，住棟の形態や意匠，共用部分の管理方法等を工夫する。また，共用部分の利用機会が増え，コミュニティ形成が促進されるように，敷地内の配置計画，動線計画，住棟計画，共用部分の維持管理計画及び利用計画等を工夫する。
（3） 犯罪企図者の動きを限定し，接近を妨げる（接近の制御）
・住戸の玄関扉，窓，バルコニー等は，犯罪企図者が接近しにくいように，敷地内の配置計画，動線計画，住棟計画，各部位の設計等を工夫したものとするとともに，必要に応じてオートロックシステムの導入等の措置を講じたものとする。
（4） 部材や設備等を破壊されにくいものとする（被害対象の強化・回避）
・住戸の玄関扉，窓等は，侵入盗等の被害に遭いにくいように，破壊等が行われにくい構造等とするとともに，必要に応じて補助錠や面格子の設置等の措置を講じたものとする。
3　防犯上配慮すべき部位
・アクセス形式や住棟階層，各部位の存する階等に応じて防犯上配慮すべき部位が異なるため，企画・計画・設計に当たっては，これらの共同住宅の計画条件を十分踏まえること。
なお，参考として別表を示す。

第3　新築住宅建設に係る設計指針
1　新築住宅の計画
（1） 計画・設計の進め方
ア　防犯性の向上に配慮した計画の検討
・新築住宅の建設に当たっては，計画敷地の規模及び形状，周辺地域の状況等を把握し，基本原則（第2の2に掲げるものとする。以下同じ。）を踏まえた上で，計画建物の入居者属性，管理体制等を勘案しつつ，敷地内の配置計画，動線計画，住棟計画，住戸計画等を検討する。
イ　総合的な設計の実施
・防犯性の向上に当たっては，居住性等の住宅に必要な他の性能とのバランス，費用対効果等を総合的に判断した上で設計を行う。
（2） 敷地内の配置計画・動線計画

資料4

  ア 敷地内の配置計画
・敷地内の配置計画に当たっては，計画敷地の規模及び形状，周辺地域との係わり方，計画建物の規模及び形状，管理体制等を踏まえて，監視性の確保，領域性の強化，接近の制御等及び防犯性の向上方策について検討する。
  イ 敷地内の動線計画
・敷地内の動線計画に当たっては，計画敷地の規模及び形状，周辺地域との係わり方，住棟の配置形式，管理体制，夜間等の時間帯による状況の変化等を踏まえて，監視性の確保，接近の制御等及び防犯性の向上方策について検討する。
（3） 住棟計画
  ア 階段室型の場合
・階段室型の住棟を計画する場合には，共用階段は，住棟外からの見通しが確保された配置又は構造とすることが望ましい。
・住戸のバルコニーは，共用階段の踊り場等からの侵入が困難な位置への配置又は構造としたものとする。
  イ 片廊下型の場合
・片廊下型の住棟を計画する場合には，共用廊下は，その各部分及びエレベーターホールからの見通しが確保され，死角を有しない配置又は構造とすることが望ましい。
・共用階段，エレベーターホールは，共用廊下からの見通しが確保された位置に配置することが望ましい。なお，共用階段のうち屋外に設置されているものは，住棟外部から見通しが確保された配置又は構造とすることが望ましい。
・住戸のバルコニーは，共用廊下，共用階段の踊り場等からの侵入が困難な位置への配置又は構造としたものとする。
  ウ 中廊下型・コア型の場合
・中廊下型・コア型の住棟を計画する場合には，オートロックシステムを導入することが望ましい。
・共用廊下，共用階段及びエレベーターホールは，相互に見通しが確保され，死角を有しない配置又は構造としたものとし，死角となる箇所については，防犯カメラの設置等の見通しを補完する対策を講じたものとすることが望ましい。
  エ ツインコリドール型・ボイド型の場合
・ツインコリドール型・ボイド型の住棟を計画する場合には，オートロックシステムを導入することが望ましい。
・共用廊下，共用階段及びエレベーターホールは，吹き抜け空間を介して相互に見通しが確保され，死角を有しない配置又は構造としたものとし，死角となる箇所については，防犯カメラの設置等の見通しを補完する対策を講じたものとすることが望ましい。
（4） 住戸周りの計画
  ア 接地階等の住戸の周り
・接地階等の住戸の玄関扉は，破壊及びピッキングが困難な構造を有する錠等を設置した

ものとする。
- 接地階等の住戸の窓は，補助錠，面格子の設置等の侵入防止に有効な措置を講じたものとする。また，破壊が困難なガラスを使用したものとすることが望ましい。

イ　接地階等以外の階の住戸の周り
- 接地階等以外の階の住戸の玄関扉は，破壊及びピッキングが困難な構造を有する錠等を設置したものとするとともに，共用廊下等に面した住戸の窓は，面格子の設置等の侵入防止に有効な措置を講じたものとする。
- 接地階等以外の階の住戸のバルコニーは，共用廊下・共用階段，縦樋等から離れた位置等に配置したもの又は侵入防止に有効な措置を講じたものとする。特に，壁面の後退等によりバルコニー又は屋上が雛壇状になる場合等，共用廊下とバルコニー等が近接する箇所にあっては，侵入防止に有効な措置を講じたものとするよう配慮する。

2　共用部分の設計
（1）　共用出入口
ア　共用玄関の配置
- 共用玄関は，道路及びこれに準ずる通路（以下「道路等」という。）からの見通しが確保された位置に配置する。道路等からの見通しが確保されない場合には，防犯カメラの設置等の見通しを補完する対策を実施する。

イ　共用玄関扉
- 共用玄関には，玄関扉を設置することが望ましい。また，玄関扉を設置する場合には，扉の内外を相互に見通せる構造（以下「内外を見通せる構造」という。）とするとともに，オートロックシステムを導入することが望ましい。

ウ　共用玄関以外の共用出入口
- 共用玄関以外の共用出入口は，道路等からの見通しが確保された位置に設置する。道路等からの見通しが確保されない場合には，防犯カメラの設置等の見通しを補完する対策を実施することが望ましい。また，オートロックシステムを導入する場合には，自動施錠機能付き扉を設置する。

エ　共用出入口の照明設備
- 共用玄関の照明設備は，その内側の床面において概ね50ルクス以上，その外側の床面において概ね20ルクス以上の平均水平面照度をそれぞれ確保することができるものとする。
- 共用玄関以外の共用出入口の照明設備は，床面において概ね20ルクス以上の平均水平面照度を確保することができるものとする。

（2）　管理人室
- 管理人室は，共用玄関，共用メールコーナー（宅配ボックスを含む。以下同じ。）及びエレベーターホールを見通せる構造とし，又はこれらに近接した位置に配置する。

（3）　共用メールコーナー
ア　共用メールコーナーの配置

資料4

- 共用メールコーナーは，共用玄関，エレベーターホール又は管理人室等からの見通しが確保された位置に配置する。見通しが確保されない場合には，防犯カメラの設置等の見通しを補完する対策を実施する。
  イ　共用メールコーナーの照明設備
- 共用メールコーナーの照明設備は，床面において概ね50ルクス以上の平均水平面照度を確保することができるものとする。
  ウ　郵便受箱
- 郵便受箱は，施錠可能なものとする。また，オートロックシステムを導入する場合には，壁貫通型等とすることが望ましい。

（4）エレベーターホール
  ア　エレベーターホールの配置
- 共用玄関の存する階のエレベーターホールは，共用玄関又は管理人室等からの見通しが確保された位置に配置する。見通しが確保されていない場合には，防犯カメラの設置等の見通しを補完する対策を実施する。
  イ　エレベーターホールの照明設備
- 共用玄関の存する階のエレベーターホールの照明設備は，床面において概ね50ルクス以上の平均水平面照度を確保することができるものとする。
- その他の階のエレベーターホールの照明設備は，床面において概ね20ルクス以上の平均水平面照度を確保することができるものとする。

（5）エレベーター
  ア　エレベーターの防犯カメラ
- エレベーターのかご内には，防犯カメラ等の設備を設置することが望ましい。
  イ　エレベーターの連絡及び警報装置
- エレベーターは，非常時において押しボタン，インターホン等によりかご内から外部に連絡又は吹鳴する装置が設置されたものとする。
  ウ　エレベーターの扉
- エレベーターのかご及び昇降路の出入口の扉は，エレベーターホールからかご内を見通せる構造の窓が設置されたものとする。
  エ　エレベーターの照明設備
- エレベーターのかご内の照明設備は，床面において概ね50ルクス以上の平均水平面照度を確保することができるものとする。

（6）共用廊下・共用階段
  ア　共用廊下・共用階段の構造等
- 共用廊下及び共用階段は，それぞれの各部分，エレベーターホール等からの見通しが確保され，死角を有しない配置又は構造とすることが望ましい。
- 共用廊下及び共用階段は，各住戸のバルコニー等に近接する部分については，当該バルコニー等に侵入しにくい構造とすることが望ましい。

- 共用階段のうち，屋外に設置されるものについては，住棟外部から見通しが確保されたものとすることが望ましく，屋内に設置されるものについては，各階において階段室が共用廊下等に常時開放されたものとすることが望ましい。

イ 共用廊下・共用階段の照明設備
- 共用廊下・共用階段の照明設備は，床面において概ね20ルクス以上の平均水平面照度を確保することができるものとする。

(7) 自転車置場・オートバイ置場
ア 自転車置場・オートバイ置場の配置
- 自転車置場・オートバイ置場は，道路等，共用玄関又は居室の窓等からの見通しが確保された位置に配置する。
- 屋内に設置する場合には，構造上支障のない範囲において，周囲に外部から自転車置場等の内部を見通すことが可能となる開口部を確保する。地下階等構造上周囲からの見通しが困難な場合には，防犯カメラの設置等の見通しを補完する対策を実施する。

イ 自転車置場・オートバイ置場の盗難防止措置
- 自転車置場・オートバイ置場は，チェーン用バーラック，サイクルラックの設置等自転車又はオートバイの盗難防止に有効な措置が講じられたものとする。

ウ 自転車置場・オートバイ置場の照明設備
- 自転車置場・オートバイ置場の照明設備は，床面において概ね3ルクス以上の平均水平面照度を確保することができるものとする。

(8) 駐車場
ア 駐車場の配置
- 駐車場は，道路等，共用玄関又は居室の窓等からの見通しが確保された位置に配置する。屋内に設置する場合には，構造上支障のない範囲において，周囲に開口部を確保する。地下階等構造上周囲からの見通しの確保が困難な場合には，防犯カメラの設置等の見通しを補完する対策を実施する。

イ 駐車場の照明設備
- 駐車場の照明設備は，床面において概ね3ルクス以上の平均水平面照度を確保することができるものとする。

(9) 通路
ア 通路の配置
- 通路（道路に準ずるものを除く。以下同じ。）は，道路等，共用玄関又は居室の窓等からの見通しが確保された位置に配置する。また，周辺環境，夜間等の時間帯による利用状況及び管理体制等を踏まえて，道路等，共用玄関，屋外駐車場等を結ぶ特定の通路に動線が集中するように配置することが望ましい。

イ 通路の照明設備
- 通路の照明設備は，路面において概ね3ルクス以上の平均水平面照度を確保することができるものとする。

資料4

(10) 児童遊園，広場又は緑地等
ア 児童遊園，広場又は緑地等の配置
・児童遊園，広場又は緑地等は，道路等，共用玄関又は居室の窓等からの見通しが確保された位置に配置する。
イ 児童遊園，広場又は緑地等の照明設備
・児童遊園，広場又は緑地等の照明設備は，地面において概ね3ルクス以上の平均水平面照度を確保することができるものとする。
ウ 塀，柵又は垣等
・塀，柵又は垣等は，領域性を明示するよう配置することが望ましい。また，塀，柵又は垣等の位置，構造，高さ等は，周囲からの死角の原因及び住戸の窓等への侵入の足場とならないものとする。

(11) 防犯カメラ
ア 防犯カメラの設置
・防犯カメラを設置する場合には，有効な監視体制のあり方を併せて検討するとともに，記録装置を設置することが望ましい。
イ 防犯カメラの配置等
・防犯カメラを設置する場合には，見通しの補完，犯意の抑制等の観点から有効な位置，台数等を検討し適切に配置する。
・防犯カメラを設置する部分の照明設備は，照度の確保に関する規定のある各項目に掲げるもののほか，当該防犯カメラが有効に機能するため必要となる照度を確保したものとする。

(12) その他
ア 屋上
・屋上は，出入口等に扉を設置し，屋上を居住者等に常時開放する場合を除き，当該扉は，施錠可能なものとする。また，屋上がバルコニー等に接近する場所となる場合には，避難上支障のない範囲において，面格子又は柵の設置等バルコニー等への侵入防止に有効な措置を講じたものとする。
イ ゴミ置場
・ゴミ置場は，道路等からの見通しが確保された位置に配置する。また，住棟と別棟とする場合は，住棟等への延焼のおそれのない位置に配置する。
・ゴミ置場は，他の部分と塀，施錠可能な扉等で区画されたものとするとともに，照明設備を設置したものとすることが望ましい。
ウ 集会所等
・集会所等の共同施設は，周囲からの見通しが確保されたものとするとともに，その利用機会が増えるよう，設計，管理体制等を工夫する。

3 専用部分の設計
(1) 住戸の玄関扉

ア　玄関扉等の材質・構造
・住戸の玄関扉等は，その材質をスチール製等の破壊が困難なものとし，デッドボルト（かんぬき）が外部から見えない構造のものとする。
イ　玄関扉の錠
・住戸の玄関扉の錠は，ピッキングが困難な構造のシリンダーを有するもので，面付箱錠，彫込箱錠等破壊が困難な構造のものとする。また，主錠の他に，補助錠を設置することが望ましい。
ウ　玄関扉のドアスコープ・ドアチェーン等
・住戸の玄関扉は，外部の様子を見通すことが可能なドアスコープ等を設置したものとするとともに，錠の機能を補完するドアチェーン等を設置したものとする。
（2）　インターホン
ア　住戸玄関外側との通話等
・住戸内には，住戸玄関の外側との間で通話が可能な機能等を有するインターホン又はドアホンを設置することが望ましい。
イ　管理人室等との通話等
・インターホンは，管理人室を設置する場合にあっては，住戸内と管理人室との間で通話が可能な機能等を有するものとすることが望ましい。また，オートロックシステムを導入する場合には，住戸内と共用玄関の外側との間で通話が可能な機能及び共用玄関扉の電気錠を住戸内から解錠する機能を有するものとすることが望ましい。
（3）　住戸の窓
ア　共用廊下に面する住戸の窓等
・共用廊下に面する住戸の窓（侵入のおそれのない小窓を除く。以下同じ。）及び接地階に存する住戸の窓のうちバルコニー等に面するもの以外のものは，面格子の設置等侵入防止に有効な措置が講じられたものとする。
イ　バルコニー等に面する窓
・バルコニー等に面する住戸の窓のうち侵入が想定される階に存するものは，錠付きクレセント，補助錠の設置等侵入防止に有効な措置を講じたものとし，避難計画等に支障のない範囲において窓ガラスの材質は，破壊が困難なものとすることが望ましい。
（4）　バルコニー
ア　バルコニーの配置
・住戸のバルコニーは，縦樋，階段の手摺り等を利用した侵入が困難な位置に配置する。やむを得ず縦樋又は階段の手摺り等がバルコニーに接近する場合には，面格子の設置等バルコニーへの侵入防止に有効な措置を講じたものとする。
イ　バルコニーの手摺り等
・住戸のバルコニーの手摺り等は，プライバシーの確保，転落防止及び構造上支障のない範囲において，周囲の道路等，共用廊下，居室の窓等からの見通しが確保された構造のものとすることが望ましい。

資料4

　　ウ　接地階のバルコニー
　　・接地階の住戸のバルコニーの外側等の住戸周りは，住戸のプライバシーの確保に配慮しつつ，周囲からの見通しを確保したものとすることが望ましい。なお，領域性等に配慮し，専用庭を配置する場合には，その周囲に設置する柵又は垣は，侵入の防止に有効な構造とする。

第4　既存住宅改修の設計指針
1　既存住宅改修の計画
　（1）　既存住宅改修の計画・設計の進め方
　　ア　防犯性の向上に配慮した改修計画の検討
　　・既存住宅の改修に当たっては，建物，敷地及び周辺地域の状況等を把握し，基本原則を踏まえた上で，建物の入居者属性，管理体制等を勘案しつつ，改修計画を検討する。
　　イ　計画修繕等に併せた改修の進め方
　　・計画修繕等に併せた改修は，防犯上の必要性，計画修繕内容との関わりを適切に把握した上で，居住性等の住宅に必要な他の性能とのバランス，費用対効果等を総合的に判断した上で改修計画・設計を行う。
　　ウ　犯罪発生を契機とする改修の進め方
　　・犯罪発生を契機とする改修は，犯罪の発生状況を踏まえて再発防止の観点から，改修の必要性・効果的な改修方法・内容を検討し，必要に応じて速やかに改修を実施する。
　　エ　居住者の意向による改修の進め方
　　・居住者の意向による改修は，所有形態，管理体制等による制約条件を整理するとともに，計画修繕等に併せて改修すべきものと緊急に改修すべきものとに分けて検討する。
2　共用部分改修の設計
　（1）　共用出入口
　　ア　共用玄関の見通しの確保
　　・共用玄関は，道路等からの見通しが確保されたものとすることが望ましい。
　　イ　共用玄関扉
　　・共用玄関扉は，内外を見通せる構造とすることが望ましい。また，オートロックシステムを導入することが望ましい。
　　ウ　共用玄関以外の共用出入口
　　・共用玄関以外の共用出入口は，道路等からの見通しが確保された位置に設置することが望ましい。また，オートロックシステムが導入される場合には，自動施錠機能付き扉を設置する。
　　エ　共用出入口の照明設備
　　・共用玄関の照明設備は，その内側の床面において概ね50ルクス以上，その外側の床面において概ね20ルクス以上の平均水平面照度をそれぞれ確保することができるものとする。

資料4

- 共用玄関以外の共用出入口の照明設備は,床面において概ね20ルクス以上の平均水平面照度を確保することができるものとする。
（2）　管理人室
- 管理人室は,共用玄関,共用メールコーナー及びエレベーターホールを見通せる構造とすることが望ましく,又はこれらに近接した位置に配置することが望ましい。
（3）　共用メールコーナー
ア　共用メールコーナーの見通しの確保
- 共用メールコーナーは,共用玄関,エレベーターホール又は管理人室等からの見通しが確保されたものとすることが望ましい。
イ　共用メールコーナーの照明設備
- 共用メールコーナーの照明設備は,床面において概ね50ルクス以上の平均水平面照度を確保することができるものとする。
ウ　郵便受箱
- 郵便受箱は,施錠可能なものとする。
（4）エレベーターホール
ア　エレベーターホールの見通しの確保
- 共用玄関の存する階のエレベーターホールは,共用玄関又は管理人室等からの見通しが確保されたものとすることが望ましい。
イ　エレベーターホールの照明設備
- 共用玄関の存する階のエレベーターホールの照明設備は,床面において概ね50ルクス以上の平均水平面照度を確保することができるものとする。
- その他の階のエレベーターホールの照明設備は,床面において概ね20ルクス以上の平均水平面照度を確保することができるものとする。
（5）エレベーター
ア　エレベーターの防犯カメラ
- エレベーターのかご内には,防犯カメラ等の設備を設置することが望ましい。
イ　エレベーターの連絡及び警報装置
- エレベーターは,非常時において押しボタン,インターホン等によりかご内から外部に連絡又は吹鳴する装置が設置されたものとする。
ウ　エレベーターの扉
- エレベーターのかご及び昇降路の出入口の扉は,エレベーターホールからかご内を見通せる構造の窓が設置されたものとする。
エ　エレベーターの照明設備
- エレベーターのかご内の照明設備は,床面において概ね50ルクス以上の平均水平面照度を確保することができるものとする。
（6）　共用廊下・共用階段
ア　共用廊下・共用階段の構造等

資料4

- 共用廊下は，その各部分，エレベーターホール等からの見通しが確保されたものとすることが望ましい。
- 共用廊下及び共用階段は，各住戸のバルコニー等に近接する部分については，当該バルコニー等に侵入しにくい構造とすることが望ましい。
- 共用階段のうち，屋外に設置されるものについては，住棟外部から見通しが確保されたものとすることが望ましく，屋内に設置されるものについては，各階において階段室が共用廊下等に常時開放されたものとすることが望ましい。

イ　共用廊下・共用階段の照明設備
- 共用廊下・共用階段の照明設備は，床面において概ね20ルクス以上の平均水平面照度を確保することができるものとする。

（7）自転車置場・オートバイ置場

ア　自転車置場・オートバイ置場の見通しの確保
- 自転車置場・オートバイ置場は，道路等，共用玄関又は居室の窓等からの見通しが確保されたものとすることが望ましい。

イ　自転車・オートバイの盗難防止措置
- 自転車置場・オートバイ置場は，チェーン用バーラック，サイクルラックの設置等自転車又はオートバイの盗難防止に有効な措置が講じられたものとする。

ウ　自転車置場・オートバイ置場の照明設備
- 自転車置場・オートバイ置場の照明設備は，床面において概ね3ルクス以上の平均水平面照度を確保することができるものとする。

（8）駐車場

ア　駐車場の見通しの確保
- 駐車場は，道路等，共用玄関又は居室の窓等からの見通しが確保されたものとすることが望ましい。

イ　駐車場の照明設備
- 駐車場の照明設備は，床面において概ね3ルクス以上の平均水平面照度を確保することができるものとする。

（9）通路

ア　通路の見通しの確保
- 通路は，道路等，共用玄関又は居室の窓等からの見通しが確保されたものとすることが望ましい。

イ　通路の照明設備
- 通路の照明設備は，路面において概ね3ルクス以上の平均水平面照度を確保することができるものとする。

（10）児童遊園，広場又は緑地等

ア　児童遊園，広場又は緑地等の見通しの確保
- 児童遊園，広場又は緑地等は，道路等，共用玄関又は居室の窓等からの見通しが確保さ

れたものとすることが望ましい。
　イ　児童遊園，広場又は緑地等の照明設備
・児童遊園，広場又は緑地等の照明設備は，地面において概ね3ルクス以上の平均水平面照度を確保することができるものとする。
　ウ　塀，柵又は垣等
・塀，柵又は垣等は，領域性を明示するよう配置することが望ましい。また，塀，柵又は垣等の位置，構造，高さ等は，周囲からの死角の原因及び住戸の窓等への侵入の足場とならないものとする。

（11）　防犯カメラ
　ア　防犯カメラの設置
・共用出入口，共用メールコーナー，エレベーターホール，屋内共用階段，自転車置場・オートバイ置場，駐車場等の改修において，防犯上必要な見通しの確保が困難な場合には，防犯カメラを設置することが望ましい。
・防犯カメラを設置する場合には，有効な監視体制のあり方を併せて検討するとともに，記録装置を設置することが望ましい。
　イ　防犯カメラの配置等
・防犯カメラを設置する場合には，見通しの補完，犯意の抑制等の観点から有効な位置，台数等を検討し適切に配置する。
・防犯カメラを設置する部分の照明設備は，照度の確保に関する規定のある各項目に掲げるもののほか，当該防犯カメラが有効に機能するため必要となる照度を確保したものとする。

（12）　その他
　ア　屋上
・屋上は，出入口等に扉を設置し，屋上を居住者等に常時開放する場合を除き，当該扉は，施錠可能なものとする。また，屋上がバルコニー等に接近する場所となる場合には，避難上支障のない範囲において，面格子又は柵の設置等バルコニー等への侵入防止に有効な措置を講じたものとする。
　イ　ゴミ置場
・ゴミ置場は，道路等からの見通しが確保されたものとする。また，住棟と別棟である場合には，住棟等への延焼のおそれのない構造等とする。
・ゴミ置場は，他の部分と塀，施錠可能な扉等で区画されたものとするとともに，照明設備を設置したものとすることが望ましい。
　ウ　集会所等
・集会所等の共同施設は，周囲からの見通しが確保されたものとするとともに，その利用機会が増えるよう，設計，管理体制等を工夫する。

3　専用部分改修の設計
（1）　住戸の玄関扉

資料4

ア　玄関扉等の材質・構造
・住戸の玄関扉等は,その材質をスチール製等の破壊が困難なものとし,デッドボルト(かんぬき)が外部から見えない構造のもの又はガードプレート等を設置したものとする。
イ　玄関扉の錠
・住戸の玄関扉の錠は,ピッキングが困難な構造のシリンダーを有するもので,面付箱錠,彫込箱錠等破壊が困難な構造のものとする。また,主錠の他に,補助錠を設置することが望ましい。
ウ　玄関扉のドアスコープ・ドアチェーン等
・住戸の玄関扉は,外部の様子を見通すことが可能なドアスコープ等を設置したものとするとともに,錠の機能を補完するドアチェーン等を設置したものとする。
（2）インターホン
ア　住戸玄関外側との通話等
・住戸内には,住戸玄関の外側との間で通話が可能な機能等を有するインターホン又はドアホンを設置することが望ましい。
イ　管理人室等との通話等
・インターホンは,管理人室が設置されている場合にあっては,住戸内と管理人室との間で通話が可能な機能等を有するものとすることが望ましい。また,オートロックシステムを導入する場合には,住戸内と共用玄関の外側との間で通話が可能な機能等及び共用玄関扉の電気錠を住戸内から解錠する機能を有するものとすることが望ましい。
（3）住戸の窓
ア　共用廊下に面する住戸の窓等
・共用廊下に面する住戸の窓及び接地階に存する住戸の窓のうちバルコニー等に面するもの以外のものは,面格子の設置等住戸への侵入防止に有効な措置が講じられたものとする。
イ　バルコニー等に面する窓
・バルコニー等に面する住戸の窓のうち侵入が想定される階に存するものは,錠付きクレセント,補助錠の設置等侵入防止に有効な措置を講じたものとし,避難計画等に支障のない範囲において窓ガラスの材質は,破壊が困難なものとすることが望ましい。
（4）バルコニー
ア　バルコニーへの侵入防止策
・住戸のバルコニーのうち,縦樋,階段の手摺り等を利用した侵入が容易な位置にあるものは,面格子の設置等バルコニーへの侵入防止に有効な措置が講じられたものとすることが望ましい。
イ　バルコニーの手摺り等
・住戸のバルコニーの手摺り等は,プライバシーの確保,転落防止及び構造上支障のない範囲において,周囲の道路等,共用廊下,居室の窓等からの見通しが確保された構造のものとすることが望ましい。

ウ　接地階のバルコニー
- 接地階の住戸のバルコニーの外側等の住戸周りは，住戸のプライバシーの確保に配慮しつつ，周囲からの見通しを確保したものとすることが望ましい。なお，領域性等に配慮し，専用庭を配置する場合には，その周囲に設置する柵又は垣は，侵入の防止に有効な構造とする。

資料4

別表

		共用部分						専用部分		
		共用出入口	エレベーター	共用廊下	共用階段	自転車置場・駐車場	通路・児童遊園等	住戸の玄関扉	住戸の窓	バルコニー
アクセス形式	階段室型	○	−	−	○	○	○	○	○	◎
	片廊下型	○※1	◎	◎	◎	◎	◎	◎	○※2	○※2
	中廊下型・コア型	◎	◎	◎	◎	◎	◎	◎	○※2	○※2
	ツインコリドール型・ボイド型	◎	◎	◎	◎	◎	◎	◎	○※2	○※2
住棟階層	低層・中層	○	−	○	○	○	○	○	○	◎
	高層	◎	◎	◎	◎	◎	◎	◎	○※2	○※2
	超高層	◎	◎	◎	◎	◎	◎	◎	○※2	○※2
各部位の存する階	接地階とその直上階	◎	◎	◎	◎	○※3	−	◎	◎	◎
	中間階	−	◎	◎	◎	−	−	◎	○※4	○※4
	最上階とその直下階	−	◎	◎	◎	−	−	◎	○※4	◎
	地階	◎	◎	−	◎	○※3	−	−	−	−

注1 この表は，住宅を構成する各部位について，主に自然な監視性と外部からの接近性を勘案し，各項目（アクセス形式・住棟階層・部位の存する階）毎に，その分類間で相対評価したものである。

注2 「階段室型」及び「片廊下型」は，屋外空間に対し開放型のタイプ，「中廊下型・コア型」及び「ツインコリドール型・ボイド型」は，閉鎖型のタイプを想定したもの。

注3 「階段室型」及び「低層・中層」は，エレベーターのないタイプを，その他はエレベーターのあるタイプを想定したもの。

注4 「住戸の窓」は，バルコニー，共用廊下又は共用階段に面していないものを対象とし，これらに面する窓は，それぞれバルコニー，共用廊下又は共用階段の項目において対象とする。

凡例
◎：特に配慮すべき部分
○：配慮すべき部分
−：関連性の少ない部分

※1：屋外空間に対して閉鎖型とする場合にあっては，◎とする。
※2：接地階等にあっては，◎とする。
※3：屋内に設置される場合に限る。
※4：セットバック等がある場合にあっては，◎とする。

文　献

第1章

警察庁　2002　警察白書　警察庁
日本防犯設備協会防犯照明委員会　2000　新版防犯照明ガイド　日本防犯設備協会
日本防犯設備協会防犯システム委員会　2001　新版ホームセキュリティガイド　日本防犯設備協会
日本防犯設備協会学校の防犯機器調査特別委員会　スクールセキュリティガイド　2002　日本防犯設備協会
日本防犯設備協会業務部会　2000　ストアセキュリティガイド　日本防犯設備協会
日本防犯設備協会業務部会統計調査委員会　2002　防犯設備機器に関する統計調査報告書(平成14年版)　日本防犯設備協会
日本防犯設備協会事業所セキュリティガイド調査研究委員会　1999　オフィスセキュリティガイド　日本防犯設備協会

第2章

Atkin, H　2000　Criminal Intelligence Analysis : A Scientific Perspective. *Journal of the International Association of Law Enforcement Intelligence Analysis*, **13**(1), 1-13.
Bell, P. A., Green, T. C., Fisher, J. D., & Baum, A.　2001　*Environmental Psychology* (5th Ed.). Orlando : Harcourt College Publishers.
Bonnes, M., & Secchiaroli, G.　1995　*Environmental Psychology A Psycho-social Interaction*. (translated by Montagna, C.)　London : SAGE Publications.
Brantingham, P. L., & Brantingham, P. J.　1981　Mobility, notoriety, and crime ; A study in the crime patterns of urban nordal points. *Journal of Environmental Systems*, **1**, 89-99.
Brantingham, P. J., & Brantingham, P. L.　1991　Introduction to the 1991 reissue : Notes on Environmental Criminology. In P. J. Brantingham & P. L.Brantingham(Eds.), *Environmental Criminology*. Illinois : Waveland Press. Pp. 1-6.
Brantingham, P. L., & Brantingham, P. J.　1993　Nodes, paths and edges : Considerations on the complexity of crime and the physical environment. *Journal of Environmental Psychology*, **13**, 3-28.
Brantingham, P. J., & Faust, F. L.　1976　A conceptual model of crime prevention. *Crime and Delinquency*, **22**, 284-296.
Brown, B. B., & Altman, I.　1991　Territoriality, defensible space and residential burglary: An environmental analysis. In P. J. Brantingham & P. L. Brantingham(Eds.), *Environmental Criminology*. Illinois : Waveland Press. Pp. 55-76.
Brown, B. B., & Bentley, D. L.　1993　Residential burglars judge risk : The role of territoriality. *Journal of Environmental Psychology*, **13**, 51-61.
Canter, D　2000　*The Social Psychology of Crime*. Offender Profiling Series No. 3, Ashgate Publishing.
カンター，D．／鈴木　護（編訳）　2000　21世紀の捜査心理学―リヴァプール大学捜査心理学センターの取り組み　警察学論集，**53**(11), 146-159.

文 献

Clarke, R. V. 1980 "Situational" crime prevention : Theory and practice. *British Journal of Criminology*, **20**, 136-147.

Clarke, R. V. 1995 Situational crime prevention. In M.Torny & D. P. Farrington(Eds.), Building a safer Society : Strategic Approaches to Crime Prevention. *Crime and Justice*, **19**, 91-150.

Cohen, L. E., & Felson, M. 1979 Social change and crime rate trends : A routine activity approach. *American Sociological Review*, **44**, 588-608.

Crowe, T. D. 1991 *Crime Prevention though Environmental Design*. Oxford : Butterworth-Heineman. 猪狩達夫(監修) 高杉文子(訳) 1994 環境設計による犯罪予防 都市防犯研究センター

Fahlman, R. C. 1999 *Intelligence Led Policing and the Key Role of Criminal Intelligence Analysis*, Preparing for the 21st Century, In Interpol, 75 Years of International Police Co-Operation. London : Kensington Publications.

フェルソン, M. ／ 1997 被害者と犯罪者：ルーティン・アクティヴィティと合理的選択 朴 (訳) 被害者学研究, **7**. 4-9.

Hanyu, K. 1997 Visual properties and affective appraisal in residential areas after dark. *Journal of Environmental Psychology*, **17**, 301-316.

羽生和紀 2000 環境の心理 村井健祐・土屋明夫・田之内厚三(編) 社会心理学へのアプローチ 北樹出版 Pp. 177-207.

犯罪統計書 2000 平成11年の犯罪 警察庁

Holahan, C. J. 1986 Environmental Psychology. *Annual of Psychology*, **37**, 381-407.

細井洋子・西村春夫・辰野文理（編） 1997 住民主体の犯罪統制 多賀出版

International police organization, Analytical Criminal Intelligence Unit 2000 The material of the 2nd Criminal Intelligence Analysis Training course, printing matter.

入谷敏男 1974 環境心理学への道 日本放送出版協会

加門博之 2000 英国における凶悪犯罪捜査支援コンピュータ・システム 警察学論集, **53**(12), 138-158.

Kennedy, L. W., & Forde, D. R. 1990 Routine activities and crime : An analysis of victimization in Canada. *Criminology*, **28**, 137-152.

清永賢二 1999 少年非行の世界：空洞の世代の誕生 有斐閣

小林 敦・渡邉和美・島田貴仁・田村雅幸 2000 捜査支援のための戦略的情報活用（下）―捜査支援体制の強化, 警察学論集, **53**(7), 173-189.

Koffka, K. 1935 *Principles of Gestalt Psychology*. Kegan Poul : Trench Trubner.

河野荘子・岡本英生 2001 犯罪者の自己統, 犯罪進度及び家庭環境の関連についての検討 犯罪心理学研究, **39**, 1-14.

Lauristen, J. L., Sampson, R. J., & Laub, J. H. 1991 The link between offending and victimization among adolescents. *Criminology*, **29**, 265-292.

増本弘文 1998 ライフスタイル理論の現状と展望 被害者学研究, **8**, 17-29.

三本照美 2000 地理的プロファイリング 田村雅彦(監修) 高村 茂・桐生正幸（編）プロファイリングとは何か 立花書房 Pp. 91-102.

三本照美・深田直樹 1999 プロファイリングの応用：地理的重心モデルを用いた地理プロファイリング 犯罪心理学研究, **37** (特別号), 2-3.

守山 正 1998 わが国における環境犯罪学の研究状況 犯罪社会学研究, **23**, 189-193.

守山 正 1999 環境犯罪学入門（上）―理論編 刑政, **110**, 72-81.

麦島文夫 1990 非行の原因 東京大学出版会
村松 励 2002 少年非行：最近の動向 臨床心理学, **2**, 154-162.
長澤秀利・細江達郎 1999 車上ねらいの事例を用いた犯罪発生場面の基礎的研究 岩手県立大学社会福祉学部紀要, 創刊号, 61-72.
西村春夫 1986 窃盗犯罪─犯罪理論としての生活運行理論の可能性 四方壽雄（編） 犯罪社会学 学文社 Pp. 139-175.
西村春夫 1999 環境犯罪学―原因理解から状況理解への思考転換 刑法雑誌, **38**, 388-400.
小俣謙二 1997 住まいとこころの健康 ブレーン出版
小俣謙二 2000 平成10年度11年度科学研究費交付研究報告書「犯罪抑止条件に関する環境心理学的研究─犯罪抑止をもたらす住居構造及び近隣地域の特徴を中心に」
Perkins, D. D., Meeks, J. W., & Taylor, R. B. 1992 The physical environment of street blocks and resident perceptions of crime and disorder: Implications for theory and measurement. *Journal of Environmental Psychology*, **12**, 21-34.
Perkins, D. D., Wandersman, A., Rich, R. C., & Taylor, R. B. 1993 The physical environment of street crime: Defensible space, territoriality and incivilities. *Journal of Environmental Psychology*, **13**, 29-49.
瀬川 晃 1998 犯罪学 成文堂
Shaw, K. T., & Gifford, R. 1994 Residents' and burglars' assessment of burglary risk from defensible space cues. *Journal of Environmental Psychology*, **14**, 177-194.
田村雅幸 2000 解説（あとがきにかえて） 田村雅幸（監訳） 犯罪者プロファイリング 北大路書房 Pp. 222-234.
田村雅幸・渡辺昭一 2001 捜査心理学と犯人像推定の展望 警察学論集, **54**(1), 164-184.
Taylor, R. B., & Gottfredson, S. D. 1986 Environmental design, crime, and prevention: an examination of community dynamics. In A. J. Reiss & M.Tonry (Eds.), *Community and Crime. Crime and Justice*, **8**, 387-416.
Taylor, R. B., & Hale, M. 1986 Testing alternative models of fear of crime. *Journal of Criminal Law and Criminology*, **77**, 151-189.
内山絢子 1994 福祉犯被害者の行動特性に関する研究 被害者学研究, **3**, 24-40.
横田賀英子 2000 英国リバプール大学における捜査心理学とその応用 警察学論集, **53**(10), 148-160.
渡邉和美・小林 敦 2000 捜査支援のための戦略的情報活用（上）─英国の支援システム 警察学論集, **53**(6), 169-182.
Watanabe, K., Suzuki, M., & Tamura, M 2000 Psychological and Geographical Analysis on Serial Child Rapists, Presented at the 6th International Symposium for Investigative Psychology at the Liverpool University.
心理学事典 1990 平凡社

◆TOPICS ①◆
板倉 宏 2000 現代型犯罪についての所見 現代刑事法, **11**, 48-53.

◆TOPICS ②◆
Furnham, A. F. 1988 Lay Theories: *Everyday Understanding of Problems in the Social Sciences*. 細江達郎（監訳） 1992 しろうと理論―日常性の心理学 北大路書房
被害者問題研究会 1994 被害者問題報告書 1.被害者調査の結果と警察における被害者対策

文 献

Lerner, M. J., Miller, D. T., & Holmes, J. G. 1976 Deserving and the Emergence of Forms of Justice, *Advances in Experimental Psychology*, **9**, 133-162.
Ochberg, F. M. 1998 *Post-traumatic therapy and victims of violence.* Brunner-Routledge.
社会安全研究財団 2002 犯罪に対する不安感等に関する世論調査

◆TOPICS③◆

犯罪統計書 2001 平成13年の犯罪 警察庁
警察庁 http://www.npa.go.jp/
警視庁 http://www.keishicho.metro.tokyo.jp/

第3章

Bennett, T., & Wright, R. 1986 *Burglars on burglary : Prevention and the offender.* Hampshire : Gower.
Blackburn, R. 1993 *The psychology of criminal conduct.* New York : Wiley.
Canter, D. 1983 The potential of facet theory for applied social psychology. *Quality and Quantity*, **17**, 36-57.
Decker, S., Wright, R., & Logie, R. 1993 Perceptual deterrence among active residential burglars : A research note. *Criminology*, **31**(1), 135-147.
林知己夫・飽戸 弘 1976 多次元尺度解析法―その有効性と問題点 サイエンス社
樋村恭一 1999 犯罪発生空間の分析に関する基礎研究 地域安全学会講演梗概 No.9
樋村恭一 2000 連続放火からみる放火発生要因の分析 日本建築学会 学術講演梗概集
伊藤 篤 1999 機会犯の成立に関連する都市空間構成要素に関する研究 東北大学博士論文
警察庁 2002a 平成13年の犯罪情勢 http://www.npa.go.jp/police_j.htm
警察庁 2002b 平成12年の犯罪 http://www.npa.go.jp/police_j.htm
木村道治・真鍋一史・安永幸子・横田賀英子 2002 ファセット理論と解析事例 ナカニシヤ出版
桐生正幸 1995 最近18年間における田舎型放火の検討 科学警察研究所報告
Maguire, M., & Bennett, T. 1982 *Burglary in a dwelling : The offence, the offender, and the victim.* London : Heinemann.
守山 正・西村春夫 1999 犯罪学への招待 日本評論社
中田 修 1977 放火の犯罪心理 金剛出版
Nee, C., & Taylor, M. 1988 Residential burglary in the republic of Ireland : A situational perspective. *The Howard Journal*, **27**(2), 105-116.
佐野賀英子・渡辺昭一 1998 犯罪手口分析による被疑者検索―優先順位による被疑者検索とその課題 警察学論集, **51**(11), 127-140.
鈴木 護 1998 連続放火犯の犯人像と地理的プロファイリング 日本火災学会誌 Vol.49, No.4.
田村雅幸・鈴木 護 1996 連続放火の犯人像分析 科学警察研究所報告
都市防犯研究センター 1994 侵入盗の実態に関する調査報告書(1)―住宅対象侵入盗対策編 JUSRIリポート, 7.
上野 厚 1978 神奈川県における都市型単一放火犯罪について 科学警察研究所報告
Walsh, D. 1980 *Break-ins : burglary from private houses.* London : Constable.
横田賀英子 2002 侵入窃盗犯のリスク対処行動に関する分析―POSAを用いて 木村道治・真鍋一史・安永幸子・横田賀英子 ファセット理論と解析事例 ナカニシヤ出版 Pp.51-61.
Yokota, K., & Canter, D. (In press) accepted in publication Burglars' specialisation : *Development of a thematic approach in Investigative Psychology.* Behaviormetrica.

第4章

Anselin, L. 1995 Local indicators of spatial assosiation -LISA. *Geographical Analysis*, **27**(2), 93-115.

Anselin, L., Cohen, J., Cook,D., Gorr, W., & Tita, G. 2000 Spatial Analysis of Crime. In Measurement and Analysis of Crime and Justice. Washington,D.C.: *U.S. Department of Justice*. Vol. 4, 213-262.

Anselin, L., & Getis, A. 1992 Spatial statistical analysis and geographic information systems. *Annuals of Regional Science*, **26**, 19-33.

Arlinghaus, S., Griffith D., Arlinghaus, W., Drake, W., & Nystuen, J. 1996 *Practical Handbook of Spatial Statistics*. London: CRC Press.

Block, C. R. 1995 STAC Hot-Spot Areas: A Statistical Tool for Law Enforcement Decisions. In C. R. Block, M. Dabdoub and S. Fregly. (Eds.), *Crime Analysis through Computer Mapping*. Washington, D.C.: Police Executive Research Forum. Pp. 15-32.

Block, C. R., Dabdoub, M., & Fregly, S. (Eds.) 1995 *Crime Analysis through Computer Mapping*. Washington, D.C.: Police Executive Research Forum.

Boba, R. 2001 *Introductory Guide to Crime Analysis and Mapping, Community Oriented Policing Services*, U. S. Department of Justice.

Braga, A, A. 2001 The Effects of Hot Spots Policing on Crime. *Annals of the American Academy of Political and Social Sciences*, **578**, 104-125.

Chakravorty, S., & Pelfrey, W.V. 2000 Exploratory Data Analysis of Crime Patterns, In V. Goldsmith (Ed.), *Analyzing Crime Patterns Frontier of Practice*. New York: Sage. Pp. 65-76.

Cohen, L. E., & Felson, M. 1979 Social Change and Crime Rate Trends: A Routine activity Approach. *American Sociological Review*, **44**, 588-608.

Cohen, J., & Tita, G. 1999 Diffusion in Homicide: Exploring a General Method for Detecting Spatial Diffusion Processes. *Journal of Quantitative Criminology*, **15**(4), 451-493.

Cork, D. 1999 Examining Space-Time Interaction in City-Level Homicide Data: Crack Markets and the Diffusion of Guns Among Youth. *Journal of Quantitative Criminology*, **15** (4), 379-406.

Cornish, D., & Clarke, R. 1986 *The Reasoning Criminal: Rational Choice Perspective on Offending*. New York: Springer-Verlag.

Eck, J. E. 1995 The Usefulness of Maps for Area and Place Research: An Example From a Study of Retail Drug Dealing. In C. R. Block, M. Dabdoub & S. Fregly (Eds.), *Crime Analysis through Computer Mapping*. Washington, D.C.: Police Executive Research Forum. Pp.277-284.

Eck, J. E., & Weisburd, D. (Eds.) 1995 *Crime and Place*. Monsey, New York: Criminal Justice Press, p. 4.

Farrington, D. P., & Welsh, B. C. 2002a Effects of Improved Street Lighting on Crime: a Systematic Review. *Home Office Research Study 251*: Home Office Research, Development and Statistics Directorate.

Farrington, D. P., & Welsh, B. C. 2002b Crime Prevention Effects of Closed Circuit Television: a Systematic Review. *Home Office Research Study 252*: Home Office Research, Development and Statistics Directorate.

フェアリス, R. E. L. ／奥田道大・広田康生（訳）1990 シカゴ・ソシオロジー 1920-1932 ハーベスト社

文 献

Getis, A., & Old, J.K. 1992 The Analysis of Spatial Assoclation by Use of Distance Statistics, *Geographic Analysis*, **24**, 189-206.

原田 豊 2003 クライム・マッピングー地理的犯罪分析の現状と方向性 2.海外における取り組み 捜査研究, **620**, 12-18.

原田 豊・島田貴仁 2000 カーネル密度推定による犯罪集中地区の検出の試み 科学警察研究所報告防犯少年編, **40**(2), 125-136.

Harries, K. 1978 *Local Crime Rates : An Empirical Approach for Law Enforcement Agencies, Crime Analysts, and Criminal Justice Planners. Final Report.* Grant No. 78-NIJ-AX-0064. Washington,D.C. : U.S. Department of Justice, Law Enforcement Assistance Administration.

Harris, K. 1999 *Mapping Crime : Principle and Practice.* NCJ 178919 : Crime Mapping Research Center.

Maltz, M. D. 1995 Crime Mapping & the Drug Market Analysis Program (DMAP). In C. R. Block, M. Dabdoub & S. Fregly. (Eds.), *Crime Analysis through Computer Mapping*. Washington,D.C. : Police Executive Research Forum, Pp. 213-220.

Maltz, M. D., Gordon, A. C., & Friedman, W. 1991 *Mapping Crime in Its Community Setting : Event Grography Analysis.* New York : Springer-Verlag.

Mamalian, C. A., LaVigne, N. G., & The staff of the Crime Mapping Research Center. 1999 *The Use of Computerized Crime Mapping by Law-Enforcement : Survey Results*. Washington,D.C. : U.S. Department of Justicem Naitonal Institute of Justice, FS 000237.

Martinson, R. 1974 What Works? Questions and Answers about Prison Reform. *The Public Interest*, **35**, 22-54.

Messener, S. F., Anselin, L., Ballair, R. D., Hawkins, D. F., Deane, G., & Tolney, S.E. 1999 The Spatial Patterning of County Homicide Rates : An Application of Exploratory Spatial Data Analysis. *Journal of Quantitative Criminology*, **15**(4), 423-450.

サビル, G. 2000 北米における防犯環境設計の動向 都市防犯研究センター (編) JUSRI リポート : 2000 CPTED ワークショップー欧米における防犯環境設計の現況 都市防犯研究センター, 9-19.

Shaw, C. R., & Myers, E. D. 1929 *The Juvenile Delinquent*. Illinois Association for Criminal Justice.

Sherman, L. W., Farrington,D. P., Welsh, B. C. & MacKenzie, D. L. (Eds.) 2002 *Evidence-Based Crime Prevention*. London, England : Routledge.

Sherman, L. W., Gartin, P. R., & Buerger, M. E. 1989 Hot Spots of Predatory Crime : Routine Activities and the Criminology of Place. *Criminology*, **27**, 27-55.

Sherman, L. W., Gottfredson, D., MacKenzie, D., Eck, J., Reuter, P., & Bushway, S. 1997 *Preventing Crime : What Works, What Doesn't, What's Promising*. National Institute of Justice, U.S. Department of Justice.

島田貴仁・鈴木 護・原田 豊 2002 Moran's I 統計量による犯罪分布パターンの分析, GIS-理論と応用 **10**(1), 49-57.

Spelman, W., & Eck, J. E. 1989 Sitting ducks, ravenous wolves, and helping hands : New approaches to urban policing. *Public Affairs Comment*, **35**, 1-9.

The Task Force on Crime Mapping and Data-driven Management 1999 *Mapping Out Crime : Providing 21st Century Tools for Safe Communities*. U.S. Department of Justice and National Partnership for Reinventing Government.

Tomlinson, R. F. 1967 *An Introduction to the Geo-Information System of the Canadian Land*

Inventory. Ottawa, Canada: Department of Forestry and Rural Development.

Vold, G. B., & Bernard, T. J. 1985 Theoretical Criminology. New York : Oxford University Press. 平野龍一・岩井弘融（監訳） 1990 犯罪学―理論的考察 東京大学出版会

Weisburd, D., & McEwen, T. (Eds.) 1998 *Crime Mapping and Crime Prevention*. Monsey, New York: Criminal Justice Press, p. 8.

第5章

AERA 2000 あなたはこんなに見張られている 朝日新聞社 3.27号, 29-31.

Altman, I. 1975 *The environment and social behavior*. Monterey, CA : Brooks/Cole.

安全・安心まちづくり研究会（編） 1998 安全・安心まちづくりハンドブック ぎょうせい

朝日新聞 1999 2月9日記事 英国見張る防犯カメラ

Becker, F. D., & Coniglio, C. 1975 Environmental messages: Personalization and territory. *Humanitas*, **11**, 55-74.

Brantingham, P. J., & Brantingham, P. L. 1975a The spatial patterning of burglary. *Howard Journal of Penology and Crime Prevention*, **14**, 11-42.

Brantingham, P. L., & Brantingham, P. J. 1975b Residential burglary and urban form. *Urban Studies*, **12**, 273-284.

Brantingham, P. J., & Brantingham, P. L. 1991 Introduction : The dimension of crime. In P. J. Brantingham & P. L. Brantingham (Eds.), *Environmental Criminology*. Illinois : Waveland Press. Pp. 7-26.

Brantingham, P. L., & Brantingham, P. J. 1993 Nodes, paths and edges : Considerations on the complexity of crime and the physical environment. *Journal of Environmental Psychology*, **13**, 3-28.

Brantingham, P. J., & Faust, F. L. 1976 A conceptual model of crime prevention. *Crime and Delinquency*, **22**, 284-296.

Brown, B. B. 1987 Territoriality. In D. Stokol & I. Altman (Eds.), *Handbook of environmental psychology*. New York : Wiley-Interscience.

Brown, B. B., & Altman, I. 1983 Territoriality, defensible space and residential burglary. *Journal of Environmental Psychology*, **3**, 203-220.

Brown, B. B., & Altman, I. 1991 Territoriality, defensible space and residential burglary : An environmental analysis. In P. J. Brantingham & P. L. Brantingham (Eds.), *Environmental Criminology*. Illinois : Waveland Press. Pp.. 55-76.

Clarke, R. V. 1980 "Situational" crime prevention: Theory and practice. *British Journal of Criminology*, **20**, 136-147.

Clarke, R. V. 1995 Situational crime prevention. In M. Torny & D. P. Farrington (Eds.), Building a safer Society : Strategic Approaches to Crime Prevention. *Crime and Justice*, **19**, 91-150.

Cohen, L. E., & Felson, M. 1979 Social change and crime rate trends : A routine activity approach. *American Sociological Review*, **44**, 588-608.

Covington, J., & Taylor, R. B. 1991 Fear of crime in urban residential neighborhoods : Implication of between- and within-neighborhood sources for current models. *Sociological Quarterly*, **32**, 231-249.

Crowe, T. D. 1991 *Crime prevention through environmental design*. Oxford : Butterworth-Heineman. 高杉文子（訳） 環境設計による犯罪予防 都市防犯研究センター

文　献

Duffy, K. G., & Wong, F. Y.　1996　*Community Psychology*. New York : Allyn and Bacon.　植村勝彦（監訳）コミュニティ心理学：社会問題への理解と援助　ナカニシヤ出版

Edney, J. J.　1974　Human territoriality. *Psychological Bulletin*, **12**, 959-975.

Edney, J. J.　1976　Human territories : Comment on functional properties. *Environment and Behavior*, **8**, 31-47.

Eysenck, H. J., & Kamin, L.　1981　*Intelligence: The battle for the mind, H.J. Eysenck versus Leon Kamin*. Amsterdam : Multimedia Publications International.　斎藤和明・他（訳）1985　知能は測れるのか：IQ討論　筑摩書房

福島　章　1982　犯罪心理学入門　中央公論社

Gifford, R.　1993　Crime and context : a complex, crucial conundrum. *Journal of Environmental Psychology*, **13**, 1-2.

Giuliani, M. V.　1991　Toward an analysis of mental representations of attachment to the home. *The Journal of Architectural and Planning Research*, **8**, 133-146.

Gudjonsson, G. H.　1992　*The psychology of interrogations, confessions and testimony*. Chichester : Wiley.　庭山英雄・渡部保夫・浜田寿美男・村岡啓一・高野　隆（訳）1994　取調べ，自白，証言の心理学　酒井書店

犯罪白書（平成13年度版）　2001　法務省法務総合研究所

犯罪統計書　2000　平成11年の犯罪　警察庁

平　伸二・中山　誠・桐生正幸・足立浩平（編著）　2000　ウソ発見：犯人と記憶のかけらを探して　北大路書房

本間道子　1991　コミュニティの人間関係（1）―近隣社会の人づきあい　加藤義明（編）住みごこちの心理学―快適居住のために　第4章　居住環境と人間関係　日本評論社　Pp. 107-121.

星野周弘・安香　宏・米川茂信・新田健一・荒木伸怡・新倉　修・澤登俊雄・坪内宏介・西村春夫・菊池和典・所　一彦・松本良夫（編）　1995　犯罪・非行事典　大成出版社

伊藤　滋（編）　1982　都市と犯罪　東洋経済新報社

伊藤　滋（編）　1985　犯罪のない街づくり　東洋経済新報社

岩田　紀　1987　都会人の心理―環境心理学的考察　ナカニシヤ出版

神奈川県警察本部生活安全部（編）　1995　都市防犯―環境設計に基づく防犯対策　令文社

軽部幸浩　1999　虚偽検出における判定指標としての刺激予期の可能性　犯罪心理学研究, **37**(1), 14-21.

笠井達夫・桐生正幸・水田恵三（編著）　2002　犯罪に挑む心理学　北大路書房

桐生正幸　1996　ポリグラフ検査に及ぼす犯罪事実と被裁決質問との関連性の影響　犯罪心理学研究, **34**(2), 15-24.

桐生正幸　2000 a　犯罪者プロファイリング：犯罪現場に隠された心理　新心理学が分かる　現場から―AERA Mook, **58**, 50-51.

桐生正幸　2000 b　実践と研究への提言　田村雅幸（監修）髙村　茂・桐生正幸（編著）　プロファイリングとは何か　立花書房　Pp. 232-243.

小林秀樹　1992　集住のなわばり学　彰国社

Kretschmer, E.　1950　*Medizinische psychologie*. Stuttgart, Deutschland : Georg Thieme Verlag.　西丸四方・高橋義夫（訳）1955　医学的心理学　みすず書房

Loftus, E. F.　1979　*Eyewitness Testimony*. Cambridge : Harvard University Press.　西本武彦（訳）1987　目撃者の証言　誠信書房

Lewis, D. A., & Maxfield, M. G.　1980　Fear in Neighborhoods : An investigation of the impact of crime. *Journal of Research in Crime and Delinquency*, **23**, 160-189.

Low, S. M., & Altman, I. 1992 *Place attachment : A conceptual inquiry.* In S. M. Low & I. Altman (Eds.), *Place attachment. Human Behavior and Environment*, Vol. 2, New York : Plenum Press.

Macdonald, J. E., & Gifford, R. 1989 Territorial cues and defensible space theory : The burglar's point of view. *Journal of Environmental Psychology*, **9**, 193-205.

McCarthy, D., & Seagert, S. 1978 Residential density : Social overload, and social withdrawal. *Human Ecology*, **6**, 253-272.

三井 誠 1998 ポリグラフ検査 法学教室, **209**, 90-96.

宮澤浩一・加藤久雄 1973 増補犯罪心理学二五講 慶応通信

本明 寛（監修） 1989 評価・診断心理学辞典 実務教育出版

村澤眞一郎・三宅 茂・舟川靖弘・土屋俊雄・村松正實・青木辰夫・内山 茂（訳） 2001 割れた窓理論 警察学論集, **54**(4), 88-112.

長澤秀利 1995 窃盗型犯罪の発生場面に関する研究：侵入盗を中心として 犯罪心理学研究, **33**(1), 17, 28.

中村 攻 2000 子どもはどこで犯罪にあっているか 晶文社

中山 誠 2002 ウソ発見の努力 PSIKO, **22**, 30-37.

Newman, O. 1972 *Defensible space : Crime prevention through urban design.* New York : Macmillan Publishing. 湯川利和・湯川聡子（訳） まもりやすい住空間―都市設計による犯罪防止 鹿島出版会

大渕憲一 1993 人を傷つける心：攻撃性の社会心理学 サンエンス社

大渕憲一・山入端津由・藤原則隆 1999 機能的攻撃性尺度（FAS）作成の試み：暴力犯罪・非行との関係 犯罪心理学研究, **37**(2), 1-14.

Omata, K. 1995 Territoriality in the house and its relationship to the use of rooms and the psychological well-being of Japanese married women. *Journal of Environmental Psychology*, **15**, 147-154.

小俣謙二 1997 住まいとこころの健康 ブレーン出版

小俣謙二 1999 近隣地域における犯罪被害及び犯罪不安に関与する環境心理学的研究 犯罪心理学研究, **37**, 1-13.

小俣謙二 2000 平成10年度11年度科学研究費交付研究報告書「犯罪抑止条件に関する環境心理学的研究―犯罪抑止をもたらす住居構造及び近隣地域の特徴を中心に」

小野寺理江・桐生正幸・樋村恭一・三本照美・渡邉和美 2002 犯罪不安喚起の諸要因を検討する実験室研究のアプローチ 犯罪心理学研究, **40**(2), 1-12.

太田達也 1997 犯罪被害不安の要因分析 細井洋子・西村春夫・辰野文理（編） 住民主体の犯罪統制 多賀出版 Pp. 171-207.

大塚 尚 2001 破れ窓理論 警察学論集, **54**(4), 75-87.

越智啓太 1998 目撃者に対するインタビュー手法―認知インタビュー研究の動向 犯罪心理学研究, **36**(2), 49-66.

Patterson, A. H. 1978 Territorial behavior and fear of crime in the elderly. *Environmental Psychology and Nonverbal Behavior*, **2**, 131-145.

Perkins, D. D., Florin, P., Rich, RC., Wandersman, A., & Chavis, D. M. 1990 Participation and the Social and Physical Environment of Residential Blocks : Crime and Community Context. *American Journal of Community Psychology*, **18**(1), 83-115.

Perkins, D. D., Meeks, J. W., & Taylor, R. B. 1992 The physical environment of street blocks and resident perceptions of crime and disorder : Implications for theory and measurement.

文　献

Journal of Environmental Psychology, **12**, 21-34.

Perkins, D. D., Wandersman, A., Rich, R. C., & Taylor, R. B.　1993　The physical environment of street crime : Defensible space, territoriality and incivilities. *Journal of Environmental Psychology*, **13**, 29-49.

Poyner, B.　1983　*Design against crime : beyond defensible space*. London : Butterworths and Co.　小出　治・清永賢二・佐々木真郎・高杉文子（訳）　デザインは犯罪を防ぐ―犯罪防止のための環境設計　都市防犯研究センター

Riger, S., & Lavrakas, P. J.　1981　Community ties : Patterns of attachment and social interaction in urban neighborhoods. *American Journal of Community Psychology*, **9**, 55-66.

斎藤秀明　1994　ひったくりに関する一考察　科学警察研究所（編）　日本の科学警察　東京法令出版　Pp.205-210.

Sebba, R., & Churchman, A.　1983　Territories and territoriality in the house. *Environment and Behavior*, **15**, 191-210.

瀬川　晃　1998　犯罪学　成文堂

瀬川　晃　2001　犯罪学の理論と実践　AERA Mook 犯罪学が分かる　朝日新聞社　Pp. 164-166.

瀬渡章子　1989　2戸1エレベーター型高層住棟の防犯性能の検討　日本建築学会計画系論文報告、**399**, 75-82.

瀬渡章子　2002　コミュニティによる犯罪防止―安全・安心の住まいはテリトリーの画定から　警察学論集、**55** (1), 12-27.

島田貴仁・原田　豊　1999　大都市における犯罪と社会経済的要因との関連―方法の問題点とGISによる解決　科学警察研究所報告防犯少年編、**39**, 102-116.

Shaw, K. T., & Gifford, R.　1994　Residents' and burglars' assessment of burglary risk from defensible space cues. *Journal of Environmental Psychology*, **14**, 177-194.

Skogan, W.　1986　Fear of Crime and Neighborhood Change. In A. J. Reiss & M. Tonry (Eds.), *Communities and Crime, Crime and Justice*, **8**, 203-229

Steinfeld, E.　1982　The place of old age : the meaning of housing for old people. In J. S. Duncan, (Ed.), *Housing and identity : Cross-cultural perspectives*. New York : Holmes & Meier Publishers. Pp.198-246.

菅原郁夫・佐藤達哉（編）　1996　目撃者の証言：法律学と心理学の架け橋　現代のエスプリ350号　至文堂

鈴木成文　1984　住戸近傍における生活領域　鈴木成文・小柳津醇一・初見　学（編）「いえ」と「まち」鹿島出版会　Pp. 133-196.

辰野文理　1996　地域調査から見たコミュニティの犯罪抑止力　被害者学研究、**6**, 162-172.

Taylor, R. B., & Gottfredson, S. D.　1986　Environmental design, crime, and prevention : an examination of community dynamics. In A. J. Reiss & M. Tonry (Eds.), *Community and Crime. Crime and Justice*, **8**, 387-416.

Taylor, R. B., & Hale, M.　1986　Testing alternative models of fear of crime. *Journal of Criminal Law and Criminology*, **77**, 151-189.

Taylor, R. B., Schumaker, S. A., & Gottfredson, S. D.　1985　Neighborhood-level links between physical features and local sentiment : Detrioration, fear of crime, and confidence. *Journal of Architectural and Planning Research*, **2**, 261-275.

友田博通　1994　心の住む家：家とインテリアの心理学　理工図書

都市防犯研究センター　1999　JUSRIリポート　都市空間における犯罪発生事態に関する調査報告書（1）ひったくり編　都市防犯研究センター

渡部保夫（監修）一瀬敬一郎・厳島行雄・仲真紀子・浜田寿美男 2001 目撃証言の研究―法と心理学の架け橋をもとめて 北大路書房
渡邉和美 2001 捜査心理ファイル―犯罪被害者のトラウマとPTSD Valiant, **223**, 41-45.
渡辺昭一 1994 面割り写真の類似性と提示方法が目撃者の同定判断に及ぼす効果 科警研報告法科学編, **47**(2), 46-51.
渡辺昭一 2001 捜査心理ファイル―取調べと自供の心理学 Valiant, **217**, 29-34.
渡辺恒夫 1994 フロイトも反逆者だった AERA Mook 心理学がわかる 朝日新聞社 Pp. 129-140.
Werner, C. M. 1987 Home Interiors.: A Time and Place for Interpersonal Relationships. *Environment and Behavior*, **19**, 169-179.
Wilson, J. Q., & Kelling, G. L. 1982 Broken windows: The police and neighborhood safety. *Atlantic Monthly*, March, 29-38.
山本和郎 1986 コミュニティ心理学：地域臨床の理論と実践 東京大学出版会
山根清道（編）1974 犯罪心理学 新曜社
横井幸久・岡崎伊寿・桐生正幸・倉持 隆・大浜強志 2001 実務事例におけるGuilty Knowledge Testの妥当性 犯罪心理学研究, **39**(1), 15-27.
湯川利和 1987 不安な高層安心な高層―犯罪空間学序説 学芸出版社
湯川信太郎・泊 真児 1999 性的情報接触と性犯罪行為可能性：性犯罪神話を媒体として 犯罪心理学研究, **37**(2), 15-28.

◆TOPICS⑥◆
Levine, N. 2002 Journey to Crime Estimation. CrimeStat Manual (http://www.icpsr.umich.edu/NACJD/crimestat/CrimeStatChapter.9.pdf).
三本照美・深田直樹 1999 連続放火犯の居住地推定の試み―地理的重心モデルを用いた地理プロファイリング 科学警察研究所報告(防犯少年編), **40**-1, 23-36.
Rossmo, D. K. 2000 *Geographic Profiling*. CRC Press. 渡辺昭一（監訳）2002 地理的プロファイリング 北大路書房

◆TOPICS⑦◆
三本照美・深田直樹 1998 地理的プロファイリング研究「Power plot professional」の開発 日本鑑識科学技術学会誌, **3**(1), A41.

◆TOPICS⑧◆
Ainsworth, P. B. 1995 *Psychology and policing in a changing world*. New York: John Wiley & Sons.
Branthingham, P. J., & Branthingham, P. L. 1991 Notes on the geometry of crime. In P. J. Branthingham & P. L. Branthingham (Eds.), *Environmental Criminology*. Sage.
Canter, D., & Heritage, R. 1990 A multivariate model of sexual offence behaviour: Developments in "Offender Porfiling". *I', Journal of forensic psychiatry*, **1**, 185-212.
Canter, D., & Larkin, P. 1993 The environmental range of serial rapists. *Journal of environmental psychology*, **13**, 63-69.
Copson, G. 1995 Coals to Newcastle?: Part 1: a study of offender profiling. Police Research Group Special Interest Series: Paper 7. London: Home Office Police Department.
Douglas, J. E., Ressler, R. K., & Burgess, A. W. 1992 *Crime Classification Manual: A Standard*

文　献

System for Investigating and Classifying Violent Crimes. Jossey-Bass.
Holmes, R. M., & Holmes. S.T.　1996　*Profiling Violent Crimes : An Investigative Tool.* Sage.　影山任佐（監訳）1997　プロファイリング：犯罪心理分析入門　日本評論社
Jackson, J. L., & Bekerian, D.A. (Eds.)　1997　*Offender Profiling :Theory, Research and Practice.* New York : Wiley & Sones.
桐生正幸　2000　犯罪者プロファイリング：犯罪現場に隠された心理　新心理学が分かる　現場から―AERA Mook, **58**, 50-51.
Ressler, R. K., et al.　1985　Crime scene and profile characteristices of organized and disorganized murderers. *FBI law enforcement bulletin*, August, 18-25.
ロバート．K．レスラー／戸根由紀恵（訳）1995　FBI心理分析官―凶悪犯罪捜査マニュアル　上・下巻　原書房
Rossmo, D. K.　1997　Geographic profiling. In J.L. Jackson & D.A. Bekerian (Eds.), *Offender Profiling :Theory, Research and Practice.* New York : Wiley & Sones.　田村雅幸（監訳）辻　典明・岩見広一（訳編）2000　犯罪者プロファイリング：犯罪行動が明かす犯人像の断片　北大路書房
薩美由貴・無着文雄　1997　米国FBIにおける犯人像推定の現状　警察学論集，**50**(2), 61-80.
田村雅幸　2000　解説（あとがきにかえて）田村雅幸（監訳）辻　典明・岩見広一（訳編）犯罪者プロファイリング：犯罪行動が明かす犯人像の断片　北大路書房　Pp. 222-234.
田村雅幸（監修）高村　茂　桐生正幸（編）2000　プロファイリングとは何か　立花書房
田村正幸・鈴木　譲　1997　犯人像推定研究の2つのアプローチ　科学警察研究所報告防犯少年編，**37**(2), 114-122.

第6章

樋村恭一　2000　犯罪に対する不安感安心感に寄与する空間要素の分析　日本犯罪心理学会第38回大会
Jacobs, J.　1961　*The Death and life of Great American Crities.* New York : Vintage Books.　黒川紀章（訳）1968　アメリカ大都市の死と生　鹿島出版会
Jeffery, C. R　1971　*Crime Prevention Through Environmental Design.* Callfornia : Sage Publications.
建設省・警察庁　1998　安全安心まちづくり実践手法調査報告書（平成11年度版）
Newman, O.　1972　*Defensible space : Crime prevention through urban design.* New York : Macmillan.　湯川利和・湯川聡子（訳）1976　まもりやすい住空間―都市設計による犯罪防止　鹿島出版会
齋藤裕美　1991　集合住宅における犯罪不安感に影響を及ぼす要因の研究　日本都市計画学会都市計画論文集第26号
瀬渡章子　1988　高層住宅環境の防犯性能に関する研究　奈良女子大学学位論文
湯川利和　1982　住環境の防犯性能に関する領域的研究　住宅建築研究所
湯川利和　1987　不安な高層安心な高層　学芸出版社

第7章

（財）ベターリビング，（財）住宅リフォーム・紛争処理支援センター（編）2001　共同住宅の防犯設計ガイドブック　創樹社
Hillery, G. A. Jr.　1955　Definitions of Community. *Rural Sociology.* June 20.
樋村恭一　渡邊和美　2002　防犯心理学の基礎的研究 I ―犯人の視点，住民の視点　犯罪心理学研究

特別号

国民生活審議会コミュニティ問題小委員会　1969　コミュニティ―生活の場における人間性の回復　経済企画庁国民生活局

Newman, O.　1972　*Defensible space : Crime prevention through urban design.* New York : Macmillan.　湯川利和・湯川聡子（訳）　1976　まもりやすい住空間―都市設計による犯罪防止　鹿島出版会

日本実務出版（編）　2001　狡猾化する侵入者たちの手口　安全と管理　日本実務出版, **9**, 12-13.

Rosenbaum, D.　1988　Community Crime Prevention A Review and Synthesis of the Literature. *Justice Quarterly.*　5／3　323-395.

瀬渡章子　1989　2戸1エレベーター型高層住棟の防犯性能の検討　日本建築学会計画系論文報告集, **399**, 75-83.

瀬渡章子　1994　超高層住宅の防犯性能と幼児の外出機会について　日本マンション学会第3回大会研究報告集, 38-43.

瀬渡章子　2000　環境設計による犯罪防止　菅　俊夫（編著）　環境心理の諸相　八千代出版　Pp. 299-318.

ウィルソン　E. O.／粕谷英一・他（訳）　1984　社会生物学3　思索社

Wilson, J. Q., & Kelling, G. L.　1982　Broken Windows : The Police and Nighborhood Safety. *Atlantic Monthly.*　March, 29-38.

湯川利和　2001　まもりやすい集合住宅　計画とリニューアルの処方箋　学芸出版

第8章

安達幸信・近江　隆・石坂公一　1998　マンションにおける犯罪不安感と空間構成　日本建築学会東海支部研究報告会, 267-272.

Day, K.　1999　Embassies and sanctuaries : Women's experiences of race and fear in public space. *Environment and Planning D : Society and Space*, **17**(3), 307-328.

Evans, D. J., & Fletcher, M.　2000　Fear of crime : testing alternative hypotheses, *Applied Geography*, **20**, 395-411.

Garofalo, J.　1981　The fear of crime : Causes and consequences. *The Journal of Criminal Law and Criminology*, **72**(2), 839-857.

樋村恭一　2000　犯罪に対する不安感及び安心感に寄与する空間要素の分析　犯罪心理学研究, **38**(特別号), 54-55.

樋村恭一　2001　犯罪不安感と都市空間　犯罪心理学研究, **39**（特別号）, 112-113.

細井洋子・西村春夫・辰野文理（編）　1997　住民主体の犯罪統制―日常における安全と自己管理　多賀出版　Pp. 32-33, 174, 209.

Jacobs, J.　1961　*The Death and life of Great American Crities.* New York : Vintage Books.　黒川紀章（訳）　1968　アメリカ大都市の死と生　鹿島出版会

Jeffery, C. R.　1971　*Crime Prevention Through Environmental Design.* California : Sage Publications.

Koomen, W., Visser, M. & Stapel, D. A.　2000　The Credibility of Newspapers and Fear of Crime. *Journal of Applied Social Psychology*, **30**(5), 921-934.

Koskela, H. & Pain, R.　2000　Revisiting fear and place : Women's fear of attack and the built environment. *Geoforum*, **31**(2), 269-280,

McCoy, H. V.　1996　Lifestyles of the old and not so Fearful : Life Situation and Older Persons' Fear of Crime. *Journal of Criminal Justice*, **24**(3), 191-205.

◆ 文 献

Mehta, A., & Bondi, L. 1999 Embodied discourse: on gender and fear of violence, Gender. *Place and Culture,* **6**(1), 67-84.

中島政太郎・村松陸雄・中村芳樹・小林茂雄 1997 住宅街路における光環境が不安感に及ぼす影響 日本建築学会大会学術講演梗概集（関東），369-370.

Newman, O. 1972 *Defensible space: Crime prevention through urban design.* New York: Macmillan. 湯川利和・湯川聡子（訳） 1976 まもりやすい住空間―都市設計による犯罪防止 鹿島出版会

日本防犯設備協会防犯照明委員会 2000 安全・安心のための防犯照明現場実験報告書

野田大介・室崎益輝・高松孝規 1999 防犯環境設計に関する研究―都市における歩行者経路属性と犯罪の関係について 第34回日本都市計画学会学術研究論文集，781-786.

小俣謙二 1998 犯罪発生要因に関する環境心理学的研究―研究の概観と都道府県単位での人口密集と犯罪の関連の検討 名古屋文理短期大学紀要，**23**，41-51.

小俣謙二 1999 近隣地域における犯罪被害及び犯罪不安に関与する要因の環境心理学的研究 犯罪心理学研究，**37**(1)，1-13.

小俣謙二 2000 犯罪発生に関与する地域・環境要因の検討 MERA 第11号 May

小野寺理江・桐生正幸・樋村恭一・他 2002 防犯心理学の基礎的研究―犯罪不安と情報 日本犯罪心理学会

小野寺理江・桐生正幸・羽生和紀 （印刷中） 犯罪不安喚起に関わる環境要因の検討―大学キャンパスを用いたフィールド実験，MERA Journal

大野隆造・近藤美紀 1995 視線輻射量と防犯性の評価 ―住民の視覚的相互作用を考慮した集合住宅の配置計画に関する研究（その1） 日本建築学会計画系論文集，**467**，145-151.

遅野井貴子・樋村恭一・小出 治 1999 住宅団地における犯罪発生場所と犯罪不安感に関するアンケートの分析 地域安全学会梗概集，**9**，162-165.

Pain, R. H. 1997 Social Geographies of Women's Fear of Crime. *Transaction. Institute of British Geographers,* **22**, 231-244.

Painter, K. 1996 The influence of Street Lighting Improvements on Crime, Fear and Pedestrian street use, after dark. *Landscape and Urban Planning,* **35**, 193-201.

Perkins, D. D., Meeks, J. W., & Taylor, R. B. 1992 The Physical Environment of Street Blocks and Resident Perceptions of Crime and Disorder: Implications for Theory nad Measurement. *Journal of Environmental Psychology,* **12**, 21-34.

Rohe, W. M., & Burby, R. J. 1988 Fear of Crime in Public Housing. *Environment and Behavior,* **20**(6), 700-720.

斉藤裕美 1991 集合住宅における犯罪不安感に影響を及ぼす要因の研究 日本都市計画学会学術研究論文集

照明学会関西支部 1985―1990 街路照明の適正化に関する調査分析（その1－5）

Snell, C. 2001 *Neighborhood Structure, Crime, and Fear of Crime: Testing Bursik and Grasmick's Neighborhood Control Theory.* New York: LFB Scholarly Publishing LLC. Pp. 48-54.

Taylor, R. B., & Hale, M. 1986 Criminology-Testing Alternative Models of Fear of Crime. *The Journal of Criminal Law and Criminology,* **77**(1), 151-189.

（財）都市防犯研究センター 1999 都市空間における犯罪発生実態に関する調査報告書 ひったくり編 （財）都市防犯研究センター

上杉 知・細見 昭・黒川 洸 1999 犯罪不安感を考慮した住区基幹公園の利用選択に関する研究 第34回日本都市計画学会学術研究論文集，61-66.

Wilson, J. Q., & Kelling, G. L.　1982　Broken Windows. *The Atlantic Monthly,* **249**(3), 29-38. (http://www.theatlantic.com/politics/crime/windows.htm)

Yeoh, B. S. A. & Yeow, P. L.　1997　Where women fear to tread : Images of danger and the effects of fear of crime in Singapore, *GeoJournal,* **43**(3), 273-286.

◆TOPICS⑫◆
法務省法務総合研究所（編）　2001　平成13年度版犯罪白書―増加する犯罪と犯罪者　大蔵省印刷局

Kuttschreuter, M., & Wiegman, O.　1998　Crime Prevention and the Attitude toward the Criminal Justice System : the Effects of a Multimedia Campaign. *Journal of Criminal Justice,* **26**(6), 441-452.

Nasar, J. L., & Jones, K. M.　1997　Landscapes of Fear and Stress. *Environment and Behavior,* **29**(3), 291-323.

Taylor, R. B., & Hale, M.　1986　Criminology-Testing Alternative Models of Fear of Crime. *The Journal of Criminal Law and Criminology,* **77**(1), 151-189.

事項索引

あ

ICAM　93
アクセスコントロール　173
アドレスジオコーディング　92
アノミー論　112
アメリカ大都市の死と生　141
安心感　6
安全・安心まちづくり手法調査　145
安全・安心まちづくり推進要綱　146
安全なまちづくり　143
ESDA　104
一般プロファイル分析　36
田舎型放火　55
イリノイ犯罪調査　87
incivility　126
VICAP　39
ViCLAS　39
LISA　104
エディプス・コンプレックス　114

か

カーネル密度推定法　65,101
片廊下型　167
ガットマン・スケール　76
環境研究　121
環境設計による犯罪予防　121,131,141,143,187
環境認知　24
環境犯罪学　121
監視カメラ　15
監視性の強化　149,151
キャンベル共同計画　95
凶悪犯罪者逮捕プログラム　39
凶悪犯罪リンク分析システム　39
共同住宅に係る防犯上の留意事項　146
虚偽検出検査　120
空間管理　123
空間的自己相関　103

空間的自己相関測度　104
建築計画　3
工学的アプローチ　8
攻撃行動　118
攻撃性の2過程モデル　119
公的エリア　172
合理的選択理論　91
コーホート調査　23
コミュニティ　174
コミュニティ防犯　178
コミュニティ防犯活動　142
コロプレス図　99
COMPSTAT　93

さ

罪刑法定主義　110
CPTED　121,131,141,146,149,187
シカゴ学派　85
シカゴ学派犯罪学　86
事件リンク分析　37
事後情報の影響　120
自己表出性　123,124
自然監視性　126
私的エリア　172
社会心理学　33
社会的機能説　119
社会的統制理論　23
状況の犯罪予防　121
証拠に基づく社会政策　95
情動発散説　118
侵入窃盗　68
心理学　21
心理テスト　118
生活安全条例　179
精神障害　118
精神分析学派　114
生来性犯罪者説　111
接近の制御　140,150,179
ゼロ・トレランス　179

◆256◆

事項索引

戦術的分析　32
戦略的分析　32
捜査分析　40
ゾーン地図　87

た

TIGER データベース　92
対象物の強化　149
対人回避　78
探索的空間データ解析　104
地域の荒廃度　126
地図学派　86
知能　116
知能指数　117
知能偏差値　117
地理的プロファイリング　134
デザイン　141
転移　106
伝播　96
道路,公園,駐車・駐輪場及び公衆便所に係る
　防犯基準　146
都市型放火　55
都市計画　3
都市工学的視点　143
特性論　115

な

なわばり　169
2戸1エレベーター型　168
日常活動理論　91
人間生態学　86,87
認知地図　24

は

バイオメトリックス　18
排他性　123
半公的エリア　172
犯罪社会学　112
犯罪情報分析　29,32
犯罪心理学　109
犯罪多発地区　96
犯罪地図　88
犯罪統制手法分析　37

犯罪パターン分析　34
犯罪不安感　191,214
犯罪不安喚起空間　204
半私的エリア　172
被暗示性　120
ピンマップ　98
ファセット理論　76
不安感　6
プルーイット・アイゴー団地　163
物理的環境　121
放火　55
放火発生場所　58
報酬　75
防犯工学研究会　152
防犯設備　11
防犯設備士　19
防犯まちづくり　9,156
防犯モデル団地　143
防犯モデル道路　143

ま

まもりやすい住空間　126,131,142,163
美郷ガーデンシティ　143
目撃証言　120

や

用途地域　57

ら

ライフスタイル理論　26,130
リスク　75
リスク対処行動　76,77
リビドー　114
領域　168
領域性　123
領域性の確保　149,151
類型論　115
ルーティン・アクティビティ理論　26,130
連続放火　66

わ

割れ窓理論　127,128,179,189

人名索引

A

アドラー (Adler, A.) 115
アルトマン (Altman, I.) 28, 124, 129
アンセリン (Anselin, L.) 104
アトキン (Atkin, H.) 30

B

バルビー (Balbi, A.) 85
ベッカー (Becker, F. D.) 124
ベネット (Bennett, T.) 76
ベントレイ (Bentley, D. L.) 25
ブロック (Block, C. R.) 93
ブラガ (Braga, A. A.) 96
ブランディンガム (Brantingham, P. J.) 29, 122
ブランディンガム (Brantingham, P. L.) 29
ブラウン (Brown, B. B.) 25, 28, 124, 125

C

カンター (Canter, D.) 36, 41, 72, 132, 134
クラーク (Clarke, R. V.) 122, 129-131
クラーク (Clarke, R.) 91
コーエン (Cohen, L. E.) 122
コニグリオ (Coniglio, C.) 124
コーニッシュ (Cornish, D.) 91

D

デッカー (Decker, S.) 83
ドゥーコック (De Cocq, M.) 34
デュルケム (Durkheim, E.) 112

E

エック (Eck, J. E.) 92, 93, 96
アイゼンク (Eysenck, H. J.) 116

F

フェルソン (Felson, M.) 91, 122

フェリ (Ferri, E.) 86
フォルド (Forde, D. R.) 26
フロイト (Freud, S.) 110, 114, 118
福島 章 116

G

ゲティス (Getis, A.) 104
ギフォード (Gifford, R.) 25, 124
ジュリアーニ (Giuliani, R.) 179
ゴダード (Goddard, H.) 114
ゴットフレッドスン (Gottfredson, S. D.) 28, 129
ゲリー (Guerry, A.M.) 86

H

ハンター (Hanter, A.) 126
ハーシー (Harschi, T.) 23
ヒラリー (Hillery, G. A. Jr.) 174
樋村恭一 144, 152, 191, 195

I

板倉 宏 42

J

ジェイコブス (Jacobs, J.) 141, 149, 151, 196
ジェフェリー (Jeffery, C. R.) 141, 196
ジョーンズ (Jones, K. M.) 215
ユング (Jung, C.) 114

K

ケリング (Kelling, G. L.) 127, 179
ケネディ (Kennedy, L. W.) 26
桐生正幸 119
小林秀樹 131
コッチ (Kooch, J.) 114
クレッチマー (Kretschmer, E.) 115
カットュシュルター (Kuttschreuter, M.) 214

人名索引

L
ル・コルビュジェ (Le Conbusier) 164
ロフタス (Loftus, E. F.) 120
ロンブローゾ (Lombroso, C.) 86, 111, 114

M
モールツ (Maltz, M. D.) 89
マーチンソン (Martinson, R.) 91
マッカーシー (McCarthy, D.) 129
マキューエン (McEwen, T.) 85, 88-90, 93
マッケイ (Mckey, H.) 88, 112
マートン (Merton, R. K.) 112
三本照美 135
麦島文夫 23

N
中村 攻 126
ナサー (Nasar, J. L.) 215
ニー (Nee, C.) 75
ニューマン (Newman, O.) 123, 126, 141, 149, 163, 164

O
大渕憲一 118, 119
オクバーグ (Ochberg, F. M.) 46
小俣謙二 127
小野寺理江 190
越智啓太 120

P
パーク (Park, R. E.) 87
パウリー (Pauly, G. A.) 88
パーキンス (Perkins, D. D.) 127

Q
ケトレー (Quetelet, L. A. J.) 86

R
ロスモ (Rossmo, D. K.) 133, 134

S
齋藤裕美 144, 195
サビル (Saville, G.) 95
シュナイダー (Schneider, K.) 114
ゼーリッヒ (Seelig, E.) 115
瀬川 晃 110
瀬渡章子 144
シャーマン (Sherman, L. W.) 89, 95
島田貴仁 103
ショウ (Shaw, C. R.) 87, 88, 112
ショウ (Shaw, K. T.) 25, 124
スペルマン (Spelman, W.) 96

T
田村雅幸 34
タルド (Tarde, G.) 114
テイラー (Taylor, M.) 75
テイラー (Taylor, R. B.) 28, 129
ターマン (Terman, L. M.) 117
トムリンソン (Tomlinson, R. F.) 90
友田博通 131

W
渡邉和美 152
渡辺昭一 120
ワイスバード (Weisburd, D.) 85, 89, 92, 93
ウィーグマン (Wiegman, O.) 214
ウィルソン (Wilson, J. Q.) 127, 179
ライト (Wright, R.) 76

Y
山本和郎 131
ヤマサキ (Yamasaki, M.) 164
横井幸久 120
横田賀英子 72, 76, 78
湯川利和 144

259

◆──── 監修者紹介 ────◆

小出　治（こいで・おさむ）

1949年生まれ
東京大学大学院工学系研究科修了
東京大学先端科学技術研究センター教授　などを経て
現在　東京大学大学院工学系研究科都市工学専攻　教授(工学博士)
主著・論文　犯罪のないまちづくり(共著)　東洋経済新報社　1985年
　　　　　　デザインは犯罪を防ぐ(共訳)　都市防犯研究センター　1991年
　　　　　　都市デザインとシミュレーション(共著)　鹿島出版会　1999年
　　　　　　犯罪地図(共訳)　都市防犯研究センター　2003年

◆──── 編者紹介 ────◆

樋村恭一（ひむら・きょういち）

1964年生まれ
筑波大学大学院経営・政策科学研究科修了
消防庁，(財)都市防災研究所　などを経て
現在　東京大学大学院工学系研究科都市工学専攻　研究員(経営学修士)
主著・論文　都市デザインとシミュレーション(共著)　鹿島出版会　1999年
　　　　　　安全な都市(共訳)　都市防犯研究センター　2003年
　　　　　　犯罪地図(共訳)　都市防犯研究センター　2003年

執筆者一覧（執筆順）

小出　治　　東京大学大学院工学系研究科都市工学専攻
　　監修のことば，第1章1節，第7章1節
樋村恭一　　東京大学大学院工学系研究科都市工学専攻
　　はじめに，第3章1・2節，第6章1・2・3節，第7章1・2節，第8章1・2・3節
須谷修治　　（社）日本防犯設備協会　防犯照明委員会
　　第1章2節，TOPICS④，TOPICS⑤
小俣謙二　　駿河台大学現代文化学部
　　第2章1・2節，第5章2節
渡邉和美　　科学警察研究所犯罪行動科学部／東京医科歯科大学
　　第2章3節，TOPICS①，TOPICS②
横田賀英子　科学警察研究所犯罪行動科学部
　　第3章2節
原田　豊　　科学警察研究所犯罪行動科学部
　　第4章1節
島田貴仁　　科学警察研究所犯罪行動科学部
　　第4章2節
桐生正幸　　山形県警察本部刑事部科学捜査研究所／関西国際大学
　　第5章1節，TOPICS⑥
瀬渡章子　　奈良女子大学生活環境学部
　　第7章2節
樋野綾美　　特定非営利活動法人しょうまち
　　第7章3節，TOPICS⑪
小野寺理江　名古屋大学大学院環境学研究科／日本学術振興会
　　第8章1節，TOPICS⑫
飯村治子　　東京大学大学院工学系研究科都市情報・安全システム研究室
　　第8章3節，TOPICS③
鈴木　護　　科学警察研究所犯罪行動科学部
　　TOPICS⑦
三本照美　　福島県警察本部刑事部科学捜査研究所
　　TOPICS⑧
首藤祐司　　元警察庁生活安全局生活安全企画課
　　TOPICS⑨
江﨑徹治　　警視庁玉川警察署
　　TOPICS⑩

都市の防犯
――工学・心理学からのアプローチ――

2003年9月10日　初版第1刷発行　　定価はカバーに表示
2005年8月5日　初版第2刷発行　　してあります。

監修者　小　出　　　治
編　者　樋　村　恭　一
発行者　小　森　公　明
発行所　㈱北大路書房
〒603-8303　京都市北区紫野十二坊町12-8
電　話　(075)431-0361㈹
FAX　(075)431-9393
振　替　01050-4-2083

©2003　　　　　　　　　　　　印刷・製本／㈱太洋社
検印省略　落丁・乱丁本はお取り替えいたします。
　　　　ISBN 4-7628-2331-7　　　　Printed in Japan